二级造价工程师职业资格考试培训教材

建设工程计量与计价实务
（安装工程）
第二版

二级造价工程师职业资格考试培训教材编审委员会　编

中国建材工业出版社

图书在版编目（CIP）数据

建设工程计量与计价实务．安装工程/二级造价工程师职业资格考试培训教材编审委员会编．--2版．--北京：中国建材工业出版社，2023.8
 二级造价工程师职业资格考试培训教材
 ISBN 978-7-5160-3777-5

Ⅰ.①建… Ⅱ.①二… Ⅲ.①建筑安装－建筑造价管理－资格考试－教材 Ⅳ.①TU723.3

中国国家版本馆 CIP 数据核字（2023）第 131323 号

建设工程计量与计价实务（安装工程）第二版
JIANSHE GONGCHENG JILIANG YU JIJIA SHIWU（ANZHUANG GONGCHENG）DI-ER BAN
二级造价工程师职业资格考试培训教材编审委员会 编

出版发行：中国建材工业出版社
地　　址：北京市海淀区三里河路 11 号
邮　　编：100831
经　　销：全国各地新华书店
印　　刷：北京印刷集团有限责任公司
开　　本：787mm×1092mm　1/16
印　　张：17.75
字　　数：400 千字
版　　次：2023 年 8 月第 2 版
印　　次：2023 年 8 月第 1 次
定　　价：80.00 元

本社网址：www.jccbs.com，微信公众号：zgjcgycbs
请选用正版图书，采购、销售盗版图书属违法行为
版权专有，盗版必究。本社法律顾问：北京天驰君泰律师事务所，张杰律师
举报信箱：zhangjie@tiantailaw.com　举报电话：(010) 57811389
本书如有印装质量问题，由我社市场营销部负责调换，联系电话：(010) 57811387

《建设工程计量与计价实务（安装工程）》第二版
编审委员会

主　　编：李　楠

副 主 编：梁艳红　　孙凌志　　柳雨晨

主　　审：杨志生　　贾宏俊

编写人员：李　楠　　孙凌志　　梁艳红　　李志国
　　　　　米　帅　　王海苓

参编单位：山东科技大学
　　　　　山东大学
　　　　　天津理工大学
　　　　　山东城市建设职业学院
　　　　　泰山职业技术学院
　　　　　青岛房地产职业中等专业学校

前　言

为进一步完善造价工程师职业资格制度，提高造价从业人员的职业素养和业务水平，2018年7月20日，住房城乡建设部、交通运输部、水利部、人力资源社会保障部印发《关于〈造价工程师职业资格制度规定〉和〈造价工程师职业资格考试实施办法〉的通知》（建人〔2018〕67号），明确国家设置造价工程师准入类职业资格，工程造价咨询企业应配备造价工程师，工程建设活动中有关工程造价管理岗位应按需要配备造价工程师。

根据《造价工程师职业资格制度规定》和《造价工程师职业资格考试实施办法》，造价工程师分为一级造价工程师和二级造价工程师。二级造价工程师主要协助一级造价工程师开展相关工作，可独立开展建设工程工料分析、计划、组织与成本管理，施工图预算、设计概算、建设工程量清单、最高投标限价、投标报价、建设工程合同价款、结算价款和竣工决算价款的编制等工作。

为更好地贯彻国家工程造价管理有关方针政策，帮助造价从业人员学习、掌握二级造价工程师职业资格考试的内容和要求，我们组织有关专家成立二级造价工程师职业资格考试培训教材编审委员会，依据《全国建设工程二级造价工程师职业资格考试大纲》编写了二级造价工程师职业资格考试培训教材。

在教材编写中，编写团队充分吸收了最新颁布的有关工程造价管理的法规、规章、政策，力求体现行业最新发展水平和二级造价工程师职业资格考试特点。同时，教材注重理论与实践相结合，对参考人员应当掌握的工程造价基本理论、法律法规政策、专业技术知识以及计量与计价实务操作进行了系统全面的介绍，以帮助参考人员深入理解，通过考试。

本次《建设工程计量与计价实务（安装工程）》修订内容如下：对第一章原有的内容进行了删减，使其更加精炼；对第二章安装工程识图部分进行了精简，安装工程工程量清单编制部分补充了部分工程实例；第三章最高投标限价部分增加了部分工程计价实例的编写。此次修订使本教材知识体系更加精炼，同时，增加的安装工程工程量清单及计价的工程实例更有助于安装工程专业造价人员复习备考。

教材在编写和审定过程中，得到了山东大学、山东建筑大学、山东科技大学、上海城建职业学院、山东城市建设职业学院、泰山职业技术学院等单位诸多专家的支持。在此，对各支持单位及各位领导、专家表示衷心感谢。因工程造价管理工作涉及面广，专业技术性强，也正处于一个变革期，教材难免有不足和疏漏之处，还望读者提出宝贵意见和建议。

编审委员会
2023年6月

目 录

第一章 专业基础知识 … 1
- 第一节 常用材料的分类、基本性能及用途 … 1
- 第二节 主要施工工艺及施工技术 … 18
- 第三节 通用设备工程的分类、特点及基本工作内容 … 26
- 第四节 管道和设备工程的分类、特点及基本工作内容 … 35
- 第五节 电气和自动化控制工程的分类、特点及基本工作内容 … 58
- 第六节 施工组织设计的编制原理与方法 … 72

第二章 安装工程计量 … 77
- 第一节 安装工程识图基本原理与方法 … 77
- 第二节 安装工程工程量计算规则 … 86
- 第三节 工程量清单的编制 … 118
- 第四节 计算机辅助工程量计算方法 … 170

第三章 工程计价 … 174
- 第一节 施工图预算的编制 … 174
- 第二节 预算定额 … 177
- 第三节 安装工程费用定额 … 186
- 第四节 最高投标限价的编制方法 … 192
- 第五节 工程投标报价的编制方法 … 224
- 第六节 合同价款调整与工程结算 … 230
- 第七节 工程竣工决算价款的编制 … 260

第一章 专业基础知识

第一节 常用材料的分类、基本性能及用途

一、建设工程材料

(一) 金属材料

金属材料是最重要的工程材料,包括金属和以金属为基的合金。工业上把金属及其合金分为黑色金属材料和有色金属材料两大部分。

1. 黑色金属

黑色金属材料一般是指铁和以铁为基的合金,即钢铁材料。

1) 钢的分类和用途

钢具有许多优良特性,如材质均匀、性能可靠,具有较高的强度和良好的塑性、韧性和延展性,可承受各种性质的荷载;加工性优良(如可焊、可铆、可制成各种形状的型材和零件)。

钢中的主要化学元素为铁,另外还含有少量的碳、硅、锰、硫、磷、氧和氮等,这些少量元素对钢的性质影响很大。钢中碳的含量对钢的性质有决定性影响,含碳量低的钢材强度较低,但塑性大,延伸率和冲击韧性高,质地较软,易于冷加工、切削和焊接;含碳量高的钢材强度高、塑性小、硬度大、脆性大,不易加工。硫、磷为钢材中的有害元素,含量较多就会严重影响钢材的塑性和韧性。硅、锰等为有益元素,能使钢材强度、硬度提高。

钢材的力学性能取决于钢材的成分和金相组织。钢材的成分一定时,其金相组织主要取决于钢材的热处理,如退火、正火、淬火加回火等,其中淬火加回火的影响最大。

(1) 钢的分类。

按照化学成分将钢材分为非合金钢、低合金钢和合金钢三类。

按主要质量等级分为:①普通碳素钢、优质碳素钢和特殊质量碳素钢;②普通低合金钢、优质低合金钢和特殊质量低合金钢;③普通合金钢、优质合金钢和特殊质量合金钢。

(2) 工程中常用钢及其合金的性能和特点。

① 碳素结构钢分为普通碳素结构钢和优质碳素结构钢。

a. 普通碳素结构钢。以碳素结构钢屈服强度下限分为四个级别:Q195、Q215、Q235 和 Q275。普通碳素结构钢的碳、磷、硫及其他残余元素的含量控制较宽,某些性能如低温韧性和时效敏感性较差。

b. 优质碳素结构钢。优质碳素结构钢是含碳量小于 0.8% 的碳素钢,这种钢中所含

的硫、磷及非金属夹杂物比碳素结构钢少。与普通碳素结构钢相比，优质碳素结构钢的塑性和韧性较高，并可通过热处理强化，多用于较重要的零件，是广泛应用的机械制造用钢。

② 低合金结构钢。按照国家标准《低合金高强度结构钢》（GB/T 1591—2018），共有 Q355、Q390、Q420、Q460、Q500、Q550、Q620、Q690 八个强度等级。

③ 不锈耐酸钢，简称不锈钢，是指在空气、水、酸、碱、盐及其溶液和其他腐蚀介质中具有高稳定性的钢种。它在化工、石油、食品机械和国防工业中被广泛应用。

④ 铸钢具有较高的强度、塑性和韧性。

2）铸铁

铸铁是含碳量大于 2.11% 的铁碳合金，并且还含有较多量的硅、锰、硫和磷等元素，具有生产设备和工艺简单、价格便宜等优点。铸铁与钢相比，其成分特点是碳、硅含量高，杂质含量也较高。

2. 有色金属材料

有色金属是指黑色金属以外的所有金属及其合金。不同有色金属具有不同的优良性能，如钛合金的耐蚀性优于不锈钢；铜和铝的导电性明显高于铁合金；镍铬合金的比电阻较高，同时还有高的抗氧化性能和塑性，以及为零的电阻温度系数；铅具有高的抗 X 射线和 γ 射线穿透能力；铅锡基合金、铝铜基合金具有优良的减摩性能等。对于力学性能，多数有色金属的塑性好，尤其是铝钛基合金的比强度和比刚度均比铁基合金高。

（二）非金属材料

非金属材料包括无机非金属材料和高分子材料。无机非金属材料包括耐火材料、耐火隔热材料、耐蚀（酸）非金属材料和陶瓷材料等；高分子材料包括橡胶、塑料和合成纤维等。

（三）复合材料

复合材料中至少包括基体相和增强相两大类。基体相起黏结、保护增强相并把外加荷载造成的应力传递到增强相上去的作用，基体相可以由金属、树脂和陶瓷等构成，在承载中，基体相承受应力作用的比例不大；增强相是主要承载相，并起着提高强度（或韧性）的作用，增强相的形态各异，有纤维状、细粒状和片状等。

二、安装工程材料

（一）型材、板材和管材

1. 型材

型材是铁或钢及具有一定强度和韧性的材料（如塑料、铝、玻璃纤维等）通过轧制、挤出、铸造等工艺制成的具有一定几何形状的物体。常见的有型钢、塑钢型材等。普通型钢主要用于建筑结构，如桥梁、厂房结构，但个别也用于粗大的机械构件。普通型钢可分为冷轧和热轧两种，其中热轧最为常用。型材按其断面形状分为圆钢、方钢、六角钢、角钢、槽钢、工字钢、H 型钢和扁钢等。

型材的规格以反映其断面形状的主要轮廓尺寸来表示：圆钢的规格以其直径（mm）来表示；六角钢的规格以其对边距离（mm）来表示；工字钢和槽钢的规格以其高×腿

宽×腰厚（mm）来表示；扁钢的规格以厚度×宽度（mm）来表示。

H型钢是当今钢结构中应用广泛的型材。其截面特性要明显优于传统的工字钢、槽钢和角钢，是一种截面面积分配更加优化、强重比更加合理的经济断面高效型材，因其断面与英文字母"H"相同而得名。工字钢的截面受直压力好，耐拉，但是截面尺寸因翼板太窄，不能抗扭。H型钢则反之，两者各有优劣。

2. 板材

1）钢板

普通钢板（黑铁皮）、镀锌钢板（白铁皮）、塑料复合钢板和不锈耐酸钢板等为常用钢板。普通钢板具有良好的加工性能，结构强度较高，且价格便宜，应用广泛。常用厚度为0.5～1.5mm的薄板制作风管及机器外壳防护罩等，厚度为2.0～4.0mm的薄板可制作空调机箱、水箱和气柜等。空调、超净等防尘要求较高的通风系统，一般采用镀锌钢板和塑料复合钢板。镀锌钢板表面有保护层，起防锈作用，一般不再刷防锈漆。

（1）厚钢板。厚钢板的厚度一般为4.6～60mm，宽度一般为600～3000mm，长度一般为1200～12000mm。

（2）薄钢板。薄钢板按钢的质量可以分为普通薄钢板和优质薄钢板；按生产方法可分为热轧薄钢板和冷轧薄钢板。

（3）钢带。钢带按钢的质量分为优质和普通两类；按轧制方法分为热轧和冷轧两类。

热轧钢带的厚度为2.0～6.0mm，宽度为20～300mm。冷轧普通钢带的分类比较复杂，它是按照制造精度、表面状态和边缘状态等进行分类，并以一定代号表示。

2）铝合金板

铝合金板延展性能好、耐腐蚀，适宜咬口连接，且具有传热性能良好、在摩擦时不易产生火花的特性，所以铝合金板常用于防爆的通风系统。

3）塑料复合钢板

塑料复合钢板是在普通薄钢板表面喷涂一层0.2～0.4mm厚的塑料层，塑料层具有较好的耐腐蚀性和装饰性能。塑料复合钢板在建筑工程中应用广泛。

3. 管材

1）金属管材

（1）无缝钢管。无缝钢管可以用普通碳素钢、普通低合金钢、优质碳素结构钢、优质合金钢和不锈钢制成。无缝钢管是用一定尺寸的钢坯经过穿孔机热轧或冷拔等工序制成的中空且横截面封闭的无焊接缝的钢管。所以无缝钢管比焊接钢管有较高的强度，一般能承受3.2～7.0MPa的压力。

（2）焊接钢管。焊接钢管分为焊接钢管（黑铁管）和将焊接钢管镀锌后的镀锌钢管（白铁管）。按焊缝的形状可分为直缝钢管、螺纹缝钢管和双层卷焊钢管；按其用途不同又可分为水、煤气输送钢管；按壁厚可分为薄壁管和加厚管等。

（3）合金钢管。合金钢管用于各种锅炉耐热管道和过热器管道等。合金钢强度高，在同等条件下采用合金钢管可达到节省钢材的目的。耐热合金钢管具有强度高、耐热性好的优点。其规格范围为公称直径15.0～500.0mm，适应温度范围为－40～570℃。但合金钢管的焊接都有特殊的工艺要求，焊后要对焊口部位采取热处理。

(4) 铸铁管。铸铁管分给水铸铁管和排水铸铁管两种。其特点是经久耐用、抗腐蚀性强、质较脆，多用于耐腐蚀介质及给排水工程。铸铁管的连接常用承插式和法兰式。给水承插铸铁管分为高压管（$P<1.0\text{MPa}$）、普压管（$P<0.75\text{MPa}$）和低压管（$P<0.45\text{MPa}$）。排水承插铸铁管适用于污水的排放，一般都是自流式，不承受压力。双盘法兰铸铁管的特点是装拆方便，工业上常用于输送硫酸和碱类等介质。

(5) 有色金属管。有色金属管通常用外径×壁厚来表示。不同材质有色金属管分述如下：

① 铅及铅合金管。铅管分为纯铅管和合金铅管两种，纯铅管也称为软铅管，牌号为 Pb2、Pb3 等；合金铅管也称硬铅管，常用的牌号为 PbSb0.5、PbSb2、PbSb4 等。

② 铜及铜合金管。铜管分为紫铜管和黄铜管两种，紫铜管的牌号有 T2、T3、T4 和 TUP 等，黄铜管的牌号有 H62、H68 等。铜管的导热性能良好，适宜工作温度在 250℃以下，多用于制造换热器、压缩机输油管、低温管道、自控仪表以及保温伴热管和氧气管道等。

③ 铝及铝合金管。铝管多用于耐腐蚀性介质管道、食品卫生管道及有特殊要求的管道。铝管输送的介质操作温度在 200℃以下，当温度高于 160℃时，不宜在压力下使用。

④ 钛及钛合金管。按《钛及钛合金无缝管》（GB/T 3624—2010），牌号有 TA1、TA2、TA3 等，产品标记按名称、牌号、状态、规格、标准编号的顺序。钛管具有质量轻、强度高、耐腐蚀性强和耐低温等特点。

2) 非金属管材

(1) 混凝土管。混凝土管主要用于输水管道，管道连接采取承插接口，用圆形截面橡胶圈密封。

(2) 陶瓷管。陶瓷管分普通陶瓷管和耐酸陶瓷管两种。一般都是承插接口。普通陶瓷管的规格范围为内径 100～300mm；耐酸陶瓷管的规格范围为内径 25～800mm。

(3) 玻璃管。玻璃管具有表面光滑、不易挂料、输送流体时阻力小、耐磨且价格低廉，并具有保持产品高纯度和便于观察生产过程等特点，用于输送除氢氟酸、氟硅酸、热磷酸和热浓碱以外的腐蚀性介质和有机溶剂。

(4) 玻璃钢管。玻璃钢管质量轻、隔热、耐腐蚀性好，可输送氢氟酸和热浓碱以外的腐蚀性介质和有机溶剂。

(5) 石墨管。石墨管热稳定性好，能导热，线膨胀系数小，不污染介质，能保证产品纯度，抗腐蚀，具有良好的耐酸性和耐碱性，主要用于高温耐腐蚀生产环境中。

(6) 铸石管。铸石管的特点是耐磨、耐腐蚀，具有很高的抗压强度。多用于承受各种强烈磨损、强酸和碱腐蚀的地方。

(7) 橡胶管。橡胶具有较好的物理机械性能和耐腐蚀性能。根据用途不同可分为输水胶管、耐热胶管、耐酸碱胶管、耐油胶管和专用胶管（氧乙炔焊接专用管等）。

(8) 塑料管。塑料管具有质量轻、耐腐蚀、易成型和施工方便等特点。

① 硬聚氯乙烯（UPVC）管。硬聚氯乙烯管分轻型管和重型管两种，其直径范围为 8.0～200.0mm。硬聚氯乙烯管具有耐腐蚀性强、质量轻、绝热、绝缘性能好和易加工安装等特点，可输送多种酸、碱、盐和有机溶剂。

② 氯化聚氯乙烯（CPVC）管。氯化聚氯乙烯冷热水管道是现今新型的输水管道。该管与其他塑料管材相比，具有刚性高、耐腐蚀、阻燃性能好、导热性能低、热膨胀系数低及安装方便等特点。

③ 聚乙烯（PE）管。PE 管材无毒、质量轻、韧性好、可盘绕、耐腐蚀，在常温下不溶于任何溶剂，低温性能、抗冲击性和耐久性均比聚氯乙烯管好。目前 PE 管主要应用于饮用水管、雨水管、气体管道、工业耐腐蚀管道等领域。PE 管强度较低，一般适宜于压力较低的工作环境，且耐热性能不好，不能作为热水管使用。

④ 超高分子量聚乙烯（UHMWPE）管是指分子量在 150 万以上的线型结构 PE（普通 PE 的分子量仅为 2 万～30 万）。UHMWPE 管的许多性能是普通塑料管无法相比的，耐磨性为塑料之冠，断裂伸长率可达 410%～470%，管材柔性、抗冲击性能优良，低温下能保持优异的冲击强度，抗冻性及抗震性好，摩擦系数小，具有自润滑性，耐化学腐蚀，热性能优异，可在-169～110℃下长期使用，适合于寒冷地区。UHMWPE 管适用于输送散物料，输送浆体、冷热水、气体等。

⑤ 交联聚乙烯管（PEX 管）。PEX 管耐温范围广（-70～110℃）、耐压、化学性能稳定、抗蠕变强度高、质量轻、流体阻力小、能够任意弯曲安装简便、使用寿命长可达 50 年之久，且无味、无毒。PEX 管适用于建筑冷热水管道、供暖管道、雨水管道、燃气管道以及工业用的管道等。

⑥ 聚丙烯（PP）管。PP 管材无毒、价廉，但抗冲击强度差。通过共聚合的方法使聚丙烯改性，可提高管材的抗冲击强度等性能。改性聚丙烯管有三种，即均聚共聚聚丙烯（PP-H）管、嵌段共聚聚丙烯（PP-B）管、无规共聚聚丙烯（PP-R）管。PP-R 管是第三代改性聚丙烯管。PP-R 管是最轻的热塑性塑料管，相对聚氯乙烯管、聚乙烯管来说，PP-R 管具有较高的强度、较好的耐热性，另外 PP-R 管无毒、耐化学腐蚀，在常温下无任何溶剂能溶解，目前被广泛地用在冷热水供应系统中。

⑦ 聚丁烯（PB）管。PB 管具有很高的耐久性、化学稳定性和可塑性，质量轻，柔韧性好，用于压力管道时耐高温特性尤为突出（-30～100℃），抗腐蚀性能好、可冷弯、使用安装维修方便、寿命长（可达 50～100 年），适于输送热水。

⑧ 工程塑料（ABS）管。ABS 管是丙烯腈、丁二烯、苯乙烯三种单体共聚物组成的热塑性塑料管，具有质优耐用的特性。其中，丙烯腈具有耐热性、抗老性、耐化学性；丁二烯具有耐撞击性、坚韧性高、低温性能好的特点；苯乙烯具有施工容易及管面光滑的特性。工程塑料管用于输送饮用水、生活用水、污水、雨水，以及化工、食品、医药工程中的各种介质。

3）复合材料管材

（1）铝塑复合管。铝塑复合管是中间为一层焊接铝合金，内外各一层聚乙烯，经胶合层黏结而成的三层管子，具有聚乙烯塑料管耐腐蚀和金属管耐压高的优点，采用卡套式铜配件连接。铝塑复合管按聚乙烯材料不同分为两种：适用于热水的交联聚乙烯铝塑复合管和适用于冷水的高密度聚乙烯铝塑复合管。铝塑复合管规格为 $\phi 12 \sim \phi 32$，主要用于建筑内配水支管和热水器管。

（2）钢塑复合管。钢塑复合管是由镀锌管内壁置放一定厚度的 UPVC 塑料而成，因而同时具有钢管和塑料管材的优越性。管径为 $\phi 15 \sim \phi 150$，以铜配件丝扣连接，使用水温为 50℃以下，多用作建筑给水冷水管。

（3）钢骨架聚乙烯（PE）管。钢骨架聚乙烯（PE）管是以优质低碳钢丝为增强相，以高密度聚乙烯为基体，通过对钢丝点焊成网与塑料挤出填注同步进行，在生产线上连续拉膜成型的新型双面防腐压力管道。管径为 $\phi 50 \sim \phi 500$，常采用法兰或电熔连接方式，主要用于市政和化工管网。

（4）涂塑钢管。涂塑钢管是在钢管内壁融熔一层厚度为 0.5～1.0mm 的聚乙烯（PE）树脂、乙烯-丙烯酸共聚物（EAA）、环氧（EP）粉末、无毒聚丙烯（PP）或无毒聚氯乙烯（PVC）等有机物而构成的钢塑复合型管材。它不但具有钢管的高强度、易连接、耐水流冲击等优点，还克服了钢管遇水易腐蚀、污染、结垢及塑料管强度不高、消防性能差等缺点，设计寿命可达 50 年。其主要缺点是安装时不得进行弯曲、热加工和电焊切割等作业。主要规格有 $\phi 15 \sim \phi 100$。

（5）玻璃钢（FRP）管。采用合成树脂与玻璃纤维材料，使用模具复合制造而成，耐酸碱气体腐蚀，表面光滑，质量轻，强度大，坚固耐用，制品表面经加强硬度及防紫外线老化处理，适用于输送潮湿和酸、碱等腐蚀性气体的通风系统，可输送氢氟酸和热浓碱以外的腐蚀性介质和有机溶剂。

（6）硬聚氯乙烯/玻璃钢（UPVC/FRP）复合管。UPVC/FRP 复合管是由 UVPC（硬聚氯乙烯）、薄壁管作内衬层，外用高强度 FRP 纤维缠绕多层呈网状结构作增强层，通过界面黏合剂，经过特定机械缠绕制造而成。其性能集 UPVC 耐腐蚀和 FRP 强度高、耐温性好的优点，能在小于 80℃时耐一定压力。产品用于油田、化工、机械、冶金、轻工、电力等行业。

（二）焊接材料

1. 手工电弧焊焊接材料

焊条就是涂有药皮的供电弧焊使用的熔化电极。它由药皮和焊芯两部分组成。

（1）焊芯。焊条中被药皮包覆的金属芯称为焊芯。焊接时，焊芯有两个作用：一是传导焊接电流，产生电弧把电能转换成热能；二是焊芯本身熔化为填充金属，与母材金属熔合形成焊缝。

（2）药皮。压涂在焊芯表面的涂层称为药皮。药皮由各种矿物类、铁合金、有机物和化工产品（水玻璃类）原料组成。药皮的作用是保证被焊接金属获得具有合乎要求的化学成分和力学性能，并使焊条具有良好的焊接工艺性能。

2. 电弧刨割条

电弧刨割条的外形与普通焊条相同，是利用药皮在电弧高温下产生的喷射气流，吹除熔化金属，达到刨割的目的。工作时只需交、直流弧焊机，不用空气压缩机。操作时其电弧必须达到一定的喷射能力，才能除去熔化金属。

3. 埋弧焊焊接材料

埋弧焊也是利用电弧作为热源的焊接方法。埋弧焊时电弧是在一层颗粒状的可熔化焊剂覆盖下燃烧，电弧不外露，埋弧焊由此得名。它由焊丝和焊剂两部分组成，所用的金属电极是不间断送进的光焊丝。

（三）防腐材料

在安装工程中常用的防腐材料主要有各种涂料、玻璃钢、橡胶制品、无机板材等。

1. 涂料

涂料可分两大类：油基漆（成膜物质为干性油类）和树脂基漆（成膜物质为合成树脂）。

1) 涂料的基本组成

涂料大体上可分为三部分，即主要成膜物质、次要成膜物质和辅助成膜物质。

2) 常用涂料

涂料按其所起的作用，可分成底漆和面漆两种。防锈漆和底漆都能防锈。它们的区别是：底漆的颜料较多，可以打磨，漆料对物体表面具有较强的附着力；而防锈漆其漆料偏重于满足耐水、耐碱等性能的要求。防锈漆一般分为钢铁表面防锈漆和有色金属表面防锈漆两种；底漆不但能增强涂层与金属表面的附着力，而且对防腐蚀也起到一定的作用。

下面介绍几种目前常用底漆的主要特点：

(1) 生漆（也称大漆）。生漆为灰褐色黏稠液体，具有耐酸性、耐溶剂性、抗水性、耐油性、耐磨性和附着力很强等优点；缺点是不耐强碱及强氧化剂。漆膜干燥时间较长，毒性较大，施工时易引起人体中毒。生漆的使用温度约150℃。生漆耐土壤腐蚀，是地下管道的良好涂料，在纯碱系统中也有较多的应用。

(2) 漆酚树脂漆。漆酚树脂漆是生漆经脱水缩聚用有机溶剂稀释而成。它改变了生漆毒性大、干燥慢、施工不便等缺点，但仍保持生漆的其他优点，适用于大型快速施工的需要，广泛应用在化肥、氯碱生产中，防止工业大气如二氧化硫、氨气、氯气、氯化氢、硫化氢和氧化氮等气体腐蚀，也可作为地下防潮和防腐蚀涂料，但它不耐阳光紫外线照射，应用时应考虑用于受阳光照射较少的部位。

(3) 酚醛树脂漆。酚醛树脂漆是把酚醛树脂溶于有机溶剂中，并加入适量的增韧剂和填料配制而成。酚醛树脂漆具有良好的电绝缘性和耐油性，能耐60%硫酸、盐酸、一定浓度的醋酸、磷酸、大多数盐类和有机溶剂等介质的腐蚀，但不耐强氧化剂和碱。

(4) 环氧-酚醛漆。环氧-酚醛漆是环氧树脂和酚醛树脂溶于有机溶剂中（如二甲苯和醋酸丁酯等）配制而成。环氧-酚醛漆是热固性涂料，其漆膜兼有环氧和酚醛两者的长处，既有环氧树脂良好的机械性能和耐碱性，又有酚醛树脂的耐酸、耐溶和电绝缘性。

(5) 环氧树脂涂料。环氧树脂涂料由环氧树脂、有机溶剂、增韧剂和填料配制而成，在使用时再加入一定量的固化剂。按其成膜要求不同，可分为冷固型环氧树脂涂料和热固型环氧树脂涂料。环氧树脂涂料具有良好的耐腐蚀性能，特别是耐碱性，并有较好的耐磨性。与金属和非金属（除聚氯乙烯、聚乙烯等外）有极好的附着力，漆膜有良好的弹性与硬度，收缩率也较低，使用温度一般为90~100℃。热固型环氧涂料的耐温性和耐腐蚀性均比冷固型环氧涂料好。

(6) 过氯乙烯漆。过氯乙烯漆是以过氯乙烯树脂为主要成膜材料的涂料。它具有良好的耐酸性气体、耐海水、耐酸、耐油、耐盐雾、防霉、防燃烧等性能。但不耐酚类、酮类、脂类和苯类等有机溶剂介质的腐蚀。该清漆不耐光，容易老化，而且不耐磨、不耐强烈的机械冲击。此外，它与金属表面附着力不强，特别是光滑表面和有色金属表面更为突出。在漆膜没有充分干燥下往往会有漆膜揭皮现象。

（7）沥青漆。沥青漆是用天然沥青或石油沥青和干性油溶于有机溶剂而成。沥青漆由于价格低廉，使用较多。它在常温下能耐氧化氮、二氧化硫、三氧化硫、氨气、酸雾、氯气、低浓度的无机盐和浓度40%以下的碱、海水、土壤、盐类溶液以及酸性气体等介质腐蚀；但不耐油类、醇类、脂类、烃类等有机溶剂和强氧化剂等介质腐蚀。沥青漆膜对阳光稳定性较差，耐热度在60℃。常用于设备和管道的表面，防止工业大气、土壤和水的腐蚀。常用的沥青漆有沥青耐酸漆、沥青清漆、铝粉沥青防锈漆等。

2. 玻璃钢

玻璃钢一般是指用不饱和聚酯树脂、环氧树脂与酚醛树脂为基体，以玻璃纤维或其制品作增强材料的增强塑料。玻璃钢由于有玻璃纤维的增强作用，具有较高的机械强度和整体性，受到机械碰击等也不容易出现损伤。

根据使用的树脂品种不同，玻璃钢的种类有环氧玻璃钢、聚酯玻璃钢、环氧酚醛玻璃钢、环氧煤焦油玻璃钢、环氧呋喃玻璃钢和酚醛呋喃玻璃钢等。玻璃钢质轻而硬，不导电，机械强度高，回收利用少，耐腐蚀。可以代替钢材制造机器零件和汽车、船舶外壳等。

3. 橡胶

目前用于防腐的橡胶主要是天然橡胶。一般硬橡胶的长期使用温度为0～65℃，软橡胶、半硬橡胶的使用温度为－25～75℃。橡胶的使用温度与使用寿命有关，温度过高会加速橡胶的老化，破坏橡胶与金属间的结合力，导致脱落；温度过低橡胶会失去弹性（橡胶的膨胀系数比金属大3倍）。由于软橡胶的弹性比硬橡胶好，故它的耐寒性也较好。

用作化工衬里的橡胶是生胶经过硫化处理而成。经过硫化后的橡胶具有一定的耐热性能、机械强度及耐腐蚀性能。它可分为软橡胶、半硬橡胶和硬橡胶三种。橡胶硫化后具有优良的耐腐蚀性能，除强氧化剂（如硝酸、浓硫酸、铬酸）及某些溶剂（如苯、二硫化碳、四氯化碳等）外，能耐受大多数无机酸、有机酸、碱、各种盐类及酸类介质的腐蚀。

目前用于化工防腐蚀的主要有聚异丁烯橡胶，它具有良好的耐腐蚀性、耐老化性、耐氧化性及抗水性，不透气性比所有橡胶都好，但强度和耐热性较差。聚异丁烯橡胶的使用最高温度一般为50～60℃，它在低温下仍有良好的弹性及足够的强度。它能耐各种浓度的盐酸、浓度小于80%的硫酸、稀硝酸、浓度小于40%的氢氟酸、碱液及各种盐类溶液等介质的腐蚀；不耐氟、氯、溴及部分有机溶剂如苯、四氯化碳、二硫化碳、汽油、矿物油及植物油等介质的腐蚀。

三、安装工程常用管件和附件

（一）管件

当管道需要连接、分支、转弯、变径时，就需要用管件来进行连接。常用的管件有弯头、三通、异径管和管接头等。

1. 螺纹连接管件

螺纹连接管件分镀锌和非镀锌两种，一般均采用可锻铸铁制造。常用的螺纹连接管件有：

（1）管接头。用于两根管子的连接或与其他管件的连接。

（2）异径管（大小头）。用于连接两根直径不同的管子。
（3）等径与异径三通、等径与异径四通。用于两根管子平面垂直交叉时的连接。
（4）活接头。用于需经常拆卸的管道上。

螺纹连接管件主要用于煤气管道、供暖和给排水管道。在工艺管道中，除需要经常拆卸的低压管道外，其他物料管道上很少使用。

2. 冲压和焊接弯头

（1）冲压无缝弯头。该弯头是用优质碳素钢、不锈耐酸钢和低合金钢无缝钢管在特制的模具内压制成型的，有90°和45°两种。

（2）冲压焊接弯头。该弯头采用与管道材质相同的板材，用模具冲压成半块环形弯头，然后组对焊接而成。通常按组对的半成品出厂，施工时根据管道焊缝等级进行焊接。

（3）焊接弯头。该弯头制作方法有两种，一种是用钢板下料，切割后卷制焊接成型，多数用于钢板卷管的配套；另一种是用管材下料，经组对焊接成型。

3. 高压弯头

高压弯头是采用优质碳素钢或低合金钢锻造而成。根据管道连接形式，弯头两端加工成螺纹或坡口，加工精度很高。

（二）附件

1. 吹扫接头

吹扫接头（胶管活动接头）有以下两种连接形式：

（1）接头的一端与胶管相连，另一端与丝扣阀相连。
（2）接头的一端与胶管相连，另一端与钢管相连。

2. 管端封堵

用在管端起封闭作用的管件，有管帽、管堵和盲板三种。

（1）管帽。指与管道端部焊接或与管端外螺纹连接的帽状管件。焊接在管端或装在管端外螺纹上以封堵管子的管件，用来封闭管路。

（2）管堵。指用于堵塞管道端部内螺纹的外螺纹管件。有方形管堵、六角形管堵。

（3）盲板。盲板有焊接盲板及法兰盖（法兰盖为螺栓连接）两种。

3. 凸台

也称管嘴，是自控仪表在工艺管道上的一次性部件，用于连接主管和其他部件。

（三）法兰

法兰连接由法兰、垫片及螺栓螺母连接组成，是一种可拆连接，可用于管道与阀门、管道与管道、管道与设备的连接。采用法兰连接既有安装拆卸的灵活性，又有可靠的密封性、较高的强度，且结构简单，成本低廉，可多次重复拆卸，应用较广。

1. 法兰种类

1）按连接方式分类

法兰按照连接方式可分为整体法兰、平焊法兰、对焊法兰、松套法兰和螺纹法兰。

（1）整体法兰。整体法兰系指泵、阀、机等机械设备与管道连接的进出口法兰，通常和这些管道设备制成一体，作为设备的一部分。

(2) 平焊法兰。又称搭焊法兰。平焊法兰与管子固定时，是将管道端部插至法兰承口底或法兰内口，且低于法兰内平面，焊接法兰外口或里口和外口，使法兰与管道连接。其优点在于焊接装配时较易对中，且价格便宜，因而得到了广泛的应用。平焊法兰只适用于压力等级比较低，压力波动、振动及震荡均不严重的管道系统中。

(3) 对焊法兰。又称高颈法兰。它与其他法兰的不同之处在于从法兰与管子焊接处到法兰盘有一段长而倾斜的高颈，此段高颈的壁厚沿高度方向逐渐过渡到管壁厚度，改善了应力的不连续性，因而增加了法兰强度。对焊法兰主要用于工况比较苛刻的场合（如管道热膨胀或其他载荷而使法兰处受的应力较大）或应力变化反复的场合以及压力、温度大幅度波动的管道和高温、高压及零下低温的管道。

(4) 松套法兰。俗称活套法兰，分为焊环活套法兰、翻边活套法兰和对焊活套法兰，多用于铜、铝等有色金属及不锈钢管道上。松套法兰的连接实际也是通过焊接实现的，只是这种法兰是松套在已与管子焊接在一起的附属元件上，然后通过连接螺栓将附属元件和垫片贴紧以实现密封，法兰（即松套）本身不接触介质。这种法兰连接的优点是法兰可以旋转，易于对中螺栓孔，在大口径管道上易于安装，也适用于管道需要频繁拆卸以供清洗和检查的地方。

(5) 螺纹法兰。螺纹法兰是将法兰的内孔加工成管螺纹，并和带外螺纹的管子配合实现连接，是一种非焊接法兰。与焊接法兰相比，它具有安装、维修方便的特点，可在一些现场不允许焊接的场合使用。但在温度高于260℃和低于－45℃的条件下，建议不使用螺纹法兰，以免发生泄漏。

2) 按密封面形式分类

法兰的密封面主要根据工艺条件、密封口径以及垫片等进行选择。

(1) 容器法兰的密封面形式有平面、凹凸面、榫槽面等形式，其中以凹凸面、榫槽面最为常用。

(2) 管法兰密封面形式有平面、凸面、凹凸面、榫槽面、O型圈面和环连接面六种。

① 平面型：是在平面上加工出几道浅槽，其结构简单，但垫圈没有固定，不易压紧。适用于压力不高、介质无毒的场合。

② 凸面型：与平面型密封面相近，其表面是一个光滑的平面，也可车制密纹水线。密封面结构简单，加工方便，且便于衬里防腐。

③ 凹凸面型：是相配合的凹形和凸形密封面。安装时便于对中，还能防止垫片被挤出。但垫片宽度较大，需较大压紧力。适用于压力稍高的场合。

④ 榫槽面型：是具有相配合的榫面和槽面的密封面，垫片放在槽内，由于受槽的阻挡，不会被挤出。垫片比较窄，因而压紧垫片所需的螺栓力也就相应较小。垫片受力均匀，故密封可靠。垫片很少受介质的冲刷和腐蚀，适用于易燃、易爆、有毒介质及压力较高管道的重要密封。

⑤ O型圈面型：这是一种较新的法兰连接形式，它是随着各种橡胶O型圈的出现而发展起来的。具有相配合的凸面和槽面的密封面，O型圈嵌在槽内。O型密封圈是一种挤压型密封，其基本工作原理是依靠密封件发生弹性变形，在密封接触面上造成接触压力，当接触压力大于被密封介质的内压时，不发生泄漏，反之则发生泄漏。

⑥ 环连接面型：环连接面密封的法兰也属于窄面法兰，其在法兰的凸面上开出一环状梯形槽作为法兰密封面，和榫槽面法兰一样，这种法兰在安装和拆卸时必须在轴向将法兰分开。

2. 垫片

垫片按材质可分为非金属垫片、半金属垫片和金属垫片三大类，用于管道之间的密封连接、机器设备的机件与机件之间的密封连接。

1）非金属垫片

非金属垫片质地柔软、耐腐蚀、价格便宜，但耐温和耐压性能差，多用于常温和中温的中低压容器或管道的法兰密封。非金属垫片包括橡胶垫、石棉垫、石棉橡胶垫、柔性石墨垫和塑料垫片等。

2）半金属垫片

半金属垫片又称金属复合垫片。非金属材料具有很好的柔软性、压缩性和螺栓载荷能力低等优点，但也存在强度不高、回弹性差、不适合高压高温场合等缺点；而金属材料具有强度高、回弹性好、经受得起高温的特点。将两者组合形成的垫片，即为半金属垫片。半金属垫片主要有金属包覆垫片、金属缠绕垫片、金属波纹复合垫片、金属齿形复合垫片等。

3）金属垫片

在高温、高压以及载荷循环频繁等苛刻操作条件下，各种金属材料是密封垫片的首选材料。金属垫片常用的材料有铜、铝、低碳钢、不锈钢、铬镍合金钢等。为了减少螺栓载荷和保证结构紧凑，除了金属平垫尽量采用窄宽度外，各种具有线接触特征的环垫结构垫片是其优选的形式。

3. 法兰用螺栓

用于连接法兰的螺栓，有单头螺栓和双头螺栓两种，其螺纹一般都是三角形公制粗螺纹。单头螺栓分为半精制和精制两种，常用的材质有 Q235、25 钢和 25Cr2MoV 钢等。双头螺栓多数采用等长双头精制螺栓。螺母分为半精制和精制两种，按螺母形式又分为 a 型和 b 型两种，半精制单头螺栓多采用 a 型螺母，精制双头螺栓多采用 b 型螺母。

（四）阀门

一般由阀体、阀瓣、阀盖、阀杆及手轮等部件组成。

1. 阀门型号

在设备及工业管道系统中，常用阀门有闸阀、截止阀、节流阀、球阀、蝶阀、隔膜阀、旋塞阀、止回阀、安全阀、柱塞阀、减压阀和疏水阀等。

工程中管道与阀门的公称压力划分为：$0 < P \leqslant 1.60$ MPa 为低压；$1.60 < P \leqslant 10.00$ MPa 为中压；$10.00 < P \leqslant 42.00$ MPa 为高压。蒸汽管道 P 大于或等于 9.00MPa，工作温度大于或等于 500℃时升为高压。一般水暖工程均为低压系统，大型电站锅炉及各种工业管道采用中压、高压或超高压系统。

常用阀门分为：

1）截止阀

截止阀主要用于热水供应及高压蒸汽管路中，它结构简单，严密性较高，制造和维修方便，阻力比较大。流体经过截止阀时要改变流向，因此水流阻力较大，所以安装时要注意流体"低进高出"，方向不能装反。

选用特点：结构比闸阀简单，制造、维修方便，也可以调节流量，应用广泛。但流动阻力大，为防止堵塞和磨损，不适用于带颗粒和黏性较大的介质。

2）闸阀

闸阀又称闸门或闸板阀，它是利用闸板升降控制开闭的阀门，流体通过阀门时流向不变，因此阻力小。它广泛用于冷、热水管道系统中。

选用特点：密封性能好，流体阻力小，开启、关闭力较小，也有调节流量的作用，并且能从阀杆的升降高低看出阀的开度大小，主要用在一些大口径管道上。

3）止回阀

止回阀又名单流阀或逆止阀，它是一种根据阀瓣前后的压力差而自动启闭的阀门。它有严格的方向性，只许介质向一个方向流通，而阻止其逆向流动。用于不让介质倒流的管路上，如用于水泵出口的管路上作为水泵停泵时的保护装置。

选用特点：一般适用于清洁介质，不适用于带固体颗粒和黏性较大的介质。

4）蝶阀

蝶阀适合安装在大口径管道上。蝶阀不仅在石油、煤气、化工、水处理等一般工业上得到广泛应用，还应用于热电站的冷却水系统。

蝶阀结构简单、体积小、质量轻，只由少数几个零件组成，只需旋转90°即可快速启闭，操作简单，同时具有良好的流体控制特性。蝶阀处于完全开启位置时，蝶板厚度是介质流经阀体时唯一的阻力，通过该阀门所产生的压力降很小，具有较好的流量控制特性。

5）旋塞阀

旋塞阀又称考克或转心门，它主要由阀体和塞子（圆锥形或圆柱形）构成。扣紧式旋塞阀在旋塞的下端有一螺帽，把塞子紧压在阀体内，以保证严密。旋塞塞子中部有一孔道，当旋转时即开启或关闭。旋塞阀构造简单，开启和关闭迅速，旋转90°就全开或全关，阻力较小，但保持其严密性比较困难。旋塞阀通常用于温度和压力不高的管路上。热水龙头也属旋塞阀的一种。

选用特点：结构简单，外形尺寸小，启闭迅速，操作方便，流体阻力小，便于制造三通或四通阀门，可作分配换向用。但密封面易磨损，开关力较大。此种阀门不适用于输送高压介质（如蒸汽），只适用于一般低压流体作开闭用，不宜作调节流量用。

6）球阀

球阀分为气动球阀、电动球阀和手动球阀三种。球阀阀体可以是整体的，也可以是组合式的。它是近十几年来发展最快的阀门品种之一。

球阀是由旋塞阀演变而来的，它的启闭件作为一个球体，利用球体绕阀杆的轴线旋转90°达到开启和关闭的目的。球阀在管道上主要用于切断、分配和改变介质流动方向，设计成V形开口的球阀还具有良好的流量调节功能。

适用特点：适用于水、溶剂、酸和天然气等一般工作介质，还适用于工作条件恶劣的介质，如氧气、过氧化氢、甲烷和乙烯等，且适用于含纤维、微小固体颗粒等介质。

7）节流阀

节流阀的构造特点是没有单独的阀盘，而是利用阀杆的端头磨光代替阀盘。节流阀多用于小口径管路上，如安装压力表所用的阀门。

选用特点：该阀的外形尺寸小巧，质量轻，主要用于节流。制作精度要求高，密封较好。不适用于黏度大和含有固体悬浮物颗粒的介质。该阀可用于取样，其公称直径小，一般在 25.00mm 以下。

8）安全阀

安全阀是一种安全装置，当管路系统或设备（如锅炉、冷凝器）中介质的压力超过规定数值时，便自动开启阀门排汽降压，以免发生爆炸危险。当介质的压力恢复正常后，安全阀又自动关闭。

选用安全阀的主要参数是排泄量，排泄量决定安全阀的阀座口径和阀瓣开启高度。由操作压力决定安全阀的公称压力，由操作温度决定安全阀的使用温度范围，由计算出的安全阀定压值决定弹簧或杠杆的调压范围，再根据操作介质决定安全阀的材质和结构形式。

9）减压阀

减压阀又称调压阀，用于管路中降低介质压力。常用的减压阀有活塞式、波纹管式及薄膜式等几种。各种减压阀的原理是介质通过阀瓣通道小孔时阻力增大，经节流造成压力损耗从而达到减压目的。减压阀的进、出口一般要伴装截止阀。

选用特点：减压阀只适用于蒸汽、空气和清洁水等清洁介质。在选用减压阀时要注意不能超过减压阀的减压范围，保证在合理情况下使用。

10）疏水阀

疏水阀又称疏水器，它的作用在于阻气排水，属于自动作用阀门。它的种类有浮桶式、恒温式、热动力式以及脉冲式等。

（五）其他附件

管道及设备附件种类很多，它们在工艺管道和设备中各自起着不同的作用，这里对几种主要的管道及设备附件介绍如下。

1. 除污器

除污器的作用是防止管道介质中的杂质进入传动设备或精密部位，使生产设备发生故障或影响产品的质量。其结构形式有 Y 形除污器、锥形除污器、直角式除污器和高压除污器，其主要材质有碳钢、不锈耐酸钢、锰钒钢、铸铁和可锻铸铁等。内部的过滤网有铜网和不锈耐酸钢丝网。

2. 阻火器

阻火器是化工生产常用的部件，多安装在易燃易爆气体的设备及管道的排空管上，以防止管内或设备内气体直接与外界火种接触而引起火灾或爆炸。

3. 补偿器

1）自然补偿

自然补偿是利用管路几何形状所具有的弹性吸收热能产生变形。最常见的管道自然补偿法是将管道两端以任意角度相接，多为两管道垂直相交。自然补偿的缺点是管道变形时会产生横向位移，而且补偿的管段不能很大。

自然补偿器分为 L 形和 Z 形两种，安装时应正确确定弯管两端固定支架的位置。

2）人工补偿

人工补偿是利用管道补偿器来吸收热能产生变形的补偿方式，常用的有方形补偿器、填料式补偿器、波形补偿器、球形补偿器等。

四、常用电气和通信材料

（一）电气材料

1. 导线

导线一般采用铜、铝、铝合金和钢等材料制造。按照导线线芯结构一般可以分为单股导线和多股导线两大类；按照有、无绝缘和导线结构可以分成裸导线和绝缘导线两大类。

1）裸导线

裸导线是没有绝缘层的导线，包括铜线、铝线、铝绞线、铜绞线、钢芯铝绞线和各种型线等。裸导线主要用于户外架空电力线路以及室内汇流排和配电柜、箱内连接等。

在架空配电线路中，铜绞线因其具有优良的导线性能和较高的机械强度，且耐腐蚀性强，一般应用于电流密度较大或化学腐蚀较严重的地区；铝绞线的导电性能和机械强度不及铜导线，一般应用于档距比较小的架空线路；钢芯铝绞线具有较高的机械强度，导电性能良好，适用于大档距架空线路敷设。

2）绝缘导线

绝缘导线由导电线芯、绝缘层和保护层组成，常用于电气设备、照明装置、电工仪表、输配电线路的连接等。

绝缘电线按绝缘材料可分为聚氯乙烯绝缘、聚乙烯绝缘、交联聚乙烯绝缘、橡皮绝缘和丁腈聚氯乙烯复合物绝缘等。电磁线也是一种绝缘线，它的绝缘层是涂漆或包缠纤维，如丝包、玻璃丝及纸等。

绝缘导线按工作类型可分为普通型、防火阻燃型、屏蔽型及补偿型等。

导线芯按使用要求的软硬又可分为硬线、软线和特软线等结构类型。

在架空配电线路中，按其结构形式一般可分为高、低压分相式绝缘导线，低压集束型绝缘导线，高压集束型半导体屏蔽绝缘导线，高压集束型金属屏蔽绝缘导线等。

2. 电力电缆

电力电缆是用于传输和分配电能的一种电缆，电力电缆的使用电压范围宽，可从几百伏到几百千伏，并具有防潮、防腐蚀、防损伤、节约空间、易敷设、运行简单方便等特点，广泛用于电力系统、工矿企业、高层建筑及各行各业中。在城市或厂区，使用电缆可使市容和厂区整齐美观并增加出线走廊，不占用空间。按敷设方式和使用性质，电力电缆可分为普通电缆、直埋电缆、海底电缆、架空电缆、矿山井下用电缆和阻燃电缆等种类；按绝缘方式可分为聚氯乙烯绝缘电缆、交联聚乙烯绝缘电缆、油浸纸绝缘电缆、橡皮绝缘电缆和矿物绝缘电缆等。

1）电缆的型号表示法

电缆型号的内容包含用途类别、绝缘材料、导体材料、铠装保护层等，一般型号表示如图 1.1.1 所示。

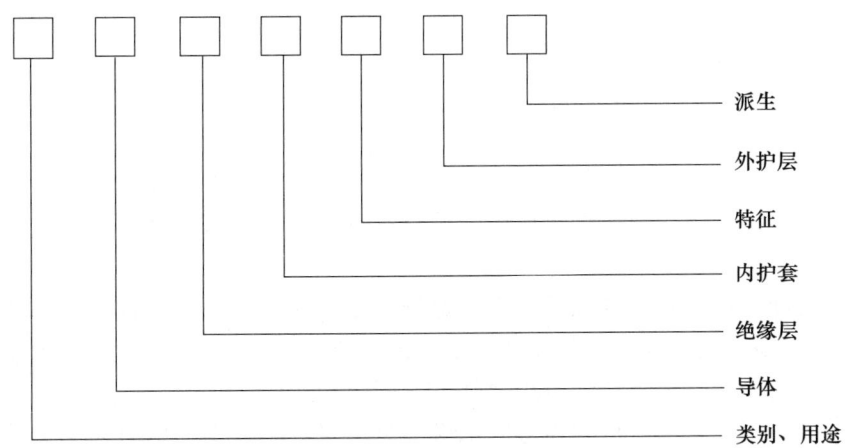

图 1.1.1　电缆型号表示法

2）几种常用电缆及其特性

（1）聚氯乙烯绝缘电力电缆。

聚氯乙烯绝缘电力电缆长期工作温度不超过 70℃，电缆导体的最高温度不超过 160℃，短路最长持续时间不超过 5s，施工敷设最低温度不得低于 0℃，最小弯曲半径不小于电缆直径的 10 倍。

（2）交联聚乙烯绝缘电力电缆。

简称 XLPE 电缆，它是利用化学或物理的方法使电缆的绝缘材料聚乙烯塑料的分子由线型结构转变为立体的网状结构，即把原来是热塑性的聚乙烯转变成热固性的交联聚乙烯塑料，从而大幅度地提高了电缆的耐热性能和使用寿命，且仍保持其优良的电气性能。

交联聚乙烯绝缘电力电缆电场分布均匀，没有切向应力，质量轻，载流量大，常用于 500kV 及以下的电缆线路中，主要优点包括：优越的电气性能、良好的耐热性能和机械性能，敷设安全方便。

3. 控制及综合布线电缆

1）控制电缆

控制电缆适用于交流 50Hz，额定电压 450/750V、600/1000V 及以下的工矿企业、现代化高层建筑等的远距离操作、控制、信号及保护测量回路。作为各类电气仪表及自动化仪表装置之间的连接线，起着传递各种电气信号，保障系统安全、可靠运行的作用。

控制电缆按工作类别可分为普通、阻燃（ZR）、耐火（NH）、低烟低卤（DLD）、低烟无卤（DW）、高阻燃类（GZR）、耐温类、耐寒类控制电缆等。

2）综合布线电缆

综合布线电缆用于传输语言、数据、影像和其他信息的标准结构化布线系统，其主要目的是在网络技术不断升级的条件下，仍能实现高速率数据的传输要求。只要各种传输信号的速率符合综合布线电缆规定的范围，则各种通信业务都可以使用综合布线系统。综合布线系统使语言和数据通信设备、交换设备和其他信息管理设备彼此连接。

综合布线系统使用的传输媒体有各种大对数铜缆和各类非屏蔽双绞线及屏蔽双绞线。

4. 母线及桥架

1) 母线

母线是各级电压配电装置中的中间环节，它的作用是汇集、分配和传输电能，主要用于电厂发电机出线至主变压器、厂用变压器以及配电箱之间的电气主回路的连接，又称为汇流排。

母线分为裸母线和封闭母线两大类。裸母线分为两类：一类是软母线（多股铜绞线或钢芯铝线），用于电压较高（350kV以上）的户外配电装置；另一种是硬母线，用于电压较低的户内外配电装置和配电箱之间电气回路的连接。

封闭母线是用金属外壳将导体连同绝缘等封闭起来的母线。封闭母线包括离相封闭母线、共箱（含共箱隔相）封闭母线和电缆母线，广泛用于发电厂、变电所、工业和民用电源的引线。

2) 桥架

桥架是由托盘、梯架的直线段、弯通、附件以及支吊架组合构成，用以支撑电缆的具有连接的刚性结构系统的总称，广泛应用在发电厂、变电站、工矿企业、各类高层建筑、大型建筑及各种电缆密集场所或电气竖井内，集中敷设电缆，使电缆安全可靠运行，减少外力对电缆的损害并方便维修。电缆桥架具有制作工厂化、系列化、质量容易控制、安装方便等优点。

桥架按制造材料分类，分为钢制桥架、铝合金桥架、玻璃钢阻燃桥架等；按结构形式分为梯级式桥架、托盘式桥架、槽式桥架、组合式桥架。

（二）有线通信线缆

有线传输常用双绞线、同轴电缆和光缆为介质。传输介质是设备、终端间连接的中间介质，也是信号传输的媒体。接续设备是系统中各种连接硬件的统称，包括连接器、连接模块、配线架、管理器等。其中，双绞线和同轴电缆传输电信号，光缆传输光信号。

1. 同轴电缆

同轴电缆是指有两个同心导体，而导体和屏蔽层又共用同一轴心的电缆。由于有线通信系统中大量使用同轴电缆作为传输介质，同轴电缆性能的好坏，将直接影响到系统质量的高低。

同轴电缆由同轴结构的内、外导体构成，芯线为单股或多股铜线，外包绝缘物，绝缘物外面为金属丝编织网或金属箔，最外面用塑料护套或其他特种护套保护。

电缆的芯线越粗，其损耗越小。长距离传输多采用内导体粗的电缆。同轴电缆的损耗与工作频率的平方根成正比。电缆的衰减与温度有关，随着温度增高，其衰减值也增大。

我国对电缆型号的符号标注由四部分组成，如图1.1.2所示。

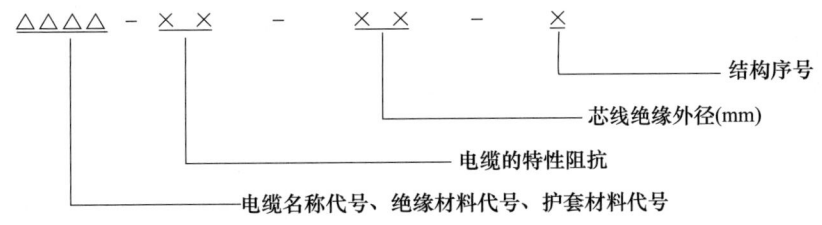

图 1.1.2　电缆型号的符号标注

2. 双绞线（双绞电缆）

双绞线是由两根绝缘的导体扭绞封装在一个绝缘外套中而形成的一种传输介质，通常以对为单位，并把它作为电缆的内核，根据用途不同，其芯线要覆以不同的护套。扭绞的目的是使对外的电磁辐射和遭受外部的电磁干扰减少到最小。

双绞线（双绞电缆）分屏蔽和非屏蔽两种。

1）屏蔽双绞线

根据屏蔽方式的不同，屏蔽双绞线又分为两类，即 STP（Shielded Twicted-Pair）和 FTP（Foil Twisted-Pair）。STP 是指每条线都有各自屏蔽层的屏蔽双绞线，而 FTP 则是采用整体屏蔽的屏蔽双绞线。

屏蔽双绞线电缆的外层由铝箔包裹，以减小辐射，但并不能完全消除辐射。屏蔽双绞线的价格相对较高，安装时要比非屏蔽双绞线电缆困难。类似于同轴电缆，它必须配有支持屏蔽功能的特殊连接器和相应的安装技术。但它有较高的传输速率，100m 内可达到 155Mbps。

2）非屏蔽双绞线

非屏蔽双绞线电缆由多对双绞线和一个塑料外皮构成。国际电气工业协会为双绞线电缆定义了五种不同的质量级别。计算机网络中常使用的是第三类、第五类、超五类以及目前的六类非屏蔽双绞线电缆。第三类双绞线适用于大部分计算机局域网络，而第五、六类双绞线利用增加缠绕密度、高质量绝缘材料，极大地改善了传输介质的性质。

3. 光缆

光缆主要是由光导纤维（细如头发的玻璃丝）和塑料保护套管及塑料外皮构成，光缆内没有金属导线，一般无回收价值。光缆是一定数量的光纤按照一定方式组成缆芯，外包有护套，有的还包覆外护层，用以实现光信号传输的一种通信线路。

1）光纤结构

光纤是由中心的纤芯和外围的包层同轴组成的圆柱形细丝。纤芯的折射率比包层稍高，损耗比包层更低，光能量主要在纤芯内传输。

纤芯是一种能够传导光信号的极细而柔软的直径为 $50\sim150\mu m$ 的导光介质。有许多种玻璃和塑料可用来制造光导纤维。

按光在光纤中的传输模式可分为多模光纤和单模光纤。

① 多模光纤：耦合光能量大，发散角度大，对光源的要求低，能用光谱较宽的发光二极管（LED）作光源，有较高的性能价格比。缺点是传输频带较单模光纤窄，多模光纤传输的距离比较近，一般只有几千米。

② 单模光纤：优点是其模间色散很小，传输频带宽，适用于远程通信，每千米

带宽可达 10GHz。缺点是芯线细，耦合光能量较小，光纤与光源以及光纤与光纤之间的接口操作比多模光纤难；单模光纤只能与激光二极管（LD）光源配合使用，而不能与发散角度较大、光谱较宽的发光二极管（LED）配合使用。所以单模光纤的传输设备较贵。

2) 光缆的特点

光缆的基本结构一般是由缆芯、加强钢丝、填充物和护套等几部分组成，另外，根据需要还有防水层、缓冲层、绝缘金属导线等构件。

用光缆传输电视信号具有传输损耗小、频带宽、传输容量大、频率特性好、抗干扰能力强、安全可靠等优点，是有线电视信号传输技术手段的发展方向。

光纤只导光不导电，不怕雷击，也不需用接地保护，而且保密性好。光纤损耗小，一般短波长（$0.85\mu m$）的损耗为 2～3dB/km，长波长（$1.3\mu m$）的损耗为 0.5dB/km，波长（$1.55\mu m$）的损耗为 0.2dB/km，且损耗和带宽不受环境温度影响。

第二节　主要施工工艺及施工技术

一、切割和焊接

（一）切割

1. 机械切割

机械切割方法是利用机械方法将工件切断。常用的切割机械主要有剪板机、弓锯床、螺纹钢筋切断机、砂轮切割机等。

（1）剪板机是借助于运动的上刀片和固定的下刀片，采用合理的刀片间隙，对各种厚度的金属板材施加剪切力，使板材按所需要的尺寸断裂分离。剪板机属于锻压机械的一种，主要用于金属板材的切断加工。

（2）弓锯床是以锯条为刀具，利用装有锯条的弓锯做往复运动，以锯架绕一支点摆动的方式锯切金属圆料、方料、管料和型材的机床。该机床结构简单，体积小，但效率较低。

（3）螺纹钢筋切断机有全自动钢筋切断机和半自动钢筋切断机之分。目前应用较多的是液压钢筋切断机，适用于各种建筑工地与钢筋加工。

（4）砂轮切割机是以平形薄片砂轮切割金属的工具，广泛应用于建筑、五金、石化及水电安装等部门，用以切割金属管、扁钢、工字钢、槽钢、圆钢等型材。但其生产效率低、加工精度低、安全稳定性较差。

2. 火焰切割

火焰切割是利用可燃气体在氧气中剧烈燃烧及被切割金属燃烧所产生的热量而实现连续切割的方法。其工作原理是：用氧气与可燃气体混合后燃烧形成的高温火焰，将被割金属表面加热到燃点，然后喷出高速切割氧流，使金属剧烈氧化燃烧并放出大量热量，高压切割氧流同时将氧化燃烧形成的熔渣从割口间隙中吹除，形成割口，将被割金属分离。

火焰切割按所使用的燃气种类，可分为氧-乙炔火焰切割（俗称气割）、氧-丙烷火焰切割、氧-天然气火焰切割和氧-氢火焰切割。实际生产中应用最广的是氧-乙炔火焰切割和氧-丙烷火焰切割。

3. 电弧切割

电弧切割按生成电弧的不同可分为等离子弧切割和碳弧气割。

1) 等离子弧切割

等离子弧切割是一种常用的切割金属和非金属材料的工艺方法。等离子弧切割的机理与氧-燃气切割有着本质上的差别。它是利用高速、高温和高能的等离子气流来加热和熔化被切割材料，并借助内部的或者外部的高速气流或水流将熔化材料排开，直至等离子气流束穿透背面而形成割口。

等离子弧切割过程不是依靠氧化反应，而是靠熔化来切割材料，因而比氧-燃气切割的适用范围大得多，能够切割绝大部分金属和非金属材料，如不锈钢、高合金钢、铸铁、铝、铜、钨、钼、陶瓷、水泥、耐火材料等。最大切割厚度可达300mm。

2) 碳弧气割

碳弧气割是利用碳极电弧的高温，把金属局部加热到熔化状态，同时用压缩空气的气流把熔化金属吹掉，从而达到对金属进行切割的一种加工方法。利用该方法也可在金属上加工沟槽。

4. 激光切割

激光切割是利用经聚焦的高功率密度激光束熔化或汽化被割材料，同时借助与光束同轴的高速气流吹除熔融物质，并使激光束移动而实现的无接触切割方法。激光切割可分为激光汽化切割、激光熔化切割、激光氧气切割和激光划片与控制断裂四类。

激光切割与其他热切割方法相比较，主要特点有切口宽度小（0.1mm左右）、切割精度高、切割速度快、质量好，并可切割多种材料（金属、非金属、金属基和非金属基复合材料、皮革、木材及纤维等）。激光切割由于受激光器功率和设备体积的限制，只能切割中、小厚度的板材和管材，而且随着工件厚度的增加，切割速度明显下降。此外，激光切割设备费用高，一次性投资大。

（二）焊接

焊接是通过加热、加压或二者并用的方法，将两种或两种以上的同种或异种材料，通过原子或分子之间的结合和扩散连接成一体的工艺过程，可以连接金属材料和非金属材料。

1. 焊接的分类及特点

按照焊接过程中金属所处的状态及工艺的特点，可以将焊接方法分为熔化焊（熔焊）、压力焊（压焊）和钎焊三大类，如图1.2.1所示。

1) 熔化焊

熔化焊是利用局部加热的方法将连接处的金属加热至熔化状态，然后冷却结晶成一体的焊接方法，可形成牢固的焊接接头。

（1）气焊。气焊所用的可燃气体与气割相同，主要有乙炔、丙烷、天然气和氢气等，氧气为助燃气体。

气焊主要应用于薄钢板、低熔点材料（有色金属及其合金）、铸铁件和硬质合金刀具等材料的焊接，以及磨损、报废车件的补焊、构件变形的火焰矫正等。

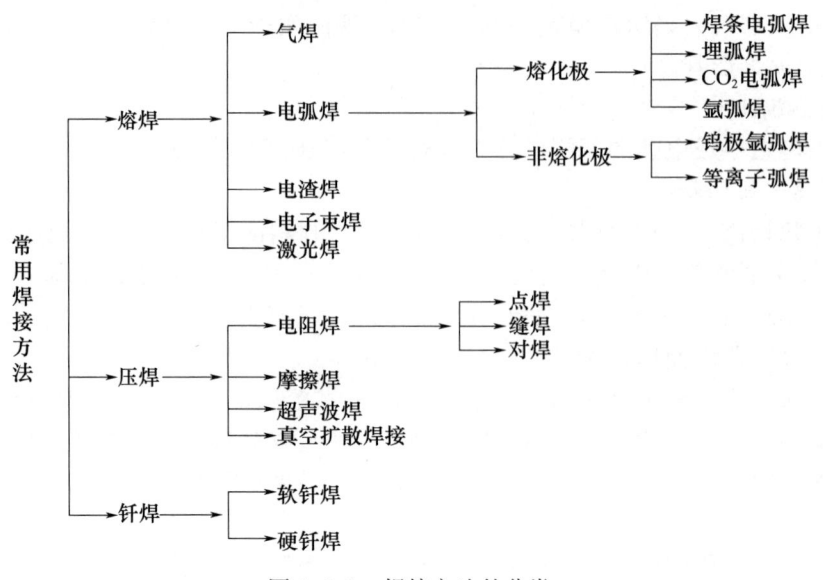

图 1.2.1 焊接方法的分类

（2）电弧焊。它的原理是利用电弧放电（俗称电弧燃烧）所产生的热量将焊条与工件互相熔化并在冷凝后形成焊缝，从而获得牢固接头的焊接过程。

① 气体保护电弧焊（气电焊）。用外加气体作为电弧介质并保护电弧和焊接区的电弧焊称为气体保护电弧焊，简称气电焊。

② 等离子弧焊。等离子弧焊也是一种不熔化极电弧焊，是钨极氩弧焊的进一步发展。等离子弧是自由电弧压缩而成的，其功率密度比自由电弧可提高 100 倍以上。其离子气为氩气、氮气、氦气或其中二者之混合气。等离子弧的能量集中，温度高，焰流速度大。这些特性使得等离子弧广泛应用于焊接、喷涂和堆焊。

（3）电渣焊。电渣焊是利用电流通过液态熔渣产生的熔渣电阻热作为热源熔化母材和电极（填充金属），利用熔渣保护熔池进行焊接的熔焊方法。

（4）激光焊。激光焊是以聚焦的激光束作为能源轰击焊件所产生的热量进行焊接的方式。

2）压力焊

压力焊是利用焊接时施加一定压力，使两个连接表面的原子相互接近到晶格距离，从而在固态条件下实现连接。

3）钎焊

钎焊是采用熔点低于焊件（母材）的钎料与焊件一起加热，使钎料熔化（焊件不熔化）后，依靠钎料的流动充填在接头预留空隙中，并与固态的母材相互扩散、溶解，冷却后实现焊接的方法。钎焊接头一般强度较低，耐热性差。

钎焊可用于各种黑色及有色金属和合金以及异种金属的连接，适宜于小而薄和精度要求高的零件。

2. 常用焊接材料的选择及焊接设备

1）焊接材料的选用

电弧焊时，通常应根据组成焊接结构钢材的化学成分、力学性能、焊接性和工作环境的要求、焊接结构的形状、受力情况和焊接设备类型等方面综合考虑，以决定选用哪种焊条。

焊条除根据上述原则选用外，有时为了保证焊件的质量还需通过试验来最后确定。为了保障焊工的身体健康，在允许的情况下应尽量多采用酸性焊条。

2) 焊接参数的选择

电弧焊的焊接参数主要有焊条直径、焊接电流、电弧电压、焊层数、电源种类及极性等。

3) 焊接设备

电弧焊机的主要设备是弧焊机。弧焊机可分为交流弧焊机和直流弧焊机两类。交流弧焊机具有结构简单、价格低廉、保养和维护方便等优点。直流弧焊机具有焊接电流稳定、焊接质量高等优点。

3. 焊接接头、坡口及组对

焊接连接形成的焊接接头是焊接结构的最基本要素，在多数情况下，它又是焊接结构上的薄弱环节。其突出问题是形成应力集中、劣质区，变形及残余应力的存在。所以焊接接头类型的选择必须正确，制造、使用要参照相应国家标准进行。

二、除锈、防腐蚀和绝热工程

（一）除锈和刷油

1. 除锈（表面处理）

1) 钢材表面原始锈蚀分级

钢材表面原始锈蚀分为 A、B、C、D 四级。

A 级：全面覆盖着氧化皮而几乎没有铁锈的钢材表面。

B 级：已发生锈蚀，且部分氧化皮已经剥落的钢材表面。

C 级：氧化皮已因锈蚀而剥落或者可以刮除，且有少量点蚀的钢材表面。

D 级：氧化皮已因锈蚀而全面剥离，且已普遍发生点蚀的钢材表面。

2) 金属表面处理方法

金属的表面处理方法主要有手工方法、机械方法、化学方法及火焰除锈方法等。目前最常用的是机械方法中的喷砂处理。

（1）手工方法。手工除锈是一种最简单的方法，主要使用刮刀、砂布、钢丝刷、锤、凿等手工工具，进行手工打磨、刷、铲、敲击等操作，从而除去锈垢，然后用有机溶剂如汽油、丙酮、苯等，将浮锈和油污洗净。此方法适用于一些较小的工件表面及没有条件采用机械方法进行表面处理的设备表面处理。

（2）机械方法。机械除锈是利用机械产生的冲击、摩擦作用对工件表面除锈的一种方法，适用于大型金属设备表面的处理。可分为干喷砂法、湿喷砂法、密闭喷砂法、抛丸法和高压水流法等。

（3）化学方法（也称酸洗法）。化学除锈就是把金属制件在酸液中进行浸蚀加工，以除掉金属表面的氧化物及油垢等。此方法主要适用于对表面处理要求不高、形状复杂的零部件以及在无喷砂设备条件的除锈场合。

（4）火焰除锈。火焰除锈的主要工艺是先将基体表面锈层铲掉，再用火焰烘烤或加热，并配合使用动力钢丝刷清理加热表面。此种方法适用于除掉旧的防腐层（漆膜）或带有油浸过的金属表面工程，不适用于薄壁的金属设备、管道，也不能用于退火钢和可淬硬钢的除锈。

2. 刷油（涂覆）

刷油方法可分为涂刷法、喷涂法、浸涂法和电泳涂装法等。

（二）衬里

衬里是一种综合利用不同材料的特性，具有较长使用寿命的防腐方法。根据不同的介质条件，多是在钢铁或混凝土设备上选衬各种非金属材料，如玻璃钢衬里、橡胶衬里、砖板衬里等。对于温度、压力较高的场合，可衬耐蚀金属，如不锈钢、铅、钛、铜、铝等。

（三）金属热喷涂

金属热喷涂是指利用某种热源，如电弧、等离子弧、燃烧火焰等将粉末状或丝状的金属涂层材料加热到熔融或半熔融状态，然后借助焰流本身的动力或外加的高速气流雾化，并以一定的速度喷射到经过预处理的基体材料表面，与基体材料结合而形成具有各种功能的表面金属覆盖层。金属热喷涂采用的金属材料为金属丝或金属粉末，故称为金属丝喷涂法和金属末喷涂法。机电安装工程项目应用最多的金属材料是锌、锌铝合金、铝和铝镁合金。

热喷涂工艺流程包括基体表面预处理、热喷涂、后处理、精加工等过程。

（四）绝热工程

绝热工程是为了维持正常生产的温度范围，减少热载体（如过热蒸汽、饱和水蒸气、热水和烟气等）和冷载体（如液氨、液氮、冷冻盐水和低温水等）在输送、储存和使用过程中热量和冷量的散失，降低能源消耗和产品成本，对设备和管道采取的保温或保冷措施。

三、吊装工程技术

（一）起重机

1. 常用起重机的特点及适用范围

常用的起重机有流动式起重机、塔式起重机、桅杆起重机等。

1）流动式起重机

流动式起重机主要有汽车起重机、轮胎起重机、履带起重机、全地面起重机、随车起重机等。

（1）特点：适用范围广，机动性好，可以方便地转移场地，但对道路、场地要求较高，台班费较高。

（2）适用范围：适用于单件质量大的大、中型设备、构件的吊装，作业周期短。

2）塔式起重机

（1）特点：吊装速度快，台班费低。但起重量一般不大，并需要安装和拆卸。

（2）适用范围：适用于在某一范围内数量多，而每一单件质量较小的设备、构件吊装，作业周期长。

3）桅杆起重机

（1）特点：属于非标准起重机，其结构简单，起重量大，对场地要求不高，使用成本低，但效率不高。

（2）适用范围：主要适用于某些特重、特高和场地受到特殊限制的设备、构件吊装。

2. 起重机选用的基本参数

起重机选用的基本参数主要有吊装载荷、额定起重量、最大幅度、最大起升高度等，这些参数是制定吊装技术方案的重要依据。

（二）吊装方法

常用吊装方法有：塔式起重机吊装、桥式起重机吊装、汽车起重机吊装、履带起重机吊装、直升机吊装、桅杆系统吊装、缆索系统吊装、液压提升、利用构筑物吊装、坡道法提升等。

（1）塔式起重机吊装：起重能力为3～100t，臂长在40～80m，常用在使用地点固定、使用周期较长的场合，较经济。一般为单机作业，也可双机抬吊。

（2）桥式起重机吊装：起重能力为3～1000t，跨度在3～150m，使用方便。多为厂房、车间内使用，一般为单机作业，也可双机抬吊。

（3）汽车起重机吊装：有液压伸缩臂，起重能力为8～1200t，臂长在27～120m；有钢管结构臂，起重能力在70～350t，臂长为27～145m。机动灵活，使用方便。可单机、双机吊装，也可多机吊装。

（4）履带起重机吊装：起重能力为30～4000t，臂长在39～190m；中、小重物可吊重行走，机动灵活，使用方便，使用周期长，较经济。可单机、双机吊装，也可多机吊装。

（5）直升机吊装：起重能力可达26t，用在其他吊装机械无法完成的地方，如山区、高空。

（6）桅杆系统吊装：通常由桅杆、缆风系统、提升系统、拖排滚杠系统、牵引溜尾系统等组成；桅杆有单桅杆、双桅杆、人字桅杆、门字桅杆、井字桅杆；提升系统有卷扬机滑轮系统、液压提升系统、液压顶升系统；有单桅杆和双桅杆滑移提升法、扳转（单转、双转）法、无锚点推举法等吊装工艺。

（7）缆索系统吊装：用在其他吊装方法不便或不经济的场合，以及质量不大，跨度、高度较大的场合，如桥梁建造、电视塔顶设备吊装。

（8）液压提升：目前多采用"钢绞线悬挂承重、液压提升千斤顶集群、智能化监视与控制"方法整体提升（滑移）大型设备与构件，其中有上拔式和爬升式两种方式。

（9）利用构筑物吊装：即利用建筑结构作为吊装点，通过卷扬机、滑轮组等吊具实现设备的提升或移动。

（10）坡道法提升：即通过搭设坡道，利用卷扬机、滑轮组等吊具将设备牵引并提升到基础上就位。

（三）吊装方案的主要内容

吊装作业成功的关键在于吊装方法的合理选择。吊装方案是吊装工程策划的结果，是指导吊装工程实施的技术文件，它在吊装工程中具有重要的作用。

1. 吊装方案编制包括的内容

(1) 编制说明与编制依据。

(2) 工程概况。主要包括工程特点、待吊设备参数表、到货形式、设计、制造单位等。

(3) 吊装工艺设计。主要包括：

① 设备吊装工艺方法概述（如双桅杆滑移法、吊车滑移法）与吊装工艺要求。

② 吊装参数表，主要包括设备规格尺寸、金属总质量、吊装总质量、重心标高、吊点方位及标高等。若采用分段吊装，应注明设备分段尺寸、分段质量。

③ 起重吊装机具选用、机具安装拆除工艺要求；吊装机具、材料汇总表。

④ 设备支、吊点位置及结构设计图，设备局部或整体加固图。

⑤ 吊装平、立面布置图；地锚施工图；吊装作业区域地基处理措施；地下工程和架空电缆施工规定。

⑥ 吊装进度计划；相关专业交叉作业计划。

(4) 吊装组织体系。包括劳动组织、人力资源计划、施工人员的岗位职责等。

(5) 安全保证体系及措施，吊装工作危险性分析表或健康、安全、环境危害分析。

(6) 质量保证体系及措施。

(7) 吊装应急预案。

(8) 吊装计算校核书。

2. 起重机吊装工艺计算书一般包括的内容

主起重机和辅助起重机受力分配计算；吊装安全距离核算；吊耳强度核算；吊索、吊具安全系数核算。

3. 吊装平面、立面布置图应包括的主要内容

设备运输路线及摆放位置；设备组装、吊装位置；吊装过程中吊装机械、设备、吊索、吊具及障碍物之间的相对距离；桅杆安装（竖立、拆除）位置及其拖拉绳、主后背绳、夺绳的平面分布；起重机械的组车、拆车、吊装站立位置及移动路线；滑移尾排及牵引和后溜滑车的设置位置；吊装工程所用的卷扬机摆放位置及主跑绳的走向；吊装工程所用的各个地锚位置或平面坐标；需要做特殊处理的吊装场地范围；吊装警戒区。

四、管道工程施工技术

1. 工业管道安装技术要求

管道安装工程一般施工程序：施工准备→测量定位→支架制作安装→管道预制安装→仪表安装→试压清洗→防腐保温→调试及试运行→交工验收。

2. 热力管道安装要求

1) 架空敷设或地沟敷设

热力管道通常采用架空敷设或地沟敷设。为了便于排水和放气，管道安装时均应设置坡度，室内管道的坡度为 0.002，室外管道的坡度为 0.003。蒸汽管道的坡度应与介质流向相同，以避免噪声。

2) 补偿装置安装要求

各种类型的补偿装置安装应符合设计文件、产品技术文件和有关标准的要求，如波

纹管膨胀节在安装时应按照设计文件进行预拉伸或预压缩；填料式补偿器应按照设计文件规定的安装长度及温度变化，经有关计算确定剩余收缩量等。

3）支架、托架安装

管道的底部应用点焊的形式装上高滑动托架，托架高度稍大于保温层的厚度，安装托架两侧的导向支架时，要使滑槽与托架之间有3～5mm的间隙。

3．建筑管道工程施工技术

1）室内给水工程施工程序

室内给水管道施工程序：施工准备→预留、预埋→管道测绘放线→管道元件检验→管道支吊架制作安装→管道加工预制→给水设备安装→管道及配件安装→系统水压试验→防腐绝热→系统清洗、消毒。

2）室内排水工程施工程序

室内排水管道施工程序：施工准备→预留、预埋→管道测绘放线→管道元件检验→管道支吊架制作安装→管道预制→管道及配件安装→系统灌水试验→防腐→系统通球试验。

3）室内供暖工程施工程序

室内供暖管道施工程序：施工准备→预留、预埋→管道测绘放线→管道元件检验→管道支吊架制作安装→管道预制→管道及配件安装→系统水压试验→防腐绝热→系统冲洗→试运行和调试。

4）室外给水管网施工程序

室外给水管网施工程序：施工准备→测量放线→管沟、井池开挖→管道支架制作安装→管道预制→管道安装→系统水压试验→防腐绝热→系统冲洗、消毒→管沟回填。

5）室外排水管网施工程序

室外排水管网施工程序：施工准备→测量放线→管沟、井池开挖→管道元件检验→管道支架制作安装→管道预制→管道安装→系统灌水试验→防腐→系统通水试验→管沟回填。

6）室外供热管网施工程序

室外供热管网施工程序：施工准备→测量放线→管沟、井池开挖→管道支架制作安装→管道预制→管道安装→系统水压试验→防腐绝热→系统冲洗→试运行和调试→管沟回填。

7）建筑饮用水供应工程施工程序

建筑饮用水供应系统施工程序：施工准备→预留、预埋→管道测绘放线→管道元件检验→管道支吊架制作安装→管道预制→水处理设备及控制设施安装→管道及配件安装→系统水压试验→防腐绝热→系统清洗、消毒。

8）建筑中水及雨水利用工程施工程序

（1）中水系统给水管道施工程序：施工准备→管道测绘放线→管道元件检验→管道支吊架制作安装→管道预制→水处理设备及控制设施安装→管道及配件安装→系统水压试验→防腐→系统清洗。

（2）雨水系统排水管道施工程序：施工准备→管道测绘放线→管道元件检验→管道支吊架制作安装→管道预制→管道及配件安装→系统灌水试验→防腐→系统通球试验。

第三节　通用设备工程的分类、特点及基本工作内容

一、机械设备工程

（一）常用机械设备的分类和安装

1. 常用机械设备的分类

1）按照使用范围分类

（1）通用机械设备（又称定型设备），指在工业生产中普遍使用的机械设备，如金属切削设备、锻压设备、铸造设备、泵、压缩机、风机、电动机、起重运输机械等。这类设备可以按定型的系列标准由制造厂进行批量生产。

（2）专用机械设备，指专门用于石油化工生产或某个方面生产的机械设备，如干燥、过滤、压滤机械设备，污水处理设备等。

2）按照在生产中所起的作用分类

（1）液体介质输送和给料机械，如各种泵类。

（2）气体输送和压缩机械，如真空泵、风机、压缩机。

（3）固体输送机械，如提升机、皮带运输机、螺旋输送机、刮板输送机等。

（4）起重机械，如各种桥式起重机、龙门吊等。

（5）金属加工机械，如切削、研磨、刨铣、钻孔机床以及金属材料试验机械等。

（6）动力机械，如汽轮机、发电机、电动机等。

2. 机械设备安装

1）安装准备工作

（1）技术准备。

（2）组织准备。根据工程特点和施工部门的具体情况和条件，成立组织机构。

（3）供应工作准备。成箱设备运输到安装现场后，必须开箱检查、清理。装配件表面除锈及污垢清除宜采用碱性清洗液和乳化除油液进行清洗。

2）设备基础

基础土建施工一般包括：挖基坑、装设模板、绑扎钢筋、安装地脚螺栓或预留孔模板、浇灌混凝土、养护、拆除模板等。与安装密切相连的是地脚螺栓的安装。

在许多机械设备安装工程中，地脚螺栓是不可缺少的附件之一，其作用是将设备与基础牢固地连接起来，以免设备在运转时发生位移和倾覆。

3）设备安装

（1）设备吊装。安装工程中，机械厂的设备吊装大部分在厂房内进行，多数厂房内设置有桥式起重机，因此机械厂厂房土建部分完成后，首先应安装桥式起重机。桥式起重机吊装能力不足时，可使用汽车吊、抱杆或其他吊装方法。

（2）设备找平与找正。设备在基础上就位后，根据中心标板上的基点，将设备找平、拨正，确定设备正确位置。位置确定后，根据要求调整单台设备及各设备之间应有的高度。在调整设备标高的同时，应兼顾其水平情况，二者同时进行调整。设备找正应注意使机械设备处于自由状态下进行，不得用拧紧地脚螺栓或局部施加外力等方法强制

其变形来达到安装精度的要求。

(3) 设备在安装位置上的检测。机械设备安装后，其安装位置的检测工作是保证设备可靠、正常运转，达到设计要求必不可少的重要工作。

(4) 机械装配。机械设备都是由一些基本零件组成的，如螺栓、键、销、滑动轴承、滚动轴承、齿轮、蜗轮蜗杆、联轴节与液压传动装置等。

(二) 固体输送设备

输送设备包括带式输送机、提升输送机、链式输送机、螺旋输送机、振动输送机、悬挂输送机等。

(三) 泵、风机和压缩机

1. 泵

泵是输送流体的机械，既包括液体又包括气体，甚至包括固体。

按照作用原理，泵可分为动力式泵类、容积式泵类及其他类型泵。

(1) 动力式泵（又称叶片式泵）。依靠旋转的叶轮对液体的动力作用，将能量连续地传递给液体，使液体的速度能（为主）和压力能增加。随后通过压出室将大部分速度能转换为压力能。各式离心泵、轴流泵、混流泵、旋涡泵均属于此类型泵。

(2) 容积式泵。在包容液体的密封工作空间里，依靠其容积的周期性变化，把能量周期地传递给液体，使液体的压力增加并将液体强行排出。往复泵、回转泵为容积式泵。

(3) 其他类型泵。如射流（喷射）泵、水环泵、水锤泵等是依靠流动的流体能量来输送液体的泵。

2. 风机

风机是用于输送气体的机械，它是把驱动机的机械能转变为气体能量的一种机械。风机种类繁多，各有其不同的结构特点。

(1) 按作用原理分类。根据使气体增压的作用原理不同，把风机分为容积式和透平式（又称叶片式）两大类（图 1.3.1）。

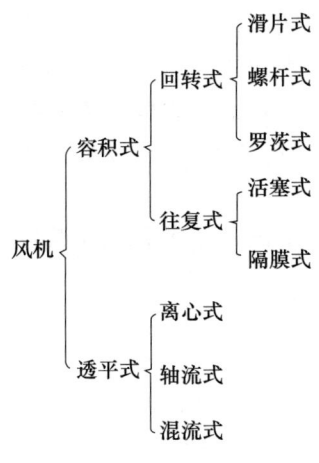

图 1.3.1 风机的分类

容积式风机是依靠在气缸内做往复或旋转运动的活塞的作用，使气体的体积缩小而提高压力。透平式风机是通过旋转叶片把机械能转变成气体的压力能和速度能，随后在固定元件中使部分的速度能进一步转化为压力能。

(2) 按产生压力的高低分类。根据排出气体压力的高低，风机又可分为通风机（排出气体压力不大于 14.7kPa）、鼓风机（排出气体压力大于 14.7kPa，不大于 350kPa）、压缩机（排出气体压力大于 350kPa）。

3. 压缩机

压缩机属于风机的一种，多作为气体动力用，但其排出气体压力较高（大于 350kPa）。按作用原理可分为容积式和透平式两大类。往复活塞式（简称活塞式）压缩机属容积式，是压缩机中较为成熟的一种，在使用范围和产量上均占主要地位。

二、热力设备工程

锅炉是利用燃料燃烧释放的热能（或其他热能），将工质加热到一定参数（温度和压力）的设备。

1. 锅炉的分类

锅炉按其用途通常可分为动力锅炉和工业锅炉两大类。

(1) 动力锅炉：用于发电和提供动力的锅炉。动力锅炉产生的蒸汽是用于将热能转换为机械能的工质以产生动力，其蒸汽的温度和压力都很高。如电站锅炉的额定蒸汽压力大于或等于 3.9MPa，过热蒸汽温度大于或等于 450℃。

(2) 工业锅炉：用于为工农业生产和建筑采暖及居民生活提供蒸汽或热水的锅炉，又称供热锅炉。包括额定工作压力大于 0.04MPa 但小于 3.82MPa，且额定蒸发量不小于 0.1t/h 的蒸汽锅炉和额定出水压力大于 0.1MPa 的热水锅炉。

2. 工业锅炉设备的组成

锅炉设备包括锅炉本体及辅助设备两部分。

(1) 锅炉本体。锅炉本体主要由"锅"与"炉"两大部分组成。"锅"是指容纳锅水和蒸汽的受压部件，包括锅筒（汽包）、对流管束、水冷壁、集箱（联箱）、蒸汽过热器、省煤器和管道组成的一个封闭的汽-水系统，其任务是吸收燃料燃烧释放出的热能，将水加热成规定温度和压力的热水或蒸汽；"炉"是指锅炉中使燃料进行燃烧产生高温烟气的场所，是由煤斗、炉排、炉膛、除渣板、送风装置等组成的燃烧设备。其任务是使燃料不断良好地燃烧，放出热量。"锅"与"炉"，一个吸热，一个放热，是密切联系着的一个整体。

(2) 锅炉辅助设备。锅炉辅助设备主要包括运煤除灰、通风、水-汽等设备以及控制装置。

三、消防工程

火灾是各种灾害中发生最频繁且极具毁灭性的灾害之一。通常将火灾划分为以下四大类：

A 类火灾：木材、布类、纸类、橡胶和塑胶等普通可燃物的火灾。

B 类火灾：可燃性液体或气体的火灾。

C类火灾：电气设备的火灾。

D类火灾：钾、钠、镁等可燃性金属或其他活性金属的火灾。

（一）水灭火系统

1. 消火栓灭火系统

1）室内消火栓给水系统的分类

该系统由消防给水管网，消火栓、水带、水枪组成的消火栓箱柜，消防水池，消防水箱，增压设备等组成。根据目前我国广泛使用的建筑消防登高器材的性能及消防车供水能力，对高、低层建筑的室内消防给水系统有不同的要求。低层建筑利用室外消防车从室外水源取水，直接扑灭室内火灾。建筑高度大于27m的住宅建筑（包括设置商业服务网点的住宅建筑），建筑高度大于24m的非单层厂房、仓库和其他民用建筑为高层建筑。

2）室内消火栓给水系统主要设备

（1）室内消火栓。

室内消火栓箱安装在建筑物内的消防给水管路上，由箱体、室内消火栓、水带、水枪及电气设备等消防器材组成。室内消火栓是一种具有内扣式接口的球形阀式龙头，有单出口和双出口两种类型。消火栓的一端与消防竖管相连，另一端与水带相连。当发生火灾时，消防水量通过室内消火栓给水管网供给水带，经水枪喷射出有压水流进行灭火。

室内消火栓的配置：应采用DN65室内消火栓，并可与消防软管卷盘或轻便水龙设置在同一箱体内；应配置DN65有内衬的消防水带，长度不宜超过25m；消防软管卷盘应配置内径不小于ϕ19的消防软管，其长度宜为30m，轻便水龙应配置DN25有内衬的消防水带，长度宜为30m。

（2）消防水泵接合器。

当室内消防用水量不能满足消防要求时，消防车可通过水泵接合器向室内管网供水灭火。消防给水为竖向分区供水时，在消防车供水压力范围内的分区，应分别设置水泵接合器。水泵接合器应设在室外便于消防车使用的地点，且距室外消火栓或消防水池的距离不宜小于15m，并不宜大于40m。

下列场所的室内消火栓给水系统应设置消防水泵接合器：高层民用建筑；设有消防给水的住宅、超过5层的其他多层民用建筑；超过2层或建筑面积大于10000m²的地下或半地下建筑、室内消火栓设计流量大于10L/s平战结合的人防工程；高层工业建筑和超过4层的多层工业建筑；城市交通隧道。

3）室内消火栓系统安装

室内消火栓系统管网应布置成环状，当室外消火栓设计流量不大于20L/s，且室内消火栓不超过10个时，可布置成枝状。

（1）消防水箱的设置要求。

常高压给水系统的建筑物，如能保证最不利点消火栓和自动喷水灭火系统的水量和水压时，可不设消防水箱。临时高压给水系统的建筑物，应设消防水箱、气压罐或水塔。

（2）消防水池的设置要求。符合下列规定之一时，应设置消防水池：

① 当生产、生活用水量达到最大,市政给水管网或入户引入管不能满足室内、室外消防给水设计流量时。

② 当采用一路消防供水或只有一条入户引入管,且室外消火栓设计流量大于20L/s或建筑高度大于50时。

③ 市政消防给水设计流量小于建筑室内外消防给水设计流量时。

当消防水池采用两路消防供水且在火灾情况下连续补水能满足消防要求时,消防水池的有效容积应根据计算确定,但不应小于100m³,当仅设有消火栓系统时不应小于50m³。

2. 喷水灭火系统

1) 自动喷水灭火系统

自动喷水灭火系统是一种能自动启动喷水灭火,并能同时发出火警信号的灭火系统,可以用于公共建筑、工厂、仓库等一切可以用水灭火的场所。它具有工作性能稳定、适应范围广、灭火效率高、维修简便等优点。根据使用要求和环境的不同,喷水灭火系统可分为湿式系统、干式系统、预作用系统、重复启闭预作用灭火系统等。

2) 水喷雾灭火系统

水喷雾灭火系统是在自动喷水灭火系统的基础上发展起来的,仍属于固定式灭火系统的一种类型。它是利用水雾喷头在一定水压下将水流分解成细小水雾灭火或防护冷却的灭火系统。水喷雾灭火系统有固定式和移动式两种。移动式装置可起到固定装置的辅助作用。固定式水喷雾灭火系统一般由高压给水设备、控制阀、水雾喷头、火灾探测自动控制系统等组成。

3) 喷水灭火系统组件

(1) 水流指示器:用于自动喷水灭火系统中将水流信号转换成电信号的一种报警装置。连接方式有螺纹式、焊接式、法兰式及鞍座式。

(2) 喷头:在热的作用下,在预定的温度范围内自行启动或根据火灾信号由控制设备启动,并按设计的洒水形状和流量洒水的一种喷水装置。

(二) 气体灭火系统

1. 气体灭火系统的特点

1) 二氧化碳灭火系统

该系统通过向保护空间喷放二氧化碳灭火剂,稀释氧浓度、窒息燃烧和冷却等物理作用扑灭火灾。二氧化碳本身具有不燃烧、不助燃、不导电、不含水分,灭火后能很快散逸,对保护物不会造成污损等优点,因此是一种采用较早、应用较广的气体灭火剂。当二氧化碳含量达到15%以上时能使人窒息死亡。

2) 七氟丙烷灭火系统

七氟丙烷是一种以化学方式灭火为主的洁净气体灭火剂。该灭火剂无色、无味、不导电,无二次污染,具有清洁、低毒、电绝缘性好、灭火效率高的特点;特别是它不含溴和氯,对臭氧层无破坏,在大气中的残留时间比较短,其环保性能明显优于卤代烷,是一种洁净气体灭火剂。

3) IG541混合气体灭火系统

IG541混合气体灭火剂是由氮气、氩气和二氧化碳气体按一定比例混合而成的气体，由于这些气体都是在大气层中自然存在，且来源丰富，因此它对大气层臭氧没有损耗，也不会对地球的"温室效应"产生影响，更不会产生具有长久影响大气寿命的化学物质。混合气体无毒、无色、无味、无腐蚀性及不导电，既不支持燃烧，又不与大部分物质产生反应。从环保的角度来看，是一种较为理想的灭火剂。

2. 系统的组成

二氧化碳灭火管网系统的储存装置由储存容器、容器阀和集流管等组成；七氟丙烷和 IG541 预制灭火系统的储存装置由储存容器、容器阀等组成；热气溶胶预制灭火系统的储存装置由发生剂罐、引发器和保护箱（壳）体等组成。

四、电气照明及动力设备工程

（一）常用电光源和安装

1. 常用电光源及特性

1）白炽灯

白炽灯是靠钨丝白炽体的高温热辐射发光，它结构简单，使用方便，显色性好。尽管白炽灯的功率因数接近于 1，但因热辐射中只有 2%～3% 为可见光，故发光效率低，受到振动容易损坏。

2）荧光灯

荧光灯由镇流器、灯管、启动（启辉）器和灯座等组成。灯内抽真空后封入汞粒，并充入少量氩、氮、氖等气体。所以荧光灯也是一种低压的汞蒸气弧光放电灯。

3）卤钨灯

卤钨灯也是一种热辐射光源，在被抽成真空的玻璃壳内除充以惰性气体外，还充入少量的卤族元素如氟、氯、溴、碘。

4）高压水银灯

高压水银灯又称"高压汞灯"，是利用高压水银蒸气放电发光的一种气体放电灯。灯管内装有一对电极且抽去空气，充入少量氩气和液态水银。

5）高压钠灯

高压钠灯使用时发出金白色光，具有发光效率高、耗电少、寿命长、透雾能力强和不锈蚀等优点，广泛应用于道路、高速公路、机场、码头、车站、广场、街道交汇处、工矿企业、公园、庭院照明及植物栽培。

6）金属卤化物灯

金属卤化物灯是气体放电灯中的一种，其结构和高压汞灯相似，是在高压汞灯的基础上发展起来的，所不同的是在石英内管中除了充有汞、氩之外，还有能发光的金属卤化物（以碘化物为主）。主要用在要求高照度的场所、繁华街道及要求显色性好的大面积照明的地方。

7）氙灯

氙灯是采用高压氙气放电产生很强白光的光源，和太阳光相似，故显色性很好，发光效率高，功率大，有"小太阳"的美称，它适于广场、公园、体育场、大型建筑工地、露天煤矿、机场等地方的大面积照明。

8）低压钠灯

低压钠灯是利用低压钠蒸气放电发光的电光源，在它的玻璃外壳内涂有红外线反射膜，低压钠灯的发光效率可达 200lm/W，是电光源中光效最高的一种光源，寿命也最长，还具有不炫目的特点。低压钠灯是太阳能路灯照明系统的最佳光源，分辨率高，对比度好，特别适合于高速公路、交通道路、市政道路、公园、庭院照明。

9）发光二极管（LED）

LED 是电致发光的固体半导体高亮度点光源，可辐射各种色光和白光，0～100%光输出（电子调光）。具有寿命长、耐冲击和防振动、无紫外和红外辐射、低电压下工作安全等特点。

2. 灯器具安装

灯器具安装的基本要求为：

① 灯具表面及其附件等高温部位靠近可燃物时，应采取隔热、散热等防火保护措施。

② 变电所内，高低压配电设备及裸母线的正上方不应安装灯具，灯具与裸母线的水平净距不应小于 1m。

③ 室外墙上安装的灯具，灯具底部距地面的高度不应小于 2.5m。

④ 成排安装的灯具中心线偏差不应大于 5mm。

⑤ 质量大于 10kg 的灯具，其固定装置应按 5 倍灯具质量的恒定均布载荷全数作强度试验，历时 15min，固定装置的部件应无明显变形。

3. 插座和开关安装

（1）插座的安装应符合下列规定：

① 当住宅、幼儿园及小学等儿童活动场所电源插座底边距地面高度低于 1.8m 时，必须选用安全型插座。

② 当设计无要求时，插座底边距地面高度不宜小于 0.3m；无障碍场所插座底边距地面高度宜为 0.4m，其中厨房、卫生间插座底边距地面高度宜为 0.7～0.8m；老年人专用的生活场所插座底边距地面高度宜为 0.7～0.8m。

③ 暗装的插座面板紧贴墙面或装饰面，四周无缝隙，安装牢固，表面光滑整洁，无碎裂、划伤，装饰帽（板）齐全；接线盒应安装到位，接线盒内干净整洁，无锈蚀。暗装在装饰面上的插座，电线不得裸露在装饰层内。

④ 地面插座应紧贴地面，盖板固定牢固，密封良好。地面插座应用配套接线盒。插座接线盒内应干净整洁，无锈蚀。

⑤ 同一室内相同标高的插座高度差不宜大于 5mm；并列安装相同型号的插座高度差不宜大于 1mm。

⑥ 应急电源插座应有标识。

⑦ 当设计无要求时，有触电危险的家用电器和频繁插拔的电源插座，宜选用能断开电源的带开关的插座，开关断开相线；插座回路应设置剩余电流动作保护装置；每一回路插座数量不宜超过 10 个；用于计算机电源的插座数量不宜超过 5 个（组），并应采用 A 型剩余电流动作保护装置；潮湿场所应采用防溅型插座，安装高度不应低于 1.5m。

(2) 开关。

① 安装的开关控制有序不错位,相线应经开关控制。

② 开关的安装位置应便于操作,同一建筑物内开关边缘距门框(套)的距离宜为 0.15~0.2m。

③ 同一室内相同规格相同标高的开关高度差不宜大于 5mm,并列安装相同规格的开关高度差不宜大于 1mm,并列安装不同规格的开关宜底边平齐,并列安装的拉线开关相邻间距不小于 20mm。

④ 当设计无要求时,开关安装高度应符合下列规定:

a. 开关面板底边距地面高度宜为 1.3~1.4m。

b. 拉线开关底边距地面高度宜为 2~3m,距顶板不小于 0.1m,且拉线出口应垂直向下。

c. 无障碍场所开关底边距地面高度宜为 0.9~1.1m。

d. 老年人生活场所开关宜选用宽板按键开关,开关底边距地面高度宜为 1.0~1.2m。

(二) 电动机种类和安装

1. 电动机分类

(1) 按工作电源分类,根据电动机工作电源的不同,可分为直流电动机和交流电动机,其中交流电动机还分为单相电动机和三相电动机。

(2) 按结构及工作原理分类,可分为异步电动机和同步电动机。同步电动机还可分为永磁同步电动机、磁阻同步电动机和磁滞同步电动机。异步电动机可分为感应电动机和交流换向器电动机。感应电动机又分为三相异步电动机、单相异步电动机和罩极异步电动机。交流换向器电动机又分为单相串励电动机、交直流两用电动机和推斥电动机。

(3) 按启动与运行方式分类,可分为电容启动式电动机、电容运转式电动机、电容启动运转式电动机和分相式电动机。

(4) 按运转速度分类,可分为高速电动机、低速电动机、恒速电动机、调速电动机。

2. 电机的安装

(1) 电机基础、地脚螺栓孔、沟道、孔洞、预埋件及电缆管位置和质量,应符合设计要求和国家现行的建筑工程施工及验收规范的有关规定。

(2) 基础验收。一般基础承重量不应小于电机质量 3 倍,基础各边应超出电机底座边缘 100~150mm。

(3) 电机设备开箱检查及安装前检查。

(4) 电机抽芯检查按国家标准规定要求进行。

(5) 基础处理(放线、铲麻面),配制垫铁、地脚螺栓及电机底板。

(6) 电机整体安装,其步骤是:基础检查;基础上放楔形垫铁;将电机吊到垫铁上,并调节楔形垫铁使电机达到要求;调整电机与连接机器的轴线,两轴中心线必须在一条直线上;经过调整后,将其与传动装置连接起来;二次灌浆。电机解体安装除按上述步骤外,还要进行装配等安装。

(7) 电机干燥。长期停置不用电机,其绝缘电阻不能满足有关要求时,必须进行干燥,干燥方法为外部干燥法和通电干燥法。

（8）电机控制和保护设备安装。

（9）电动机启动接线。

（10）电机试运行。

电动机第一次启动一般在空载情况下进行，空载运行时间为2h，并记录电机空载电流。

（11）电机验收应提交有关资料和文件。

（三）配管配线工程

把绝缘导线穿入管内敷设，称为配管配线。配管配线必须符合一定的要求，在此基础上还要包括管子选择、管子加工、管子敷设和穿线等几道工序。

1. 配管的一般要求

（1）敷设于多尘或潮湿场所，导管管口、盒（箱）盖板及其他各连接处均应密封。

（2）暗配管宜沿最近的路线敷设并应减少弯曲，除特定情况外，埋入建筑物、构筑物的导管，与建筑物、构筑物表面的距离不应小于15mm。

（3）进入落地式配电箱（柜）底部的管路排列应整齐，管口宜高出配电箱（柜）底面50～80mm。

（4）导管不宜穿越设备或建筑物、构筑物的基础，当必须穿越时，应采取保护措施。

（5）金属导管严禁对口熔焊连接；镀锌和壁厚小于或等于2mm的钢导管不得套管熔焊连接。

（6）非镀锌钢导管内壁、外壁均应作防腐处理。当埋设于混凝土内时，钢导管外壁可不做防腐处理；镀锌钢导管的外壁锌层剥落处应用防腐漆修补。

2. 管子的选择

电线管：管壁较薄，适用于干燥场所的明、暗配管。

焊接钢管：管壁较厚，适用于潮湿、有机械外力、有轻微腐蚀气体场所的明、暗配管。

硬塑料管：耐腐蚀性较好，易变形老化，机械强度比钢管差，适用腐蚀性较大的场所的明、暗配管。

半硬塑料管：刚柔结合、易于施工，劳动强度较低，质轻，运输较为方便，已被广泛应用于民用建筑暗配管。

3. 管子的加工

（1）管子的切割有钢锯切割、切管机切割、砂轮机切割。砂轮机切割是目前先进、有效的方法，切割速度快、功效高、质量好。禁止使用气焊切割。

（2）管子煨弯，其方法有冷煨弯和热煨弯两种。冷煨弯用弯管器（只适用于DN25，即25.4mm以下的钢管）。用电动弯管机煨弯，一般可弯制DN70mm以下的管子，DN70mm以上的管子采用热煨。热煨管煨弯角度不应小于90°。

（3）导管的加工弯曲处不应有折皱、凹陷和裂缝，且弯扁程度不应大于管外径10%。

4. 管子的连接

（1）管与管的连接采用丝扣连接，禁止采用电焊或气焊对焊连接。用丝扣连接时，要加焊跨接地线。

(2) 管子与配电箱、盘、开关盒、灯头盒、插座盒等的连接应套丝扣、加锁母。

(3) 管子与电动机一般用蛇皮管连接，管口距地面高为200mm。

5. 管子的安装

(1) 明配管安装时管子的排列应整齐，间距要相等，转弯部分应按同心圆弧的形式进行排列。管子不允许焊接在支架或设备上。成排管并列时，接地、接零线和跨接线应使用圆钢或扁钢进行焊接，不允许在管缝间隙直接焊接。电气管应敷设在热水管或蒸汽管下面。

(2) 暗配管的安装。安装工作内容为测位、画线、锯管、套丝、煨弯、配管、接地、刷漆。在混凝土内暗设管子时，管子不得穿越基础和伸缩缝。如必须穿过时应改为明配，并用金属软管作补偿。配合土建施工做好预埋工作，埋入混凝土地面内的管子应尽量不进入深土层中，出地管口高度（设计有规定者除外）不宜低于200mm。金属软管适用于电气设备与管路之间的连接，或温差较大的塔区平台管与管之间的连接，并且必须是明配管的连接，不得穿墙或穿过楼板，更不得用于暗配。

第四节　管道和设备工程的分类、特点及基本工作内容

一、给排水、采暖、燃气工程

(一) 给排水

1. 给水系统

1) 室外给水系统

室外给水系统由取水构筑物、水处理构筑物、泵站、输水管渠、管网、调节构筑物组成。

配水管网有树状网和环状网两种形式。树状管网是从水厂泵站或水塔到用户的管线布置成树枝状，只有一个方向供水。供水可靠性较差，投资省。环状网中的干管前、后贯通，连接成环状，供水可靠性好，适用于供水不允许中断的地区。

配水管网一般采用埋地铺设，覆土厚度不小于0.7m，并且在冰冻线以下。通常沿道路或平行于建筑物铺设。配水管网上设置阀门和阀门井。

2) 室内给水系统

室内给水系统按用途可分成生活给水系统、生产给水系统及消防给水系统。

室内给水系统由引入管（进户管）、水表节点、管道系统（干管、立管、支管）、给水附件（阀门、水表、配水龙头）等组成。当室外管网水压不足时，还需要设置加压储水设备（水泵水箱、储水池、气压给水装置等）。下面介绍常见的给水方式及特点。

(1) 直接给水方式。直接给水方式是室外管网供水由引入管进入，经水表后直接供给用户。适用于外网水压、水量能满足用水要求，室内给水无特殊要求的单层和多层建筑。

这种给水方式的特点是供水较可靠，系统简单，投资省，安装、维护简单，可以充分利用外网水压，节省能量。但是内部无储水设备，外网停水时内部立即断水。

当室外给水管网水质、水量、水压均能满足建筑物内部用水要求时，应首先考虑采用这种给水方式。当外管网的水压不能满足整个建筑物的用水要求时，室内管网可采用分区供水方式，低区管网采用直接供水方式，高区管网采用其他供水方式。

（2）单设水箱供水方式。单设水箱的供水方式是在直接给水方式中增加高位水箱，水箱设置在建筑物最高处。此方式中室内管网与外网直接连接，利用外网压力供水，同时设置高位水箱调节流量和压力。适用于外网水压周期性不足、室内要求水压稳定、允许设置高位水箱的建筑。

单设水箱供水方式供水较可靠，系统较简单，投资较省，安装、维护较简单，可充分利用外网水压，节省能量。但设置高位水箱，增加了结构荷载，若水箱容积不足，可能造成停水。

（3）设储水池、水泵的给水方式。室外管网供水至储水池，由水泵将储水池中水抽升至室内管网各用水点。适用于外网的水量满足室内的要求，而水压大部分时间不足的建筑。当室内一天用水量均匀时，可以选择恒速水泵；当用水量不均匀时，宜采用变频调速泵。这种供水方式安全可靠，不设高位水箱，不增加建筑结构荷载。

（4）设水泵、水箱的给水方式。水泵自储水池抽水加压，利用高位水箱调节流量，在外网水压高时也可以直接供水。适用于外网水压经常或间断不足，允许设置高位水箱的建筑。

其优点是可以延时供水，供水可靠，充分利用外网水压，节省能量。其缺点是安装、维护较麻烦，投资较大；有水泵振动和噪声干扰；需设高位水箱，增加结构荷载。

（5）竖向分区给水方式。对于层数较多的建筑物，当室外给水管网水压不能满足室内用水时，可将其竖向分区。

给水系统按给水管网的敷设方式不同，可以布置成下行上给式、上行下给式和环状供水式三种管网方式。其主要优缺点见表1.4.1。

表1.4.1　管网布置方式、使用范围及优缺点

名称	特征及使用范围	优缺点
下行上给式	水平配水干管敷设在底层（明装、埋设或沟敷）或地下室天花板下。 居住建筑、公共建筑和工业建筑，在利用外网水压直接供水时多采用这种方式	图式简单，明装时便于安装维修，最高层配水的流出水头较低，埋地管道检修不便
上行下给式	水平配水干管敷设在顶层天花板下或吊顶内，对于非冰冻地区，也有敷设在屋顶上的，对于高层建筑也可以设在技术夹层内。 设有高位水箱的居住、公共建筑，机械设备或地下管线较多的工业厂房多采用这种方式	最高层配水点流出水头较高，安装在吊顶内的配水干管可能因漏水、结露损坏吊顶和墙面，要求外网水压稍高一些
环状式	水平配水干管或配水立管互相连接成环，组成水平干管环状或立管环状。在有两个引入管时，也可将两个引入管通过配水立管和水平配水干管相连通，组成贯穿环状。 高层建筑，大型公共建筑和工艺要求不间断供水的工业建筑常采用这种方式，消防管网有时也要求环状式	任何管段发生事故时，可用阀门关断事故管段而不中断供水，水流畅通，水头损失小，水质不易因滞流变质。管网造价较高

3）室内给水系统安装

给水管道的材料应根据水质要求和建筑物的性质选用，其使用条件见表 1.4.2。

表 1.4.2　给水管道材料使用

管道类别		条件	适用管材	建筑物性质
室内	冷水管	DN≤150mm	低压流体输送用镀锌焊接钢管	一般民用建筑
		DN≥150mm	镀锌无缝钢管	
		De≤160mm	给水硬聚氯乙烯管	
		De≤63mm	给水聚丙烯管、衬塑铝合金管	一般或高级民用建筑
		DN≤150mm	薄壁铜管	高级、高层民用建筑
		DN≥150mm	球墨铸铁管（总立管）	
	热水管	DN≤150mm	低压流体输送用镀锌焊接钢管	一般民用建筑
			薄壁铜管	高级民用建筑
		De≤63mm	给水聚丙烯管、衬塑铝合金管	
	饮用水	DN≤150mm	薄壁铜管、不锈钢管	
		De≤63mm	给水聚丙烯管、衬塑铝合金管	
室外	冷水管	DN≤150mm	低压流体输送用镀锌焊接钢管	地上
		DN<65mm	低压流体输送用镀锌焊接钢管	
		DN≥80mm	给水铸铁管或球墨铸铁管	地下
		De=20~630mm	给水硬聚氯乙烯管	

（1）钢管。低压流体输送使用镀锌钢管和无缝钢管。

镀锌钢管是应用于给水系统最多的管材之一。钢管镀锌的目的是防锈、防腐、防止水质恶化、被污染，延长管道的使用寿命。该钢管用《碳素结构钢》（GB/T 700—2006）规定的 Q_{195}、$Q_{215}A$ 和 $Q_{235}A$ 的软钢制造，表面采用热浸镀锌，其纵向焊缝用炉焊法或高频焊法焊成。有普通管和加厚管两种，采用螺纹连接。

无缝钢管，按制造方法分为热轧和冷轧两种。用普通碳素钢、优质碳素钢、普通低合金钢和合金结构钢制造。无缝钢管承压能力较强，常用连接方式为焊接和法兰连接。

（2）给水铸铁管。

给水铸铁管，具有耐腐蚀、寿命长的优点，但是管壁厚、质脆、强度较钢管差，多用于 DN≥75mm 的给水管道中，尤其适用于埋地铺设。给水铸铁管采用承插连接，在交通要道等振动较大的地段采用青铅接口。

球墨铸铁管：近年来，在大型的高层建筑中，将球墨铸铁管设计为总立管，应用于室内给水系统。球墨铸铁管较普通铸铁管壁薄、强度高。球墨铸铁管采用橡胶圈机械式接口或承插接口，也可以采用螺纹法兰连接的方式。球墨铸铁管也常用于室外给水系统。

（3）给水塑料管。

硬聚氯乙烯给水管（UPVC）：适用于给水温度不大于 45℃、给水系统工作压力不大于 0.6MPa 的生活给水系统。高层建筑的加压泵房内不宜采用 UPVC 给水管；水箱的进出水管、排污管、自水箱至阀门间的管道不得采用塑料管；公共建筑、车间内塑料管长度大于 20m 时应设伸缩节。

UPVC 给水管宜采用承插式黏接、承插式弹性橡胶密封圈柔性连接和过渡性连接。

管外径 De＜63mm 时，宜采用承插式黏接连接；管外径 De≥63mm 时，宜采用承插式弹性橡胶密封圈柔性连接；与其他金属管材、阀门、器具配件等连接时，采用过渡性连接，包括螺纹或法兰连接。

聚丙烯给水管（PP）：适用于工作温度不大于 70℃，系统工作压力不大于 0.6MPa 的给水系统。特点是不锈蚀，可承受 pH 值 1～14 范围内高浓度的酸和碱的腐蚀；耐磨损、不结垢，内壁均匀光滑，流动阻力小；可显著减少由液体流动引起的振动和噪声；防冻裂，PP 材料弹性优良，管道截面可随冻胀的液体一起膨胀而不会胀裂；PP 材料属于不良导热体，可减少结露现象并减少热损失；质量轻、安装简单；使用寿命长，在规定使用条件下可使用 50 年。

PP 管材及配件之间采用热熔连接。PP 管与金属管件连接时，采用带金属嵌件的聚丙烯管件作为过渡，该管件与 PP 管采用热熔连接，与金属管采用丝扣连接。

用于给水还有其他塑料管，如聚乙烯（PE）管，适用于输送水水温不超过 40℃；交联聚乙烯（PE-X）管；聚丁烯（PB）管，适于输送水水温为 －20～90℃。

（4）其他管材包括铜管、不锈钢管、复合管。

铜管和不锈钢管强度大，比塑料管材坚硬、韧性好，不易裂缝，不易折断，具有良好的抗冲击性能，延展性高，可制成薄壁管及配件。更适用于高层建筑给水和热水供应系统中。复合管是金属与塑料复合而成，结合金属管材和塑料管材的优点，适用范围大，是很有前途的给水管材。适用于输送自来水、生活热水。

室内给水管道的敷设有明装或暗装两种形式。给水管道的安装顺序应按引入管、水平干管、立管、水平支管安装，亦即按给水的水流方向安装。

2. 排水系统

根据所接纳的污废水类型不同，可分为生活污水管道系统、工业废水管道系统和屋面雨水管道系统三类。

建筑排水体制分合流制和分流制。采用何种方式，应根据污废水性质、污染情况、结合室外排水系统的设置、综合利用及水处理要求等确定。

1）室外排水系统组成

室外排水系统由排水管道、检查井、跌水井、雨水口和污水处理厂等组成。室外污水排除系统与雨水排除系统可以采用合流制或分流制。

2）室内排水系统组成

室内排水系统的基本要求是迅速、通畅地排除建筑内部的污废水，保证排水系统在气压波动下不致使水封破坏。其组成包括以下几部分：卫生器具或生产设备受水器、存水弯、排水管道系统、通气管系统、清通设备。

3）排水管道管材与连接

（1）铸铁排水管。

与其他金属管材和塑料管材相比，铸铁排水管材的优点有强度高、耐腐蚀、噪声低、寿命长、阻燃防火、无二次污染、可再生循环利用等。

从接口形式上，铸铁排水管材可以分为刚性接口和柔性接口两大类。

① 刚性接口排水管缺乏承受径向曲挠、伸缩变形能力和抗震能力，使用过程受到建筑变形、热胀冷缩、地质震动等外力作用时，易产生管体破裂，造成渗漏事故，因而被逐渐淘汰，仅仅在一些低矮建筑或特殊场合使用。

② 柔性接口排水管具有较强的抗曲挠、伸缩变形能力和抗震能力，具有广泛的适用性。

（2）塑料排水管 UPVC。

UPVC 排水管物化性能优良，耐化学腐蚀，抗冲强度高，流体阻力小，比同口径铸铁管流量提高 30%；耐老化，使用寿命长，使用年限不低于 50 年；质轻耐用，安装方便，相对于相同规格的铸铁管，可大大降低施工费用。

塑料管道熔点低、耐热性差，高层建筑中明设排水塑料管道应按设计要求设置阻火圈或防火套管。阻火圈由金属材料制作外壳，内填充阻燃膨胀芯材，套在硬聚氯乙烯管道外壁，固定在楼板或墙体部位，火灾发生时芯材受热迅速膨胀，挤压 UPVC 管道，在较短时间内封堵管道穿洞口，阻止火势沿洞口蔓延。

（3）钢管。由成组洗脸盆或饮用水喷水器到共用水封之间的排水管和连接卫生器具的排水短管，可使用镀锌钢管或焊接钢管。

4）室内排水管道安装

室内排水管道一般按排出管、立管、通气管、支管和卫生器具的顺序安装，也可以随土建施工的顺序进行排水管道的分层安装。

（1）排出管安装。排出管一般铺设在地下室或地下。排出管穿过地下室外墙或地下构筑物的墙壁时应设置防水套管；穿过承重墙或基础处应预留孔洞，并做好防水处理。

排出管与室外排水管连接处设置检查井。一般检查井中心至建筑物外墙的距离不小于 3m，不大于 10m。排出管在隐蔽前必须做灌水试验，其灌水高度应不低于底层卫生器具的上边缘或底层地面的高度。

（2）排水立管安装。排水立管通常沿卫生间墙角敷设，不宜设置在与卧室相邻的内墙，宜靠近外墙。排水立管在垂直方向转弯时，应采用乙字弯或两个 45°弯头连接。立管上的检查口与外墙成 45°。立管应用管卡固定，管卡间距不得大于 3m，承插管一般每个接头处均应设置管卡。立管穿楼板时，应预留孔洞。排水立管应做通球试验。

（3）排水横支管安装。一层的排水横支管敷设在地下或地下室的顶棚下，其他层的排水横支管在下一层的顶棚下明设，有特殊要求时也可以暗设。排水管道的横支管与立管连接，宜采用 45°斜三通或 45°斜四通和顺水三通或顺水四通。卫生器具排水管与排水横支管连接时，宜采用 90°斜三通。排水横支管、立管应做灌水试验。

（4）排水铸铁管安装。排水铸铁管安装前，需逐根进行外观检查。排水管材常用砂轮切割机切断，要求断口齐整，无缺口和裂缝，管口端面与管中心线垂直，偏差不大于 2mm。

排水立管的高度在 50m 以上，或在抗震设防 8 度地区的高层建筑，应在立管上每隔两层设置柔性接口；在抗震设防 9 度地区，立管和横管均应设置柔性接口。

（5）UPVC 排水管安装。管道可以明装或暗装。管道埋地铺设时，先做室内部分，将管子伸出外墙 250mm 以上。待土建施工结束后，再铺设室外部分，将管子接入检查井。埋地管穿越地下室外墙时，应采用防水措施。

敷设在高层建筑室内的塑料排水管道管径大于或等于110mm时，应在下列位置设置阻火圈：明敷立管穿越楼层的贯穿部位；横管穿越防火分区的隔墙和防火墙的两侧；横管穿越管道井井壁或管窿围护墙体的贯穿部位外侧。

5）通气管的安装

（1）伸顶通气管。伸顶通气管高出屋面不得小于0.3m，且必须大于最大积雪厚度。在通气管口周围4m以内有门窗时，通气管口应高出门窗顶0.6m或引向无门窗一侧。在经常有人停留的平屋面上，通气管口应高出屋面2.0m并根据防雷要求考虑设置防雷装置。伸顶通气管的管径不小于排水立管的管径。但是在最冷月平均气温低于－13℃的地区，应在室内平顶或吊顶以下处将管径放大一级。

（2）辅助通气系统。对卫生要求较高的排水系统，宜设置器具通气管，器具通气管设在存水弯出口端。连接4个及以上卫生器具，与立管的距离大于12m的污水横支管和连接6个及以上大便器的污水横支管应设环形通气管。环形通气管在横支管最始端的两个卫生器具间接出，并在排水支管中心线以上与排水管呈垂直或45°连接。

6）清通设备

主要包括：检查口和清扫口、地漏、检查井。

3. 热水供应系统

1）热水供应系统的组成

（1）热源供应设备。主要是锅炉，也可以利用工业余热、废热、地热和太阳能为热源。

（2）换热设备和热水储存设备。换热设备常指加热水箱和换热器，它们用蒸汽或高温水把冷水加热成热水。热水储存设备用于储存热水，有热水箱和热水罐。

（3）管道系统。有冷水供应和热水供应管道系统。管道系统除管道外，还在管道上安装有阀门、补偿器、排气阀、泄水装置等附件。

（4）其他设备。在全循环、半循环热水供应系统中，循环管道上安装有循环水泵。为控制水温，在换热设备的进热媒管道上安装有温度自控装置，在蒸汽管道末端安装疏水阀。

2）热水供应管道

（1）热水管网应采用耐压管材及管件，一般可采用热浸镀锌钢管或塑钢管、铝塑管、聚丁烯管、聚丙烯管、交联聚乙烯管等。宾馆、高级公寓和办公楼等宜采用铜管和铜管件。

（2）附件。

水表。设在水加热器的冷水进水干管上，用于计量系统热水总用量；用于计量分户用水或个别供水点用水量的水表，一般布置在配水支管上。

阀门。在热水供应系统中主干管、配水立管、接出超过5个配水点支管、加热设备、储水器、自动温度调节器、疏水器、循环水泵等进、出水管应装设阀门。

止回阀应装设在闭式水加热器、储水器的给水供水管上，开式加热水箱给水管、加热水箱与其补给水箱的连通管上，热媒为蒸汽的有背压疏水器后的管道上，热水供应管网的回水管上、循环水泵出水管上，阻止水逆流输配。安全阀为系统泄压，防止系统发生超压事故。

（3）管道热伸长补偿器。用管道敷设形成的L形和Z字弯曲管段来补偿管道的温度变形。对室内热水供应管道长度超过 40m 时，一般应设套管伸缩器或方形补偿器。

（4）排气和泄水装置。在上行横干管最高处或干管向上抬高管段最高处设自动排气阀，以利于排气。泄水装置设于管网最低处或向下凹的管段以利于泄空管网中的存水。

（5）疏水器。靠近凝结水管末端处或蒸汽管水平下凹敷设的下部设置，排除凝结水。

（6）膨胀水罐与膨胀管。在闭式集中热水供应系统中设膨胀水罐、膨胀管，用于补偿储热设备及管网中水温升高后水体积的膨胀量。

（7）热水温度、压力观测和水温自动调节装置。为便于观测水加热器、储水器和冷热水混合器中水温，均应装设温度计。对有压的设备，如闭式水加热器、储水罐、锅炉、分水缸、分汽缸上装设压力表。

3）管道安装

热水管道有明装和暗装两种方式。一般建筑的热水管网采用明装，只有在建筑或生产工艺有特殊要求时采用暗装。热水管道的安装顺序：水平横干管、立管、水平横支管。

热水横干管可以敷设在建筑内地沟内、地下室顶部、建筑物最高层或设备技术层内。

热水立管可以沿墙、柱敷设，也可以在管道竖井内、预留沟槽内安装。明装管道尽可能设在卫生间、厨房或非居住人的房间。配水横干管应有沿水流方向上升，回水横管应有沿水流方向下降的不小于 0.003 的坡度。管道穿楼板及墙壁应有套管，穿楼板套管应高出地面 50～100mm。

4）保温

热水供应系统中的水加热器、储水器、热水箱及配水干管、回水管等应进行保温。常用的保温材料有超细玻璃棉、玻璃棉、膨胀珍珠岩、石棉、岩棉、聚氨酯现场发泡材料、矿渣棉等。

5）水压试验

热水管道试验压力应符合设计要求，当设计未标明时，水压试验应为系统顶点的工作压力加 0.1MPa，在系统顶点的试验压力不小于 0.3MPa。

（二）采暖

所有的采暖系统都由热源（热媒制备）、热网（热媒输送）和散热设备（热媒利用）三个主要部分组成。热网是由热源向热用户输送和分配供热介质的管道系统；散热设备是将热量传至所需空间的设备。

1. 热源

1）热媒的选择

采暖系统常用热媒是水、蒸汽和空气。

用热水作为采暖系统的热媒，其优点是室温比较稳定，卫生条件好，可以在锅炉房内集中调节水温，便于根据室外温度变化调节散热器的散热量；系统使用寿命长，一般可以使用 25 年。其主要缺点是采用低温热水为热媒时，管材和散热器耗量较多，初投资大；当建筑物高时系统静水压力大，散热器易发生超压现象；水的热惯性大，采暖房间升温降温都慢；系统停止运行时，如水放得不净，容易发生冻裂事故。

2）供热设备

(1) 供热锅炉。供热锅炉是最常见的为采暖及生活提供蒸汽或热水的设备。锅炉设备包括锅炉本体及辅助设备两部分。

(2) 地源热泵。可分为地下水源热泵、土壤源热泵以及地表水热泵。

2. 热网的组成和分类

热网包括管道系统和安装在其上的附件。主要附件有管件、阀门、补偿器、支座和部件（放气、放水、疏水、除污等）等。

1）按布置形式划分：枝状管网、环状管网、辐射状管网

(1) 枝状管网：呈树枝状布置的管网，是热水管网最普遍采用的形式。其布置简单，基建投资少，运行管理方便。

(2) 环状管网：干线一般构成环形的管网。当输配干线某处出现事故时，可以断开故障段后，通过环状管网由另一方向保证供热。环状管网投资大，运行管理复杂，管网要有较高的自动控制措施。

(3) 辐射状管网：是从热源源头的集配器上引出多根管道将介质送往各管网。管网控制方便，可实现分片供热，但投资和材料耗量大，比较适用于面积较小、厂房密集的小型工厂。

2）按介质的流动顺序划分：一级管网、二级管网

(1) 一级管网：由热源至换热站的管道系统。

(2) 二级管网：由换热站至热用户的管道系统。

3）按热网与采暖用户的连接方式划分：直接连接、间接连接

(1) 直接连接：用户系统直接连接于热网上，热网供水（蒸汽）直接进入热用户的散热器，放热后返回热网回水管。当热网为高温水供热且网路供水温度超过用户要求的供水温度时，可采用装设喷射器或装设混合水泵连接。

(2) 间接连接：在换热站或热用户处设置换热器，用户系统与热水（蒸汽）网路被换热器隔离，形成两个独立的系统，用户与网路之间的水力工况互不影响。

3. 采暖管道和散热设备的安装

1）管材、管道连接及管道安装

(1) 安装前，必须清除管道和设备内的污垢和杂物；安装中断或安装完毕，在各敞口处应该临时封闭，以免管道堵塞。

(2) 采暖管道的安装管径大于32mm宜采用焊接或法兰连接。

(3) 安装管道时，应有坡度。

(4) 管道从门窗或其他洞口、梁柱、墙垛等部位绕过，转角处如果高于或低于管道水平走向，在其最高点或最低点应分别安装排气或泄水装置。

(5) 管道穿过墙或楼板，应设置填料套管。

(6) 安装在内墙壁的套管，套管直径比管道大两号为宜，其两管端应与墙壁饰面取平。

(7) 管道穿过外墙或基础时，应加设防水套管，套管直径比管道直径大两号为宜。

2）散热器制作、安装

排管散热器一般用钢管现场制作。对于目前使用较多的翼形（圆翼型和长翼

型）散热器和柱型（铸铁和钢制）散热器，圆翼型散热器的长度及接口法兰是生产中已确定的，一般不再需要串接。钢制柱形散热器一般是按设计要求的片数成组供应，两端一正丝、一反丝的DN32的接口也已在出厂前焊好。而铸铁长翼型、柱形散热器，则需根据设计要求，先组对成组，经试压合格后，再就位固定等，其安装过程包括安装前的检查、散热器片的除锈及刷油、散热器的组对、散热器试压和散热器就位固定。

（三）燃气工程

1. 燃气供应系统

燃气供应系统主要由气源、输配系统和用户三部分组成。

1）燃气输配系统

燃气输配系统主要由燃气输配管网、储配站、调压计量装置、运行监控、数据采集系统等组成。

2）燃气输配管网

（1）管道系统的组成。城镇燃气管道系统由输气干管、中压输配干管、低压输配干管、配气支管和用气管道组成。

（2）系统的形式。城镇燃气管道系统由各种压力的燃气管道组成，其组合形式有一级系统、二级系统、三级系统和多级系统。

一级系统采用只有一个压力等级，即仅用低压或中压管网分配和供应燃气的系统。一级系统可利用储气柜的压力直接输送燃气至用户，也可经低压调压器调压后输送燃料。

二级系统一般由低压和中压或低压和次高压两级管网组成。供应范围大于一级系统，其压力工况改善，需使用压送设备输送燃气。

三级和多级系统是在燃气输送量很大、输送距离很远而中压管道又不能有效地保证长距离输送大量燃气时，或由于城市内难以敷设高压燃气管道，而敷设中压管道金属耗量和投资过大时，或以天然气为气源时采用。三级系统由高压、中压和低压三级管网组成。

（3）系统压力分级。城镇燃气管道按输送燃气的压力分级，见表1.4.3。

表1.4.3 城镇燃气输送压力（表压）分级

名称			压力（MPa）
高压燃气管道	高压	A	$2.5<P\leqslant4.0$
		B	$1.6<P\leqslant2.5$
	次高压	A	$0.8<P\leqslant1.6$
		B	$0.4<P\leqslant0.8$
中压燃气管道		A	$0.2<P\leqslant0.4$
		B	$0.01\leqslant P<0.02$
低压燃气管道			$P<0.01$

液态液化石油气管道按设计压力分为三级，见表1.4.4。

表1.4.4 液态液化石油气管道设计压力（表压）分级

名称	压力（MPa）
Ⅰ级管道	$P>4.0$
Ⅱ级管道	$1.6<P\leqslant 4.0$
Ⅲ级管道	$P\leqslant 1.6$

3）燃气储配站

燃气储配站的主要功能是储存燃气、加压和向城市燃气管网分配燃气。燃气储配站主要由压送设备、储存装量、燃气管道和控制仪表以及消防设施等辅助设施组成。

储存装置的作用是保证不间断地供应燃气，平衡、调度燃气供气量。其设备主要有低压湿式储气柜、低压干式储气柜、高压储气罐（圆筒形、球形）。

4）燃气调压装置

燃气调压装置的主要功能是按要求将上一级输气压力降至下一级输气压力；当系统负荷发生变化时，保持调压气后的输气压力稳定在要求的范围内。

5）燃气系统附属设备

（1）凝水器。按构造分为封闭式和开启式两种。封闭式凝水器无盖，安装方便，密封良好，但不易清除内部垃圾、杂质；开启式凝水器有可以拆卸的盖，内部垃圾、杂质清除比较方便。常用的凝水器有铸铁凝水器、钢板凝水器等。

（2）补偿器。常用在架空管、桥管上，用以调节因环境温度变化而引起的管道膨胀与收缩。补偿器形式有套筒式补偿器和波形管补偿器，埋地铺设的聚乙烯管道长管段上通常设置套筒式补偿器。

（3）过滤器。通常设置在压送机、调压器、阀门等设备进口处，用以清除燃气中的灰尘、焦油等杂质。过滤器的过滤层用不锈钢丝网或尼龙网组成。

2．用户燃气系统

1）室外燃气管道

（1）管材和管件的选用。燃气高压、中压管道通常采用钢管，中压和低压采用钢管或铸铁管，塑料管多用于工作压力小于或等于0.4MPa的室外地下管道。

（2）室外燃气管道安装。

① 钢管：一般采用三层PE防腐钢管，焊接，直埋敷设；管道与管件焊接完毕，接口处现场做防腐。三层PE防腐层的结构：环氧粉末底层－胶黏剂中间层－聚乙烯外层。

② 球墨铸铁管：机械接口比承插连接接口具有接口严密、柔性好、抵抗外界振动及挠动的能力强、施工方便等特点。胶圈应采用符合燃气输送管使用要求的橡胶制成。螺栓采用耐腐蚀螺栓。

③ 燃气聚乙烯（PE）管：采用电熔连接（电熔承插连接、电熔鞍形连接）或热熔连接（热熔承插连接、热熔对接连接、热熔鞍形连接），不得采用螺纹连接和黏接。聚乙烯管与金属管道连接，采用钢塑过渡接头连接。当De＜90mm时，宜采用电熔连接，

当 De≥90mm 时，宜采用热熔连接。

2) 室内燃气管道

(1) 管材和管件的选用。

① 按压力选材：低压管道当管径 DN≤50 时，一般选用镀锌钢管，连接方式为螺纹连接；当管径 DN>50 时，选用无缝钢管，材质为 20 号钢，连接方式为焊接或法兰连接。中压管道选用无缝钢管，连接方式为焊接或法兰连接。

② 按安装位置选材：明装采用镀锌钢管，丝扣连接；埋地敷设采用无缝钢管，焊接，要求防腐。无缝钢管壁厚不得小于 3mm；引入管壁厚不得小于 3.5mm，公称直径不得小于 40mm。

(2) 室内燃气管道安装。燃气管道严禁敷设在易燃、易爆品的仓库、有腐蚀性介质的房间、配电间、变电室、电缆沟、暖气沟、烟道和进风道等部位。

二、通风空调工程

(一) 通风工程

通风系统分为送风系统和排风系统。送风系统是将清洁空气送入室内，排风系统是排除室内的污染气体。

1. 通风方式

1) 自然通风

自然通风是利用室内外风压差或温差所形成的热压，使室内外空气进行交换的通风方式，适合居住建筑、普通办公楼、工业厂房（尤其是高温车间）中使用。

自然通风具有经济、节能、简便易行、无须专人管理、无噪声等优点，在选择通风措施时应优先采用。但难以保证用户对进风温度、湿度及洁净度等方面的要求，不能对排出的污浊空气进行净化处理。受自然条件的影响，通风量不易控制，通风效果不稳定。

2) 机械通风

机械通风是借助通风机所产生的动力使空气流动的通风方式。包括机械送风和排风。

(1) 机械送风。风机提供空气流动的动力，风机风压应克服从空气入口到房间送风口的阻力及房间的压力值。通风系统中的空气处理设备具有空气过滤和空气加热（只在采暖地区有）功能。进风系统与空调系统相结合时，空气处理设备一般还具有冷却、加湿和减湿的功能。

(2) 机械排风。机械排风系统中的风机作用同机械进风系统。风口是收集室内空气的地方，为提高全面通风的稀释效果，风口宜设在污染物浓度较大的地方。

机械通风的空气流动速度和方向可以方便地控制，因此比自然通风更加可靠。但机械通风系统比较复杂，风机需要消耗电能，一次性投资和运行管理费用比较高。

(3) 局部通风。局部通风分为局部送风和局部排风。局部送风是将干净的空气直接送至室内人员所在的地方，以改善每位工作人员的局部环境，使其达到要求的标准，而并非使整个空间环境达到该标准。局部排风是在产生污染物的地点直接将污染物捕集起来，经处理后排至室外。

(4) 全面通风。全面通风也称为稀释通风,是利用清洁的空气稀释室内空气中有害物,降低浓度,同时将污染空气排出室外。对于散发热、湿或有害物质的车间或其他房间,当不能采用局部通风或采用局部通风仍达不到卫生标准要求时,应辅以全面通风。

(5) 除尘系统。工业建筑的除尘系统是一种局部机械排风系统。用吸尘罩捕集工艺过程产生的含尘气体,在风机的作用下,含尘气体沿风道被输送到除尘设备,将粉尘分离出来,净化后的气体排至大气,粉尘进行收集与处理。除尘分为就地除尘、分散除尘和集中除尘三种形式。

(6) 净化系统。有害气体的净化方法主要有四种:燃烧法、吸收法、吸附法和冷凝法。

(7) 事故通风系统。事故排风的室内排风口应设在有害气体或爆炸危险物质散发量可能最大的地点。事故排风不设置进风系统补偿,一般不进行净化。事故排风的室外排风口不应布置在人员经常停留或经常通行的地点,而且高出 20m 范围内最高建筑物的屋面 3m 以上。当其与机械送风系统进风口的水平距离小于 20m 时,应高于进风口 6m 以上。

(8) 建筑防火防排烟系统。为了将火灾控制在一定的范围内,避免火势的蔓延,利用防火门、防火窗、防火卷帘、消防水幕等分隔设施将整个建筑从平面到空间划分为若干个相对较小的区域,这些区域就是防火分区。《建筑设计防火规范》(GB 50016—2014) 对每个防火分区允许的最大建筑面积做了规定,见表 1.4.5。

表 1.4.5 每个防火分区允许最大建筑面积

建筑类别	每个防火分区建筑面积(m^2)
一类建筑	1000
二类建筑	1500
地下室	500

为了控制烟气流动,可以利用挡烟垂壁、隔墙或从顶棚下突出不小于 0.5m 的梁等防烟隔断将一个防火分区划分为几个更小的区域,称为防烟分区。

(9) 人防通风系统。人防地下室通风设计,必须严格按照《人民防空地下室设计规范》(GB 50038—2005) 进行,满足战时与平时使用功能所必需的空气环境与工作条件。人防地下室通风设计,战时应按防护单元设置独立的系统,平时宜结合防火分区设置系统,防空地下室的采暖通风与空调系统应分别与上部建筑的采暖通风与空调系统分开设置。

2. 气力输送系统

暖通空调中常用气流将除尘器、冷却设备与烟道中收集的烟(粉)尘输送到要求的地点。按其装置的形式和工作特点可分为吸送式、压送式、混合式和循环式四类,常用的为前两类。

负压吸送系统多用于集中式输送,即多点向一点输送,由于真空度的影响,其输送距离受到一定限制。压送式输送系统的输送距离较长,适于分散输送,即一点向多点输送。

3. 空气幕系统

利用条形空气分布器喷出一定速度和温度的幕状气流，来封闭大门、通道等。空气幕可由空气处理设备、风机、风管系统及空气分布器组成。空气幕按照空气分布器的安装位置可以分为上送式、侧送式和下送式三种。

4. 通风（空调）主要设备和附件

1）通风机

通风工程中通风机的分类方法很多，按风机的作用原理可分为：

（1）离心式通风机。离心式风机由旋转的叶轮、机壳导流器和排风口所组成。叶轮上装有一定数量的叶片，用于一般的送排风系统，或安装在除尘器后的除尘系统。适宜输送温度低于 80℃，含尘浓度小于 $150mg/m^3$ 的无腐蚀性、无黏性的气体。

（2）轴流式通风机。轴流式通风机由圆筒形机壳、叶轮、吸风口、扩压器等组成。轴流式风机的叶轮由轮毂和铆接在其上的叶片组成，叶片从根部到顶部呈扭曲状态或与轮毂呈轴向倾斜状态，安装角一般不能调节，但大型轴流式风机叶片安装角可调节，从而改变风机的流量和风压。其适用于一般厂房的低压通风系统。

（3）贯流式通风机。又叫横流风机，将机壳部分地敞开使气流直接进入通风机，气流横穿叶片两次后排出，气流能到达很远的距离，无紊流，出风均匀。它的叶轮一般是多叶式前向叶型，两个端面封闭。贯流式通风机的全压系数较大，效率较低，其进、出口均是矩形的，易于建筑配合。

2）风阀

风阀是空气输配管网的控制、调节机构，基本功能是截断或开通空气流通的管路，调节或分配管路流量。

（1）具有控制和调节两种功能的风阀有：蝶式调节阀、菱形单叶调节阀、插板阀、平行式多叶调节阀、对开式多叶调节阀、菱形多叶调节阀、复式多叶调节阀、三通调节阀等。

（2）只具有控制功能的风阀有止回阀、防火阀、排烟阀等。止回阀控制气流的流动方向，阻止气流逆向流动；防火阀平常全开，火灾时关闭并切断气流，防止火灾通过风管蔓延，70℃关闭；排烟阀平常关闭，排烟时全开，排除室内烟气，80℃开启。

3）风口

风口的基本功能是将气体吸入或排出管网，通风（空调）工程中使用最广泛的是铝合金风口，表面经氧化处理，具有良好的防腐、防水性能。

4）局部排风罩

排风罩主要作用是排除工艺过程或设备中的含尘气体、余热、余湿、毒气、油烟等。按照工作原理的不同，局部排风罩可分为以下几种类型。

（1）密闭罩。把有害物源全部密闭在罩内，从罩外吸入空气，使罩内保持负压。只需要较小的排风量就能对有害物进行有效控制。用于除尘系统的密闭罩也称防尘密闭罩。

（2）柜式排风罩（通风柜）。结构与密闭罩相似，只是罩的一面全部敞开。大型的室式通风柜，操作人员可直接进入柜内工作。

（3）外部吸气罩。利用排风气流的作用，在有害物散发地点造成一定的吸入速度，使有害物吸入罩内。

(4) 接受式排风罩。有些生产过程或设备本身会产生或诱导一定的气流运动，如高温热源上部的对流气流等，对这类情况，只需把排风罩设在污染气流前方，有害物会随气流直接进入罩内。

(5) 吹吸式排风罩。吹吸式排风罩是利用射流能量密集、速度衰减慢，而吸气气流速度衰减快的特点，使有害物得到有效控制的一种方法。它具有风量小，控制效果好，抗干扰能力强，不影响工艺操作等特点。

5) 除尘器

除尘器的技术性能指标包括除尘效率、压力损失、处理气体量与负荷适应性等。

6) 消声器

消声器是一种能阻止噪声传播，同时允许气流顺利通过的装置。在通风空调系统中，消声器一般安装在风机出口水平总风管上，用以降低风机产生的空气动力噪声，也有将消声器安装在各个送风口前的弯头内，用来阻止或降低噪声由风管内向空调房间传播。

7) 空气幕设备

近年来，已有一些工厂生产整体装配式空气幕和贯流式空气幕。前者设有加热器，适用于寒冷地区的民用与工业建筑，后者未设加热（冷却）装置，体型较小，适用于各类民用建筑和冷库等。

8) 空气净化设备

有害气体的处理方法有多种，其中吸收法和吸附法较为常用。

(1) 吸收设备。它用于需要同时进行有害气体净化和除尘的排风系统中。常用的吸收剂有水、碱性吸收剂、酸性吸收剂、有机吸收剂和氧化剂吸收剂。常用的吸收设备有喷淋塔、填料塔、湍流塔。

(2) 吸附设备。常用的吸附介质是活性碳，吸附设备有固定床活性碳吸附设备、移动床吸附设备、流动床吸附设备。

（二）空调工程

1. 空调系统的组成

空调系统包括送风系统和回风系统。在风机的动力作用下，室外空气进入新风口，与回风管中回风混合，经空气处理设备处理达到要求后，由风管输送并分配到各送风口，由送风口送入室内。回风口将室内空气吸入并进入回风管（回风管上也可设置风机），一部分回风经排风管和排风口排到室外；另一部分回风经回风管与新风混合。空调系统基本由空气处理、空气输配、冷热源三部分组成，此外还有自控系统等。

2. 空调系统主要设备及部件

1) 喷水室

在空调系统中应用喷水室的主要优点在于能够实现对空气加湿、减湿、加热、冷却多种处理过程，并具有一定的空气净化能力，喷水室消耗金属少，容易加工，但它有水质要求高、占地面积大、水泵耗能多的缺点，故在民用建筑中不再采用，但在以调节湿度为主要目的的空调中仍大量使用。

2) 表面式换热器

表面式换热器包括空气加热器和表面式冷却器，前者用热水或蒸汽作热媒，或用电加热，后者用冷水（或冷盐水和乙二醇）或者蒸发的制冷剂作冷媒，因此表面式冷却器又分为水冷式和直接蒸发式两类，可以实现对空气减湿、加热、冷却多种处理过程。与喷水室相比，表面式换热器具有构造简单、占地少、对水的清洁度要求不高、水侧阻力小等优点。

3）空气加湿设备

对于舒适性空调，空气机组一般不需要设加湿段，只有在冬季室外空气特别干燥的情况下才设置加湿段。对于医疗房间和生产过程的工艺性空调（如制药、半导体生产、纺织车间、计算机机房等），空气处理机组中必须设置加湿设备。

4）空气减湿设备

前述的喷水室和表冷器都能对空气进行减湿处理。此外，减湿方法还有升温通风法、冷冻减湿机减湿法、固体吸湿剂法和液体吸湿剂法。

5）空气过滤器

按过滤器性能划分可分为粗效过滤器、中效过滤器、高中效过滤器、亚高效过滤器和高效过滤器。

6）空调系统的消声与隔振装置

消声装置有消声器、消声静压箱。隔振装置有软木、橡胶及橡胶隔振器、金属弹簧及金属弹簧隔振器、金属弹簧与橡胶组合隔振器、空气弹簧隔振器等。

7）空调水系统设备

（1）冷却塔。冷却塔是在塔内使空气和水进行热质交换而降低冷却水温度的设备。空调用冷却塔常见的有逆流式（塔内空气和冷却水逆向流动）和横流式（塔内空气和冷却水垂直流动）两种。

（2）膨胀节。系统设置膨胀节是为了吸收位移，保护系统安全可靠地运行。吸收的位移包括管道因温度变化而伸长或缩短，与之相连的设备、容器等装置的位移，以及在安装过程中可能出现的偏差。

8）组合式空调机组

对空气进行各种热、湿、净化等处理的设备称为空气处理机组。空气处理机组主要有两大类：组合式空调机组和整体式空调机组。组合式空调机组是由各种功能的模块组合而成，用户可以根据自己的需要选择不同的功能段进行组合。整体式空调机组在工厂中组装成一体，具有固定的功能。这种机组结构紧凑、体型较小，适用于需要对空气处理的功能不多、机房面积较小的场合。

根据机组结构特点，空调机组还可以分为卧式空调机组和立式空调机组。

3. 空调水系统

除了冷剂空调系统外，建筑物的冷负荷和热负荷大多由集中冷、热源设备制备的冷冻水和热水（有时为蒸汽）来承担。空调水系统按其功能分为冷冻水系统（输送冷量）、热水系统（输送热量）和冷却水系统（排除冷水机组的冷凝热量）。空调水管的材质，压力管可选用镀锌钢管或铸铁管等，重力水管道可选用混凝土管或铸铁管等。

4. 空调系统的冷热源

空调系统的冷源主要是制冷装置，而热源主要是蒸汽、热水以及电热，此外，还有既能供冷又能供热的冷热源一体化设备，如热泵机组、直燃性冷热水机组。

1) 电制冷装置

电制冷装置即蒸气压缩式制冷机组,广泛用于家用冰箱(冰柜)、汽车空调、超市用制冷以及大多数的住宅、商业和工艺用空调。

蒸汽压缩制冷被广泛用于舒适性和工艺性空调系统中。根据蒸发器中放热介质的不同,电制冷机组可分为冷水机组和风冷机组。

(1) 冷水机组。

制冷剂在蒸发器中吸收水中的热量而蒸发,机组向空调系统提供冷水,因此称为冷水机组。在压缩机制冷冷水机组中,若冷凝器中吸收制冷剂热量的工质为水,则称为水冷式冷水机组。根据压缩机类型不同,常见的水冷压缩式冷水机组有活塞离心式冷水机组、螺杆式冷水机组和离心式冷水机组三类。

(2) 冷风机组。

在这一类机组中,蒸发器为直接膨胀式盘管,制冷剂在盘管中吸热蒸发,直接对空气进行冷却,因此称为冷风机组。冷风机组中的压缩机通常为活塞式、螺杆式和转子式。这类机组的容量较小,常见的有房间空调器和单元式空调机组。

2) 吸收式制冷

吸收式制冷是依靠消耗热能来完成这种非自发过程的。溴化锂-水溶液是空调用吸收制冷剂常用的工质对,水为制冷剂,溴化锂为吸收剂。

吸收式制冷系统主要由四大设备组成:发生器、冷凝器、蒸发器和吸收器。构成两个循环环路:制冷剂循环和吸收剂循环。制冷剂循环主要有蒸发器、冷凝器和膨胀阀组成。吸收剂循环主要由吸收器、发生器和溶液泵组成。

3) 热泵机组

热泵机组的制冷机与常规制冷机的主要区别是带有四通转换阀,可以在机组内实现冷凝器和蒸发器的转换,完成制冷热工况的转换,可以实现夏季供冷、冬季供热。根据低温热源的特点,通常把热泵分为空气源热泵和地源热泵。

(1) 空气源热泵。

空气源热泵以室外空气作为冷热源,是居住建筑和商业建筑中使用最广泛的热泵机组。它的优点是安装方便,使用简单;主要缺点是室外空气温度越低时,室内热量需求量越大,而机组供热量反而减少,效率越低。此外,在寒冷的冬季,空气源热泵的室外盘管(蒸发器)会结霜,影响制热效果,这时需要采用除霜循环加以消除。

(2) 地源热泵。

地源热泵与传统空调相比的优点是整个系统运行稳定,不受室外气候条件的影响室温的分布更合理,温差小,舒适感好;比传统空调节能40%~60%;没有室外机,并且解决了城市热岛效应,无任何污染和排放。缺点是一次性投资价格高,使用受到场地限制,对地下水和地质有不好的影响,保护不好会污染地下水,设计难度大,施工工艺有待完善。

(三) 通风、空调系统的安装

1. 通风系统的安装

通风系统的安装包括通风系统的风管及部件的制作与安装(风管配件指风管系统中的弯管、三通、四通、异型管、导流叶片和法兰等构件,风管部件指风管系统中的各类风口、阀门、风罩、风帽、消声器、空气过滤器、检查门和测定孔等功能件);通风设备的制作与安装;通风(空调)系统试运转及调试。

1)通风管道安装

(1)通风管道的分类。

参照《通风与空调工程施工质量验收规范》(GB 50243—2016),按风管系统的工作压力划分类别及密封要求应符合表1.4.6的规定。

表1.4.6 风管系统的类别及密封要求

类别	风管系统工作压力 P (Pa)		密封要求
	管内正压	管内负压	
微压	$P \leqslant 125$	$P \geqslant -125$	接缝和接管连接处应严密
低压	$125 < P \leqslant 500$	$-500 \leqslant P < -125$	接缝和接管连接处应严密,密封面宜设在风管的正压侧
中压	$500 < P \leqslant 1500$	$-1000 \leqslant P < -500$	接缝及接管连接处应加设密封措施
高压	$1500 < P \leqslant 2500$	$-2000 \leqslant P < -1000$	所有的拼接缝和接管连接处均应采取密封措施

(2)风管的制作和安装。

风管可现场制作或工厂预制,风管制作方法分为咬口连接、铆钉连接、焊接。

① 咬口连接。将要相互接合的两个板边折成能相互咬合的各种钩形,钩接后压紧折边。这种连接适用于厚度小于或等于1.2mm的普通薄钢板和镀锌薄钢板、厚度小于或等于1.0mm的不锈钢板以及厚度小于或等于1.5mm的铝板。

② 铆钉连接。将两块要连接的板材板边相重叠,用铆钉穿连铆合在一起的方法。

③ 焊接。因通风空调风管密封要求较高或板材较厚不能用咬口连接时,板材的连接常采用焊接。常用的焊接方法有电焊、气焊、锡焊及氩弧焊。

管径较大的风管,为保证断面不变形且减少由管壁振动而产生的噪声,需要加固。圆形风管本身刚度较好,一般不需要加固。

风管连接有法兰连接和无法兰连接。

风管安装连接后,在刷油、绝热前应按规范进行严密性、漏风量检测。

2)风管部件的安装

(1)风阀安装。风阀安装前应检查其框架结构是否牢固,调节装置是否灵活。安装时,应使风阀调节装置设在便于操作的部位。

(2)风口安装,其要点如下:

风口在安装前和安装后都应扳动一下调节柄或杆。

安装风口时,应注意风口与房间的顶线和腰线协调一致。

风口与风管的连接应严密、牢固;边框与建筑面贴实,外表面应平整不变形;同一房间内的相同风口的安装高度应一致,排列整齐。

(3)排气罩安装。

排气罩的安装位置应正确,牢固可靠,支架不得设置在影响操作的部位。用于排出蒸汽或其他气体的伞形排气罩,应在罩口内边采取排除凝结液体的措施。

(4) 柔性短管安装。

柔性短管安装用于风机与空调器、风机等设备与送回风管间的连接，以减少系统的机械振动。柔性短管的安装应松紧适当，不能扭曲。

3) 通风设备安装

(1) 风机安装，其要点如下：

风机安装的基础和防震装置应符合有关设计的要求。

风机的进气管、排气管、阀件调节装置和气体加热成冷却装置油路系统管路等均应有单独的支撑并与基础或其他建筑物连接牢固；各管路与风机连接时法兰面应对中贴平。

风机连接的管路需要切割或焊接时，不应使机壳发生变形，一般宜在管路与机壳脱开后进行；风机的传动装置外露部分有护罩；风机的进气口或进气管路直通大气时应加装保护网或其他安全设施。

(2) 除尘器安装。

安装除尘器应符合设计要求，除尘器的排灰阀、卸料阀、排泥阀的安装必须严密。

4) 通风（空调）系统试运转及调试

通风（空调）系统试运转及调试一般包括设备单体试运转、联合试运转、综合效能试验。

设备单体试运转，主要内容包括通风机试运转；水泵试运转；制冷机试运转；空气处理室表面热交换器工作是否正常；带有动力的除尘器与空气过滤器的试运转。

联合试运转的内容包括通风机风量、风压及转速测定；通风（空调）设备风量、余压与风机转速测定；系统与风口的风量测定与调整；实测与设计风量偏差不应大于10%；通风机、制冷机、空调器噪声的测定；制冷系统运行的压力、温度、流量等各项技术数据应符合有关技术文件的规定；防排烟系统正压送风前室静压的检测；空气净化系统应进行高效过滤器的检漏和室内洁净度级别的测定，对于大于或等于100级的洁净室，还需增加在门开启状态下，指定点含尘浓度的测定；空调系统带冷、热源的正常联合试运转应大于8h，当竣工季节条件与设计条件相差较大时，仅做不带冷、热源的试运转；通风、除尘系统的连续试运转应大于2h。

2. 空调系统设备安装

(1) 风机盘管安装，其要点如下：

① 风机盘管在安装前对机组的换热器应进行水压试验，试验压力为工作压力的1.5倍，不渗不漏即可。

② 安装卧式机组时，应合理选择好吊杆和膨胀螺栓，并使机组的凝水管保持一定的坡度，以利于凝结水的排出。吊装的机组应平整牢固、位置正确。

③ 机组进出水管应加保温层，以免夏季使用时产生凝结水。

④ 机组凝结水盘的排水软管不得压扁、折弯，以保证凝结水排出畅通。

⑤ 在安装时应保护换热器翅片和弯头，不得倒塌或碰漏。

(2) 诱导器安装，其要点如下：

① 诱导器安装前必须逐台进行质量检查。

② 诱导器与一次风管连接处应严密，防止漏风。

③ 立式双面回风诱导器为利于回风，靠墙一面应留 50mm 以上空间，卧式双回风诱导器要保证靠楼板一面留有足够空间。

④ 暗装卧式诱导器应由支、吊架固定，并便于拆卸和维修。

（3）吊顶式新风空调箱安装，其要点如下：

① 在机组风量和质量均不太大，而机组的振动又较小的情况下，吊杆顶部采用膨胀螺栓与楼板连接，吊杆底部采用螺扣加装橡胶减振垫与吊装孔连接的办法。对于大风量吊装式新风机组，质量较大，则应采取一定的保证措施。

② 合理考虑机组振动，采取适当的减振措施。

③ 机组的送风口与送风管道连接时应采用帆布软管连接形式。

（4）组合式空调机组安装，其安装操作要点如下：

① 安装前，按装箱清单进行开箱验货，检查各功能段部件的完好情况，检查风阀、风机等转动件是否灵活，核对部件数量是否与清单所列数量一致。

② 将冷却段（水表冷段或直接蒸发表冷段）按设计图纸定位，然后安装两侧其他段的部件。段与段之间采用专用法兰连接，接缝用 7mm 的乳胶海绵板做垫料。

③ 机组中的新、回风混合段、二次回风段、中间段、加湿段、加热段、喷淋段、电加热段等有左式、右式之分，应按设计要求进行安装。

④ 各段组装完毕后，则按要求配置相应的冷热媒管路、给排水管路。冷凝水排出管应畅通。全部系统安装完毕后，应进行试运转，一般应连续运行 8h 无异常现象为合格。

（5）热交换器安装，其安装操作要点如下：

① 热交换器的散热面应保持清洁、完整。

② 热交换器安装时如缺少合格证明时，应做水压试验。试验压力等于系统最高工作压力的 1.5 倍，且不小于 0.4MPa，水压试验的观测时间为 2~3min，压力不得下降。

③ 空气冷却器的底部应安装滴水盘和泄水管；当冷却器叠放时，在两个冷却器之间应装设中间滴水盘和泄水管，泄水管应设水封，以防吸入空气。

④ 蒸汽加热器入口的管路上，应安装压力表和调节阀，在凝水管路上应安装疏水阀。热水加热器的供回水管路上应安装调节阀和温度计，加热器上还应安装放气阀。

（6）冷却塔的安装，其安装操作要点如下：

① 在冷却塔下方不另设水池时，冷却塔应自带盛水盘，盛水盘应有一定的盛水量，并设有自动控制的补给水管、溢水管和排污管。

② 多台冷却塔并联时，为防止并联管路阻力不等、水量分配不均匀，以致水池发生漏流现象，各进水管上要设阀门，借以调节进水量；同时在各冷却塔的底池之间用与进水干管相同管径的均压管（即平衡管）连接；此外，为使各冷却塔的出水量均衡，出水干管宜采用比进水干管大两号的集管并用 45°弯管与冷却塔各出水管连接。

③ 冷却塔应安装在通风良好的地方，尽量避免装在有热量产生、粉尘飞扬的场所的下风向，并应布置在建筑的下风向。

④ 单列布置的冷却塔的长边应与夏季主导风向相垂直，而双列布置时长边应与主导风向平行。

⑤ 横流式抽风冷却塔若为双面进风，应为单列布置。若为单面进风，应为双列布置。

三、工业管道工程

在工程中，按照工业管道设计压力 P 划分为低压、中压和高压管道：
(1) 低压管道：$0<P\leqslant1.6\text{MPa}$；
(2) 中压管道：$1.6<P\leqslant10\text{MPa}$；
(3) 高压管道：$10<P\leqslant42\text{MPa}$；或蒸汽管道：$P\geqslant9\text{MPa}$，工作温度$\geqslant500℃$。

（一）热力管道系统

热力管道是输送蒸汽或过热水等热能介质的管道。其特点是其输送的介质温度高、压力大、流速快，在运行时会给管道带来较大的膨胀力和冲击力。

1. 热力管道敷设形式

1) 布置形式

热力管道的平面布置主要有枝状和环状两类。

枝状管网（主干线呈树枝状）比较简单，造价低，运行管理方便，其管径随着与热源距离的增加而减小。缺点是没有供热的后备性能，即当管网某处发生故障时，将影响部分用户的供热。

环状管网（主干线呈环状）的主要优点是具有供热的后备性能，但它的投资和钢材耗量比枝状管网大得多。

对于不允许中断供汽的企业，也可采用复线的枝状管网，即用两根蒸汽管道作为主干线。

2) 敷设方式

(1) 架空敷设。将热力管道敷设在地面上的独立支架或者桁架以及建筑物的墙壁上。

架空敷设不受地下水位的影响，且维修、检查方便，适用于地下水位较高、地质不适宜地下敷设的地区。其特点是占地面积大，管道热损失较大。

架空敷设按支架的高度不同，可分为低支架、中支架和高支架三种敷设形式。

① 低支架敷设：在不妨碍交通，不影响厂区扩建的地段可采用低支架敷设。低支架敷设大多沿工厂围墙或平行公路、铁路布置，管道保温结构底部距地面的净高不小于0.3m，以防雨、雪的侵蚀。支架一般采用毛石砌筑或混凝土浇筑。

② 中支架敷设：在人行频繁、非机动车辆通行的地方采用。中支架敷设的管道保温结构底部距地面的净高为 2.5～4.0m，支架一般采用钢筋混凝土现浇（预制）或钢结构。

③ 高支架敷设：在管道跨越公路或铁路时采用，支架通常采用钢结构或钢筋混凝土结构，高支架敷设的管道保温结构底部距地面的净高为 4.5～6.0m。

(2) 地沟敷设。将管道敷设在地沟内，管道不受水的侵袭，保护管道的保温结构，管道能自由伸缩。管道的地沟底板采用素混凝土或钢筋混凝土结构，沟壁采用砖砌结构或毛石砌筑，地沟盖板为钢筋混凝土。热力管道的地沟按其功用和结构尺寸，分通行地沟、半通行地沟和不通行地沟三种敷设形式。

地沟内管道敷设时，管道保温层外壳与沟壁的净距宜为150～200mm，与沟底的净距宜为100～200mm，与沟顶的净距：不通行地沟为50～100mm，半通行和通行地沟为200～300mm。地沟内管道之间的净距应有利于安装和维修。

(3) 直接埋地敷设。直埋敷设是将管道直接埋设在土壤里，管道保温结构外表面与土壤直接接触的敷设方式。在热力管道中，直埋敷设最多采用的方式是供热管道、保温层和保护外壳三者紧密黏结在一起，形成整体式的预制保温管结构型式，热力管道在土壤腐蚀性小、地下水位低（低于管道保温层底部0.5m以上）、土壤具有良好渗水性以及不受腐蚀性液体侵入的地区，可采用直接埋地敷设。

2. 热力管道的安装

1) 管道安装

(1) 热力管道应设有坡度，汽、水同向流动的蒸汽管道坡度一般为3‰，汽、水逆向流动时坡度不得小于5‰。热水管道应有不小于2‰的坡度，坡向放水装置。

(2) 蒸汽支管应从主管上方或侧面接出，热水管应从主管下部或侧面接出。

(3) 水平管道变径时应采用偏心异径管连接，当输送介质为蒸汽时，取管底平，以利排水；输送介质为热水时，取管顶平，以利排气。

(4) 蒸汽管道一般敷设在其前进方向的右侧，凝结水管道敷设在左侧。热水管道敷设在右侧，而回水管道敷设在左侧。

(5) 管道穿墙或楼板应设置套管。

(6) 直接埋地管道穿越铁路、公路时交角不小于45°，管顶距铁路轨面不小于1.2m，距道路路面不小于0.7m，并应加设套管，套管伸出铁路路基和道路边缘不应小于1m。

(7) 减压阀应垂直安装在水平管道上，安装完毕后应根据使用压力调试。减压阀组一般设在离地面1.2m处，如设在离地面3m左右处时，应设置永久性操作平台。

(8) 管道安装完毕后，按设计或规范要求进行试压、冲洗。

2) 补偿器安装

(1) 拼装方形补偿器应在平地上进行，4个弯头应在同一平面内，平面歪扭偏差不得大于3mm/m，全长不得大于10mm。补偿器悬臂的长度偏差不应大于±10mm。

(2) 方形补偿器安装时需预拉伸，对于输送介质温度低于250℃的管道，拉伸量为计算伸长量的50%；输送介质温度为250～400℃时，拉伸量为计算伸长量的70%。实际拉伸量与规定的偏差应不大于±10mm。

(3) 水平安装的方形补偿器应与管道保持同一坡度，垂直臂应呈水平。垂直安装时，应有排水、疏水装置。

(4) 方形补偿器两侧的第一个支架宜设置在距补偿器弯头起弯点0.5～1.0m处，支架为滑动支架。导向支架只宜设在离弯头DN40以外处。

(5) 填料式补偿器活动侧管道的支架应为导向支架，使管道不致偏离中心线，并保证能自由伸缩。单向填料式补偿器应装在固定支架附近，外壳一端连接固定支架处管道，内套管上端连接热膨胀管道。双向填料式补偿器安装在固定支架中间，补偿器外壳应固定。

(二) 压缩空气管道系统

1. 压缩空气站的组成

1) 压缩空气的生产流程

压缩空气的生产流程主要包括空气的过滤、空气的压缩、压缩空气的冷却及油和水分的排除、压缩空气的储存与输送等。

2) 压缩空气站设备

主要有空气压缩机、空气过滤器、后冷却器、储气罐、油水分离器、空气干燥器。

3) 压缩空气站管路系统

压缩空气站的管路系统为空气管路、冷却水管路、油水吹除管路、负荷调节管路以及放散管路等。

2. 车间压缩空气管路的敷设

车间压缩空气管路分总管、干管和支立管。总管是指由入口装置至车间各工段或工部的输气管线；干管是指车间内各工段或工部的输气管线，如车间较小不分工段或工部，则没有总管与干管之分，统称干管；支、立管是指从干管接向用气设备或工具的管路。

车间压缩空气管路可采用架空敷设、地沟敷设、埋地敷设或架空、埋地相结合的敷设方式。为便于管理与维修，应以沿墙或柱子架空敷设为主，架空敷设高度以不妨碍交通为原则，但一般不小于2.5m，并尽量减少对采光的影响。

3. 压缩空气管道的安装

(1) 压缩空气管道一般选用低压流体输送用焊接钢管、低压流体输送用镀锌钢管及无缝钢管，或根据设计要求选用。公称通径小于50mm，也可采用螺纹连接，以白漆麻丝或聚四氟乙烯生料带作填料；公称通径大于50mm，宜采用焊接方式连接。

(2) 管路弯头应尽量采用煨弯，其弯曲半径一般为$4D$（D为管道外径）。

(3) 从总管或干管上引出支管时，必须从总管或干管的顶部引出，接至离地面1.2～1.5m处，并装一个分气筒，分气筒上装有软管接头。

(4) 管道应按气流方向设置不小于0.002的坡度，干管的终点应设置集水器。

(5) 压缩空气管道安装完毕后，应进行强度和严密性试验，试验介质一般为水。

(6) 强度及严密性试验合格后进行气密性试验，试验介质为压缩空气或无油压缩空气。

(三) 高压管道

1. 高压管道的分级及要求

1) 高压管道的分级

高压管道是指工作压力为 10MPa$<P\leqslant$42MPa 的管道，对于工作压力 $P\geqslant$9.0MPa 且工作温度≥500℃的蒸汽管道，也可升级为高压管道。

高压管道按压力和温度可分为不同的等级：

(1) 按压力：按公称压力分为10、15、16、20、25、28、32、42MPa等八个等级，其中16、20、32MPa三个等级最常用。

(2) 按工作温度：分为Ⅰ级（-40～200℃）、Ⅱ级（201～400℃）和Ⅲ级（>400℃）。

高压管道按压力、温度分级后，在相应的管道与紧固件外表面上做出等级标记。对于压力等级，通常在管件外表面打上等级钢印并涂色，如16MPa、20MPa的管件涂黑色，32MPa的管件涂灰色。对温度等级，用于Ⅱ级温度的管件，在其外圆周上加工出一圈深为1~1.2mm的半圆形沟槽；用于Ⅲ级温度的管件，加工出两圈半圆形沟槽。

2）高压管道应符合的要求

高压管道长期在高压、高温下工作，对管道的力学强度和连接的严密性有很高的要求。

（1）高压钢管的检验，其操作要点如下：

外径大于35mm的高压钢管，应有代表钢种的油漆颜色和钢号、炉罐号、标准编号及制造厂的印记。外径小于或等于35mm成捆供货的高压钢管应有标牌，标明制造厂名称、技术监督部门的印记、钢管的规格、钢号、根数、质量、炉罐号、批号及标准编号。

高压钢管验收时，如有证明书与到货钢管的钢号或炉罐号不符、钢管或标牌上无钢号与炉罐号、证明书上的化学成分或力学性能不全时，应进行校验性检查。

高压钢管应按下列规定进行无损探伤：无制造厂探伤合格证，应逐根进行探伤；虽有探伤合格证，但经外观检查发现缺陷时，应抽10%进行探伤，如仍有不合格者，则应逐根进行探伤。

（2）高压管件的选用。高压管件是指三通、弯头、异径管、活接头、温度计套管等配件，一般采用高压钢管焊制、弯制和缩制。

焊接三通。焊接三通由高压无缝钢管焊制而成，其接口连接形式可加工成焊接坡口、透镜垫密封法兰接口和平垫密封法兰接口三种。

弯头和异径管。高压管道的弯头和异径管，可在施工现场用高压管子弯制和缩制，也可采用加工单位制造的不带直边的小曲率弯头和带直边的弯头及异径管。不带直边的弯头端部只有焊接坡口一种形式，带直边的弯头和异径管端部可加工成焊接坡口、透镜垫密封法兰接口和平垫密封法兰接口三种形式。

2. 高压管道加工

（1）高压管道的加工应在图纸会审的基础上，绘制管道加工图，加工图的尺寸由现场实测与施工图计算得到，但封闭管段的尺寸必须实测。

（2）在确定加工图尺寸时，应考虑法兰、焊口的设置应方便管子的加工、安装与检修，不得设置于墙壁、楼板或管架上。相邻两管道的外壁（包括保温层）不得相碰，间距必须大于50mm。管段加工后的尺寸，其允许误差为：封闭段±3mm，自由段±5mm。

（3）合金钢、不锈钢高压管子应采用机械方法切割。所有钢号的管子在切断后应及时在无标识的管段上标上原有的符号。

（4）在车制管端密封面时，其端面应与管子中心垂直，不得有划痕、刮伤、凹穴、啃刀等缺陷。在车制锥角密封面的每种规格的第一个密封口时，要用标准透镜垫着色印检查，其接触线不得间断或偏位。加工完毕的管道密封面，应沉入法兰内3~5mm。如暂不安装，应在加工面上涂油防锈，封闭管口，妥善保管。

3. 高压管子弯管加工

钢号为20、15MnV、12CrMo、1Cr18Ni9Ti、Cr18Ni13Mo2Ti的高压管子，应尽量

采用冷弯，冷弯后可不进行热处理。

4. 高压管道安装

（1）安装管道时应使用正式管架固定。管道支架应按设计图纸要求制作、安装、在管子与管架之间加置木垫、软金属片或橡胶石棉板。

（2）或U形，当壁厚小于16mm时，采用V形坡口；壁厚为7～34mm时，可采用V形坡口或U形坡口。

（3）高压管道焊接除应符合一般中、低压管道焊接有关要求外，还应满足以下要求：

① 焊接方法：

碳素钢管、合金钢管焊接，为确保底层焊接表面成形、光滑平整、焊接质量好，均采用手工氩弧打底，手工电弧焊成型，不锈钢管、钛管采用氩弧焊时，应充氩气保护，以防氧化。

高压管焊接宜采用转动平焊。

② 焊接工艺要求。高压管焊接前，应将坡口及附近宽10～20mm表面上的脏物、油迹、水分和锈蚀斑迹等清洗干净。定位点焊，其焊肉的两端宜磨成缓坡形。电焊后如有裂纹，必须清除。

高压管的管壁较厚，焊缝较大，宜采用不同的焊层数。打底用的焊条直径不宜过大。

③ 高压管的管焊接时，其周围环境温度不得过低，以防止焊缝的熔融金属因迅速冷却而造成裂纹等缺陷。各种钢号的高压管应符合焊接允许最低温度及预热要求。

④ 为了保证焊缝质量，高压管在焊接前一般应进行预热，焊后应进行热处理。

⑤ 高压管的焊缝须经外观检查、X射线透视或超声波探伤。透视和探伤的焊口数量应符合以下要求：若采用X射线透视，转动平焊抽查20%，固定焊100%透视；若采用超声波探伤，100%检查；经外观检查、X射线透视或超声波探伤不合格的焊缝允许返修，每道焊缝的返修次数不得超过一次，返修后，须再次进行以上项目检查；高压管道的每道焊缝焊接完毕后，焊工应打上自己的钢号，并及时填写"高压管道焊接工作记录"。

第五节 电气和自动化控制工程的分类、特点及基本工作内容

一、电气工程

1. 变配电工程

变配电工程指为建筑物供应电能、变换电压和分配电能的电气工程。由于变配电工程的中间枢纽（核心）是变配电所，所以变配电工程也称变配电所工程。变配电所工程是包括高压配电室、低压配电室、控制室、变压器室、电容器室五部分的电气设备安装工程，配电所与变电所的区别就是配电所内部没有装设电力变压器。

变配电工程安装的电气设备包括变压器、各种高压电器和低压电器。高压电器包括高压开关柜、高压断路器、高压隔离开关、高压负荷开关、高压熔断器、高压避雷器

等；低压电器包括低压配电屏、继电器屏、直流屏、控制屏、硅整流柜等；此外，还有电容器补偿装置、室内电缆、接地母线、盘上高低压母线、室内照明等。

1）变电所的类别

按其在供配电系统中的地位和作用以及装设位置可分为总降压变电所、车间变电所、独立变电所、杆上变电所、建筑物及高层建筑物变电所。

（1）总降压变电所。对大中型企业，由于负荷较大，往往采用35kV（或以上）电源进线，一般降压至10kV或6kV，再向各车间变电所和高压用电设备配电，这种降压变电所称为总降压变电所。

（2）车间变电所。变压器是位于车间内的单独房间内或是利用车间的一面或两面墙壁进行安装的变电所。

（3）独立变电所。独立变电所是相对于车间附设变电所而言，是指整个变电所设在与车间建筑物有一定距离的单独区域内，通常是户内式变电所，向周围几个车间或向全厂供电。

（4）杆上变电所。变电器安装在室外电杆上或在专门的变压器台墩上，一般用于负荷分散的小城市居民区和工厂生活区以及小型工厂和矿山等。变压器容量较小，一般在315kV·A及以下。

（5）建筑物及高层建筑物变电所。这是民用建筑中经常采用的变电所形式，变压器一律采用干式变压器，高压开关一般采用真空断路器，也可采用六氟化硫断路器，但通风条件要好，从防火安全角度考虑，一般不采用少油断路器。

2）高压变配电设备

（1）变压器。

变压器按功能分有升压变压器和降压变压器；按相数分有单相和三相变压器；按绕组导体的材质分有铜绕组和铝绕组变压器；按冷却方式和绕组绝缘分有油浸式、干式两大类；按用途分有普通变压器和特种变压器。

（2）高压断路器。

高压断路器的作用是通断正常负荷电流，并在电路出现短路故障时自动切断电流，保护高压电线和高压电气设备的安全。按其采用的灭弧介质分有油断路器、六氟化硫（SF_6）断路器、真空断路器等。油断路器分为多油和少油两大类，多油断路器油量多一些，油不仅作灭弧介质，而且还作为绝缘介质；少油断路器油量较少，仅作灭弧介质。多油断路器油量多、体积大，因此断流容量小、运行维护比较困难。少油断路器和真空断路器目前应用较广。

（3）高压隔离开关。

高压隔离开关的主要功能是隔离高压电源，以保证其他设备和线路的安全检修。其结构特点是断开后有明显可见的断开间隙，而且断开间隙的绝缘及相间绝缘是足够可靠的。高压隔离开关没有专门的灭弧装置，不允许带负荷操作。它可用来通断一定的小电流，如合励磁电流不超过2A的空载变压器、电容电流不超过5A的空载线路以及电压互感器和避雷器等。

高压隔离开关按安装地点分为户内式和户外式两大类，按有无接地可分为不接地、单接地、双接地三类。

（4）高压负荷开关。

高压负荷开关与隔离开关一样，具有明显可见的断开间隙。具有简单的灭弧装置，能通断一定的负荷电流和过负荷电流，但不能断开短路电流。

（5）高压熔断器。

高压熔断器主要功能是对电路及其设备进行短路和过负荷保护。高压熔断器主要有户内交流高压限流熔断器（RN 系列）、户外交流高压跌落式熔断器（RW 系列）、并联电容器单台保护用高压熔断器（BRW 型）三种类型。

（6）互感器。

互感器是电流互感器和电压互感器的合称。互感器的主要功能是：使仪表和继电器标准化，降低仪表及继电器的绝缘水平，简化仪表构造，保证工作人员的安全，避免短路电流直接流过测量仪表及继电器的线圈。

（7）避雷器。

避雷器是用于保护电力系统中电气设备的绝缘，免受沿线路传来的雷电过电压或由操作引起的内部过电压的损害的设备。

避雷器类型有保护间隙避雷器、管型避雷器、阀型避雷器（有普通阀型避雷器 FS、FZ 型和磁吹阀型避雷器）、氧化锌避雷器。其中，氧化锌避雷器由于具有良好的非线性、动作迅速、残压低、通流容量大、无续流、结构简单、可靠性高、耐污能力强等优点，是传统碳化硅阀型避雷器的更新换代产品，在电站及变电所中得到了广泛的应用。

（8）高压开关柜。

高压开关柜按结构形式可分为固定式（G）、移开式（手车式，Y）两类；按功能分有馈线柜、电压互感器柜、高压电容器柜（GR-1 型）、电能计量柜（PJ 系列）、高压环网柜（HXGN 型）等。

3）低压变配电设备

低压电气设备是指在 1000V 及以下的设备，这些设备在供配电系统中一般安装在低压开关柜内或配电箱内。

（1）低压熔断器。

低压熔断器用于低压系统中设备及线路的过载和短路保护。

（2）低压断路器。

低压断路器能带负荷通断电路，又能在短路、过负荷、欠压或失压的情况下自动跳闸的一种开关设备。它由触头、灭弧装置、转动机构和脱扣器等部分组成。

（3）低压配电屏和配电箱。

低压配电屏和配电箱都是按一定的线路方案将有关一、二次设备组装而成的一种成套配电装置，在低压配电系统中做动力和照明配电之用，两者没有实质的区别。低压配电屏的结构尺寸较大，安装的开关电器较多，一般装设在变电所的低压配电室内，而低压配电箱的结构尺寸较小，安装的开关电器不多，通常安装在靠近低压用电设备的车间或其他建筑的进线处。

2. 变配电工程安装

1）变压器安装

变压器安装分室外、柱上、室内三种场所。

2) 油断路器安装

油断路器在运输吊装过程中不得倒置、碰撞或受到剧烈振动。多油断路器在运输时应处于合闸状态。运到现场后，应按规范要求进行全面检查，包括基础的中心距离及高度的误差、预埋螺栓中心的误差。断路器应垂直安装并固定牢靠，底座或支架与基础的垫片按规定要求，各片间应焊接牢固。

3) 隔离开关与负荷开关安装

隔离开关安装在墙上的支架上，应先把支架预埋在墙上，待土建专业的装饰工程完毕后，再安装隔离开关，操作机构与隔离开关应同时安装，拉杆的内径与操作机构轴的直径相配合，两者的间隙不大于1mm，连接部分的销子不应松动。隔离开关合闸后，触头间的相对位置、备用行程以及分闸状态时触头间的净距离或拉开角度应符合产品的技术规定，操作机构手柄要求距地面1.2m。隔离开关也可直接安装在墙上。需要增加延长轴时，两个轴承间的距离不应小于1000mm。额定电流在600A以下的隔离开关装在支架上，在600A以上的隔离开关装在墙上。三相联动的隔离开关，触头接触时，不同期数值应符合产品技术文件要求。

4) 避雷器安装

避雷器的安装应严格按照规范的要求：

（1）避雷器不得任意拆开，以免破坏密封和损坏元件；

（2）普通阀型避雷器安装时，同相组合单元之间的非线性系数的差值应符合规范要求；

（3）避雷器各连接处的金属接触表面应洁净、没有氧化膜和油漆、导通良好。

（4）并列安装的避雷器三相中心应在同一直线上，相间中心距离允许偏差为10mm。

阀型避雷器应垂直安装。管型避雷器可倾斜安装。磁吹阀型避雷器组装时，其上下节位置应符合产品出厂的编号，切不可互换。

5) 母线安装

（1）裸母线

裸母线分硬母线和软母线两种。母线安装，其支持点的距离要求如下：低压母线不得大于900mm，高压母线不得大于700mm。低压母线垂直安装，且支持点间距无法满足要求时，应加装母线绝缘夹板。母线的连接有焊接和螺栓连接两种。母线排列次序及涂漆的颜色应符合表1.5.1的要求。

表1.5.1 母线排列次序及涂漆的颜色

相序	涂漆颜色	排列次序		
		垂直布置	水平布置	引下线
A	黄	上	内	左
B	绿	中	中	中
C	红	下	外	右
N	黑	下	最外	最右

母线的安装不包括支持绝缘子安装和母线伸缩接头的制作、安装。焊接采用氩弧焊。

凡是高压线穿墙敷设时，必须应用穿墙套管。穿墙套管分室内和室外两种，也有的叫户内和户外穿墙套管。安装时，先将穿墙套管的框架预先安装在土建施工预留的墙洞内。待土建工程完工后，再将穿墙套管（3个为一组）穿入框架内的钢板孔内，用螺栓固定（每组用6套螺栓）。穿墙套管钢板在框架上的固定采用沿钢板四角周边焊接。

低压母线穿墙板时，先将角钢预埋在配合土建施工预留洞的四个角上，然后将角钢支架焊接在洞口的预埋件上，再将绝缘板（上、下两块）用螺栓固定在角钢支架上。

应注意的是，由于变压器低压套管引出的低压母线支架上的距离大多在1m以上，超过了规范规定的900mm的距离，应在母线中间加中间绝缘板。

（2）低压封闭式插接母线

封闭式母线配线适用于干燥和无腐蚀气体的室内，负载大的场所。封闭式母线都由制造厂成套供应，出厂时各段外壳上都标有分段单元及相别编号。施工中应注意：

① 支架必须安装牢固。支持点的间距，水平或垂直敷设时，均不应大于2m；距拐弯0.5m处应设置支架；作垂直敷设时，应在通过楼板处采用专用附件支承。当进线盒及末端悬空时，应采用支架固定。

② 封闭式母线配线，水平敷设时，底边离地距离不宜小于2.2m；除敷设在电气设备间及设备层外，垂直敷设时，距地面高1.8m及以下的部位应有防止机械损伤的保护措施。

③ 封闭式母线的终端，当无引出线时，端部应有专用的封板进行封闭。

④ 封闭式母线，直线段距离超过80m时，每50～60m应设置膨胀节。当制造厂有特殊要求时，应按产品技术文件的要求执行。当其水平跨越建筑物的伸缩缝或沉降缝时，应有伸缩措施。橡胶伸缩套的连接头、穿墙处的连接法兰、外壳与底座之间、外壳各连接部位的螺栓应采用力矩扳手紧固，各接合面应密封良好。

⑤ 呈微正压的封闭式母线，在安装完毕后，还应检查其密封性是否良好。

3. 电气线路工程安装

1）架空线路

（1）架空线路的敷设。架空导线间距不小于300mm，靠近混凝土杆的两根导线间距不小于500mm。上下两层横担间距：直线杆时为600mm；转角杆时为300mm。广播线、通信电缆与电力同杆架设时应在电力线下方，二者垂直距离不小于1.5m。

低压电杆杆距宜在30～45m。三相四线制低压架空线路，在终端杆处应将保护线作重复接地，接地电阻不大于10Ω。当与引入线处重复接地点的距离小于500mm时，可以不做重复接地。低压电源架空引入线应采用绝缘导线，其截面宜大于或等于$4mm^2$。挡距不宜大于25m，进线处对地距离不应低于2.7m。

（2）横担。横担应架设在电杆的靠负载一侧。导线在横担上的排列应符合如下规律，即当面向负载时，从左侧起为L_1、N、L_2、L_3；和保护零线在同一横担上架设时，导线相序排列的顺序是：面向负载，从左侧起为L_1、N、L_2、L_3、PE；动力线、照明线在两个横担上分别架设时，上层横担面向负载从左侧起为L_1、L_2、L_3；下层横担：单相三线时，面向负载从左侧起为L_1（或L_2、L_3）、N、PE；在两上层横担上架设时，最下层横担面向负载，最右边的导线为保护零线PE。

（3）架空线。主要用绝缘线或裸线。市区或居民区尽量用绝缘线。郊区0.4kV室外架空线路应采用多芯铝绞绝缘导线,导线截面统一选用 35mm²、70mm²、95mm²、120mm² 四种规格。在同一横担上导线截面等级不应超过三级。架空线截面为 120mm² 及以上时,终端杆、支线杆、转角杆应使用大于 190mm 以上的混凝土电杆。

架空导线对地必须保证安全距离,不得低于表 1.5.2 中的数值。

表 1.5.2 导线对地必须保证的安全距离

情况	跨铁路、河流	交通要道、居民区	人行道、非居民区	乡村小道
安全距离(m)	7.5	6	5	4

2)电缆安装

(1)电缆安装前检查。

1kV 以上的电缆要做直流耐压试验,1kV 以下的电缆用 500V 摇表测绝缘,检查合格后方可敷设。当对纸质油浸电缆的密封有怀疑时,应进行潮湿判断。直埋电缆、水底电缆应经直流耐压试验合格,充油电缆的油样试验合格。电缆敷设时,不应破坏电缆沟和隧道的防水层。

(2)电缆安装方法。

① 电缆在室外直接埋地敷设。埋设深度不应小于 0.7m(设计有规定者按设计规定深度埋设),经过农田的电缆埋设深度不应小于 1m,埋地敷设的电缆必须是铠装,并且有防腐保护层,裸钢带铠装电缆不允许埋地敷设。

直埋电缆时,先将埋设电缆土沟(按电缆埋深加 100mm)挖好,在沟底铺不小于 100mm 厚的细沙(软土)。敷好电缆后,在电缆上再铺不小于 100mm 厚细沙(或软土),然后盖砖或盖保护板(根据设计规定,设计无规定时,按盖砖计算)。上面回填土略高于原有地面。多根电缆同沟敷设时,10kV 以下电缆平行距离为 170mm,10kV 以上电缆平行距离为 350mm。

直埋电缆在直线段每隔 50~100m 处、电缆接头处、转弯处、进入建筑物等处应设置明显的方位标志或标桩。直埋电缆回填土前,应经隐蔽工程验收合格,并分层夯实。

② 电缆在室内外电缆沟内敷设,分无支架和有支架敷设。

无支架敷设是将电缆直接敷设在电缆沟底上,沟顶盖水泥盖板。在两种不同等级电压下利用接地线屏蔽,接地线焊在预埋件上,预埋件间距为 1000mm。有支架敷设是将电缆支架安装在电缆沟内的两侧(双侧支架)或一侧(单侧支架),然后将电缆托在支架上。支架又分角钢支架、槽钢支架(装配式支架)、预制钢筋混凝土支架三种。

单侧角钢支架,电缆沟内电力电缆间水平净距为 35mm,但不得小于电缆外径尺寸。控制电缆间不做规定,当沟底敷设电缆时,1kV 的电力电缆与控制电缆间距不应小于 100mm。装配式支架为成品支架,须在现场组装,然后运到电缆沟内进行安装。

③ 电缆沿支架敷设。先将支架螺栓预埋在墙上,并把在施工现场制作好的支架固定在预埋螺栓上,然后将电缆固定在电缆支架上。

④ 电缆沿墙吊挂敷设和卡设。电缆沿墙吊挂敷设,是先将挂钉预埋在墙内,然后将挂钩挂在挂钉上,电缆放入挂钩即可。挂钩间距:电力电缆为 1m,控制电缆为 0.8m。挂钩不超过 3 层。电缆沿墙卡设,是先将预制好的电缆支架预埋在墙内,然后把电缆用卡子固定在预埋支架上。

⑤ 电缆沿柱卡设。先将抱箍支架卡设在柱子上，再将保护钢管卡设在支架上，此法适用于电缆穿钢管沿柱垂直敷设。

⑥ 电缆穿导管敷设，指整条电缆穿钢管敷设。先将管子敷设好（明设或暗设），再将电缆穿入管内，穿入管中电缆的数量应符合设计要求，要求管道的内径等于电缆外径的 1.5～2 倍，管子的两端应做喇叭口。交流单芯电缆不得单独穿入钢管内。敷设电缆管时应有 0.1% 的排水坡度。

⑦ 电缆沿钢索卡设。先将钢索两端固定好，其中一端装有花篮螺栓，用以调节钢索松紧程度，再用卡子将电缆固定在钢丝绳上。固定电缆卡子的距离：水平敷设时电力电缆为 750mm，控制电缆为 600mm；垂直敷设时电力电缆为 1500mm，控制电缆为 750mm。此法一般用于软电缆。

⑧ 电缆桥架敷设。电缆桥架由立柱、托臂、托盘、隔板和盖板等组成。电缆一般敷设在托盘内。电缆桥架悬吊式立柱安装是由土建专业预埋铁件，安装时用膨胀螺栓将立柱固定在预埋铁件上，然后将托臂固定于立柱上，托盘固定在托臂上，电缆放在托盘内。

⑨ 电缆顶管。当埋地电缆横过厂内马路或厂外公路，且不允许挖开马路或公路路面时，则采用钢管从马路的底部顶穿过去。这种将管子顶穿过马路的方法叫做顶管。

4. 防雷接地系统

1）防雷系统安装方法及要求

属于防雷系统的有避雷网、避雷针、独立避雷针、避雷针引下线等。下面介绍避雷网和避雷针的安装。

（1）避雷网安装。

① 沿混凝土块敷设。混凝土块为一正方梯形体，在土建做屋面层之前按照图纸及规定的间距把混凝土块做好（混凝土块为预制），待土建施工完毕，混凝土块已基本牢固，然后将避雷带用焊接或用卡子固定于混凝土块的支架上。

② 在屋脊上水平敷设时，要求支座间距为 1m，转弯处为 0.5m。

③ 沿支架敷设。根据建筑物结构、形状的不同分为沿天沟敷设、沿女儿墙敷设。所有防雷装置的各种金属件必须镀锌。水平敷设时要求支架间距为 1m，转弯处为 0.5m。

（2）避雷针安装。

① 在烟囱上安装。根据烟囱的不同高度，一般安装 1～3 根避雷针，要求在引下线离地 1.8m 处加断接卡子，并用角钢加以保护，避雷针应热镀锌。

② 在建筑物上安装。避雷针在屋顶上及侧墙上安装应参照有关标准进行施工。避雷针安装应包括底板、肋板、螺栓等。避雷针由安装施工单位根据图纸自行制作。

③ 在金属容器上安装。避雷针在金属容器顶上安装应按有关标准要求进行。

④ 避雷针（带）与引下线之间的连接应采用焊接或热剂焊（放热焊接）。

⑤ 避雷针（带）的引下线及接地装置使用的紧固件均应使用镀锌制品。当采用没有镀锌的地脚螺栓时应采取防腐措施。

⑥ 装有避雷针的金属筒体，当其厚度不小于 4mm 时，可作避雷针的引下线。筒体底部应至少有 2 处与接地体对称连接。

⑦ 建筑物上的避雷针或防雷金属网应和建筑物顶部的其他金属物体连接成一个整体。

⑧ 避雷针（网、带）及其接地装置应采取自下而上的施工程序。首先安装集中接地装置，后安装引下线，最后安装接闪器。

2）接地系统安装方法及要求

接地系统包括接地极、户外接地母线、户内接地母线、接地跨接线、构架接地装置、防静电装置等。接地系统常用的材料有等边角钢、圆钢、扁钢、镀锌等边角钢、镀锌圆钢、镀锌扁钢、铜板、裸铜线、钢管等。

(1) 接地极制作、安装。

接地极制作、安装分为钢管接地极、角钢接地极、圆钢接地极、扁钢接地极、铜板接地极等。常用的为钢管接地极和角钢接地极。

① 接地极垂直敷设。根据图纸中的位置开沟，一般沟深为0.8m，下口宽为0.4m，上口宽为0.5m。再将角钢或钢管接地极的一端削尖，将有尖的一头立放在已挖好的沟底上，垂直打入土沟内2m深，在沟底上部余留50mm。将图纸规定的数量敷设完。再用扁钢将角钢接地极连接起来，即将接地极牢固地焊接在预留沟底上（50mm）的角钢接地极上（一般接地极长为2.5m，垂直接地极的间距不宜小于其长度的2倍，通常为5m），焊接处应涂沥青，最后回填土。

② 接地极水平敷设。在土壤条件极差的山石地区采用接地极水平敷设。首先在山石地段开挖接地沟（采用爆破方法）；一般沟长为15m，宽为0.8m，深为1.5m，沟内全部回填黄黏土并分别夯实。从底部分层夯实至0.5m标高时，将接地扁钢按图纸的要求水平排列3根，间距为160mm，长度为1.5m，再用40mm×4mm×700mm的扁钢，在垂直方向与上述3根水平排列的扁钢用焊接连接起来，每隔1.5m的间距焊接一根，要求接地装置全部采用镀锌扁钢，所有焊接点处均刷沥青。接地电阻应小于4Ω，超过时，应补增接地装置的长度。

③ 土壤电阻率地区降低接地电阻的措施为可采取换土的方法；对土壤进行处理，常用的材料有炉渣、木炭、电石渣、石灰、食盐等；利用长效降阻剂；深埋接地体，岩石以下5m；污水引入；深井埋地20m。

(2) 户外接地母线敷设。

① 户外接地母线大部分采用埋地敷设。

② 接地线的连接采用搭接焊，其搭接长度是扁钢宽度的2倍（且至少3个棱边焊接）；圆钢为直径的6倍；圆钢与扁钢连接时，其长度为圆钢直径的6倍；扁钢与钢管或角钢焊接时，为了连接可靠，除应在其接触部位两侧进行焊接外，还应焊以由钢带弯成的弧形（或直角形）卡子，或直接用钢带弯成弧形（或直角形）与钢管（或角钢）焊接。

③ 回填土时，不应夹有石块、建筑材料或垃圾等；外取的土壤不得有较强的腐蚀性；在回填土时应分层夯实。

(3) 户内接地母线敷设。

① 户内接地母线大多是明设，分支线与设备连接的部分大多数为埋设。

② 明设接地线支持件间的距离，在水平直线部分宜为0.5～1.5m；垂直部分宜为

1.5～3m；转弯部分宜为 0.3～0.5m。

③ 接地线沿建筑物墙壁水平敷设时，离地面距离宜为 250～300mm；接地线与建筑物墙壁间的间隙宜为 10～15mm。

④ 明敷接地线，在导体的全长度或区间段及每个连接部位附近的表面，应涂以 15～100mm 宽度相等的绿色和黄色相间的条文标识。当使用胶带时，应使用双色胶带。中性线宜涂淡蓝色标识。

二、自动控制系统

1. 自动控制系统设备

1）传感器

测量某一非电的物理量，如温度、湿度、压力等常用的物理量时，首先要把该非电量的参数转变为一电量参数，这种将非电量参数转变成电量参数的装置叫做传感器。利用被测物体固有的特性，如压电效应、光电效应、热电效应、压磁效应等，可以形成不同种类的传感器。

（1）温度传感器。

① 热电阻特性传感器。利用导体电阻随温度变化而变化的特性制成的传感器，称为热电阻性传感器。

在测量低于 150℃ 温度时，常用金属导体的电阻随温度变化的特性进行测温。用金属电阻作为感温材料，要求金属电阻温度系数大，电阻与温度呈线性关系，只要确定电阻的变化就能得知温度的高低。感温材料中首选铜、铂和镍。

在使用热电阻测温时，要充分注意热电阻与外部导线的连接，不管外接导线长短，必须使导线电阻符合规定值（由检测仪表决定，一般为 5Ω），如果不足，用锰钢电阻丝补齐。为了提高测量精度，常用三线热电阻电桥测量法。

利用半导体的体电阻随温度变化的属性制成温度传感器，是常采用的又一种方法。

半导体的体电阻对温度的感受灵敏度特别高，在一些精度要求不高的测量和控制电路中得到充分应用，铜电阻当温度每变化 1℃，阻值变化 0.4%～0.6%。而半导体电阻温度每变化 1℃，则阻值变化可达 2%～6%，所以其灵敏度要比其他金属电阻高一个数量级，这样将它作为热敏电阻时，其测量和放大线路非常简单。目前半导体热敏电阻的使用温度为 －50～300℃。

② 热电势传感器。以热电偶为材料的热电势传感器。两种不同的导体或半导体连接成闭合回路时，若两个不同材料接点处温度不同，回路中就会出现热电动势。热电动势主要是由接触电势组成。当两种不同导体 A、B 接触时，由于两边自由电子密度不同，在交界面上产生电子的相互扩散，致使在导体 A、B 接触处产生电场，以阻碍电子的进一步扩散，达到最后平衡。平衡时接触电动势取决于两种材料的种类和接触点的温度，这种装置称为热电偶。

③ AD509 双端温度传感器。AD590 是用集成工艺制成的双端温度传感器，根据特性分档，AD590 的后缀用 I、J、K、L、M 表示。AD590L、AD590M 一般用于精密测温，其匹配性能好，一般在同档中选择两个性能接近的并不困难，应用时可根据需要和成本来选择产品的档次。

(2) 压力传感器。

压力传感器是将压力转换成电流或电压的器件,可用于测量压力和物体的位移。

① 利用金属弹性制成的压力传感器。最常用的弹性测量元件有弹簧、弹簧管、波纹管和弹性膜片。这些测压元件是先将压力变化转换成位移的变化,再将位移的变化通过磁电或其他电学的方法转成能方便检测、处理、显示的电学量。

② 压电传感器。压电传感器是利用某些材料的压电效应原理制成的,具有这种效应的材料如压电陶瓷、压电晶体称为压电材料。

(3) 流量传感器。

流量传感器常用节流式、速度式、容积式和电磁式。

① 节流式。在被测管道上安装一节流器件,如孔板、喷嘴、靶、转子等,使流体流过这些阻挡体时,根据流体对节流元件的推力和节流元件前后的压力差来测定流量的大小。

② 速度式。常用的是涡流流量计,该流量计是在导管中心轴上安装一个涡轮,流体推动涡轮转动,涡轮的转速正比于流体的流量。涡轮的叶片采用导磁材料制成,在非导磁材料做成的导管外面安放一组套有感应线圈的磁铁,涡轮旋转,每片叶片经过磁铁时改变磁通量,磁通量变化感应出电脉冲来测量流量。

③ 容积式。通常有椭圆齿轮流量计,它靠一对加工精良的椭圆齿轮在一个转动周期里,排出一定量的流体,只要累计计出齿轮转动的圈数,就可以得知一段时间内的流体总量。这种流量计是按照固定的排出量计算流体的流量,只要椭圆齿轮加工精确,防止腐蚀的磨损,就可达到极高的测量精度,一般可达到 0.2%～0.55%,所以经常作为精密测量用,该流量计经常用于高黏度的流体测量。

④ 电磁式。常用在测量导电液体流量上,被测液体的电导率应小于 $50\sim100\mu\Omega/cm$。它利用导电液体通过安装在测量管两侧的固定磁场,在两固定电极上感应出电动势,电动势大小与流量大小成正比。

(4) 液位检测传感器。

① 电阻式液位传感器。电阻式液位传感器是利用液体的电阻来作为监控的对象,在液体介质中安装几个金属接点,利用介质的导电性接通检测控制回路,检测液体液位的高低。

该检测仪表结构简单,价格便宜,但只能用于无腐蚀液体中,否则液体的腐蚀会使弹簧的弹性系数发生变化,给测量带来误差。该仪表适用于 200cm 以内、密度为 0.1～0.5g/cm^3 液体界面的连续测量。

② 电容式液位传感器。电容式液位计是利用电容变化测量液体液位变化的测量仪器。

2) 终端设备

传感器把温度、湿度、压力等物理量,转换成电量后,送到控制器中,控制器根据控制要求,把输入的电量与设定值相比较,将其偏差经相应的调节后输出一开/关或连续的控制信号,去调节控制相应的调节机构,使其达到控制目的。

(1) 执行机构。

调节器发出的调节指令,根据一定的动作规律(二位、比例、积分、PID 等)驱动调节机构动作。按照执行机构的运动方式，分角行程执行机构和直行程执行机构；按照执行机构所用的辅助能源，可分气动、电动和液动三种。

（2）调节机构。

调节机构接受执行机构输出的轴向或转角位移，改变几何位置，达到被控量的自动控制。

2. 常用的控制系统

用计算机来代替控制器，就构成了计算机控制系统。由于计算机处理的是数字信号，对于控制系统中开关信号的处理非常简单，而对于控制系统中模拟信号的处理必须经过模/数和数/模转换，因此在计算机控制器中要有将模拟信号转换为数字信号的模数（A/D，Analog to Digital）转换器，以及将数字信号转换为模拟信号的（D/A，Digital to Analog）转换器。也要有相应的模拟输入和模拟输出接口，不经过模/数或数/模转换的数字输入和数字输出接口。

3. 检测仪表

1）温度检测仪表

（1）压力式温度计。压力式温度计是利用密封系统中测温物质的压力随温度变化来测量温度。它由密封测量系统和指示仪两部分组成。按其所充测温物质的相态，分为充气式、充液式和蒸汽式三种；按它的功能可分为指示式、记录式、报警式和温度调节式等类型。

（2）双金属温度计。它的感温元件是由膨胀系数不同的两种金属片牢固地结合在一起而制成。

（3）玻璃液位温度计。

（4）热电偶温度计。热电偶的工作端（也称热端）直接插入待测介质中以测量温度，热电偶的自由端（冷端）则与显示仪表相连接，测量热电偶产生的热电势。

（5）热电阻温度计。热电阻温度计是一种较为理想的高温测量仪表，由热电阻、连接导线及显示仪表组成。热电阻分为金属热电阻和半导体热敏电阻两类。

2）压力检测仪表

（1）一般压力表。一般压力表适用于测量无爆炸危险、不结晶、不凝固及对钢及铜合金不起腐蚀作用的液体、蒸汽和气体等介质的压力。

（2）远传压力表。它由一个弹簧管压力表和一个滑线电阻传送器构成。滑线电阻传送器固定在表壳内，而电刷则与弹簧管自由端传动机构连接，当弹簧管受压力后，一方面带动指示指针偏转，另一方面使电刷在电阻器上滑行，使被测压力值的位移转换成电阻值的变化，测出电阻值大小，显示仪表读出相应压力值，电阻远传压力表适用于测量对钢及钢合金不起腐蚀作用的液体、蒸汽和气体等介质的压力。

（3）电接点压力表。电接点压力表由测量系统、指示系统、磁助电接点装置、外壳、调整装置和接线盒（插头座）等组成。电接点压力表的工作原理是基于测量系统中的弹簧管在被测介质的压力作用下，迫使弹簧管之末端产生相应的弹性变形——位移，借助拉杆经齿轮传动机构的传动并予放大，由固定齿轮上的指示（连同触头）将被测值在度盘上指示出来。

3）流量仪表

常用的流量仪表有电磁流量计、气远传转子流量计、涡轮流量计、椭圆齿轮流量计和电动转子流量计。

（1）电磁流量计。一种测量导电性流体流量的仪表。它是一种无阻流元件，阻力损失极小，流场影响小，精确度高，直管段要求低，而且可以测量含有固体颗粒或纤维的液体、腐蚀性及非腐蚀性液体，这些都是电磁流量计的优越性。因此，电磁流量计发展很快。

（2）涡轮流量计。涡轮流量计是一种速度式流量计，主要是由涡轮流量变送器和指示计算仪组成，涡轮流量变送器把流量信号转换成电信号，由指示计算仪显示被测介质的体积流量和流体总量，并输出 0～10mA 直流或 4～20mA 直流信号，与调节仪表配套控制流量。涡轮流量计的传感器可分为普通型和高精度耐磨型两种，放大器可分为普通型和隔爆型两种。

（3）椭圆齿轮流量计。椭圆齿轮流量计又称排量流量计，是容积式流量计的一种，在流量仪表中是精度较高的一类。它利用机械测量元件把流体连续不断地分割成单个已知的体积部分，根据计量室逐次、重复地充满和排放该体积部分流体的次数来测量流量体积总量，也可将流量信号转换成标准的电信号传送至二次仪表。它用于精密的连续或间断的测量管道中液体的流量或瞬时流量，特别适合于重油、聚乙烯醇、树脂等黏度较高介质的流量测量。

三、建筑智能化工程

1. 智能建筑系统

智能建筑是以建筑物为平台，兼备信息设施系统、信息化应用系统、建筑设备管理系统、公共安全系统等，集结构、系统、服务、管理及其优化组合为一体，向人们提供安全、高效、便捷、节能、环保、健康的建筑环境。

智能建筑系统由上层的智能建筑系统集成中心（SIC）和下层的 3 个智能化子系统构成。智能化子系统包括楼宇自动化系统（BAS）、通信自动化系统（CAS）和办公自动化系统（OAS）。BAS、CAS 和 OAS 三个子系统通过综合布线系统（PDS）连接成一个完整的智能化系统，由 SIC 统一监管。

2. 建筑自动化系统

建筑自动化系统（BAS）是一套采用计算机、网络通信和自动控制技术，对建筑物中的设备、安保和消防进行自动化监控管理的中央监控系统。根据我国行业标准，建筑自动化系统（BAS）可分为设备运行管理与监控子系统（BA）、消防（FA）子系统和安全防范（SA）子系统。一般情况下，消防（FA）子系统和安全防范（SA）子系统宜纳入 BAS 考虑，但由于消防与安全防范系统的行业管理特殊性，大多数的做法是把消防与安全防范系统独立设置，同时与 BAS 监控中心建立通信联系，以便灾情发生时，能够按照约定实现操作转移，进行一体化的协调控制。

建筑自动化系统（BAS）包括供配电、给排水、暖通空调、照明、电梯、消防、安全防范、车库管理等监控子系统。

3. 安全防范自动化系统

安全防范系统包括防盗报警、电视监控、出入口控制、访客对讲、电子巡更等系统。

1) 防盗报警系统

防盗报警系统就是用探测器对建筑内、外重要地点和区域进行布防的系统。

(1) 系统的组成。

① 探测器。

探测器是用来探测入侵者移动或其他动作的电子和机械部件。探测器通常由传感器和信号处理器组成。有的探测器只有传感器而没有信号处理器。

② 信道。

信道是探测电信号传送的通道。通常分有线信道和无线信道。有线信道是指探测电信号通过双绞线、电话线、电缆或光缆向控制器或控制中心传输。

③ 控制器。

报警控制器由信号处理器和报警装置组成。报警信号处理器是对信号中传来的探测电信号进行处理，判断出电信号中"有"或"无"的情况，并输出相应的判断信号。

④ 控制中心（报警中心）。

为实现区域性的防范，可以把几个需要防范的小区联网到一个报警中心，各个区域报警电信号通过信道传到控制中心，同样控制中心的指令也能回送到各区域。

(2) 常用入侵探测器。

入侵探测器按防范的范围可分为点型、线型、面型和空间型。对入侵探测器要求为应有防拆和防破坏保护，应有抗小动物干扰的能力，应有抗外界干扰的能力。

① 点型入侵探测器。

点型报警探测器是指警戒范围仅是一个点的报警器。如门、窗、柜台、保险柜等这些警戒的范围仅是某一特定部位。比如开关入侵探测器、震动入侵探测器。

② 直线型入侵探测器。

常见的直线型报警探测器为主动红外入侵探测器、激光入侵探测器。探测器的发射机发射出一串红外光或激光，经反射或直接射到接收器上，如中间任意处被遮断，报警器即发出报警信号。

2) 电视监控系统

电视监视系统是在重要的场所安装摄像机，保安人员在控制中心便可以监视现场情况。监视系统接到示警信号后，能自动进行实时录像，供事后重放分析。

(1) 闭路监控的组成和特点。

闭路监控电视系统一般由摄像、传输、控制、图像处理和显示等四个部分组成。

(2) 闭路监控系统的现场设备。

① 摄像机。

它将被摄物体的光图像转变为电信号、视频信号，为系统提供信号源。

② 云台和防护罩。

a. 云台。云台分手动云台和电动云台两种。

b. 防护罩。防护罩的种类很多，按使用的环境不同，区分如下：

摄像机防护罩按其功能和使用环境可分为室内型防护罩、室外型防护罩、特殊型防护罩。

室内型防护罩主要功能是保护摄像机，能防尘、通风，有防盗、防破坏功能，有时也考虑隐蔽作用。

室外防护罩主要功能有防尘、防晒、防雨、防冻、防结露、防雪。室外防护罩一般配有温度继电器，在温度高时自动打开风扇冷却，温度低时自动加热。下雨时可以控制雨刮器刮雨。

c. 解码器。解码器能完成对摄像机镜头，全方位云台的总线控制；有的还能对摄像机电源的通/断进行控制。

（3）控制中心控制设备与监视设备。

主要有视频信号分配器、视频切换器、视频矩阵主机、多画面处理器、硬盘录像机、监视器。

（4）闭路监控系统信号的传输。

闭路监控系统中信号传输的方式由信号传输距离、控制信号的数量等确定。当传输距离较近时采用信号直接传输（基带传输）；当传输距离较远采用射频、微波或光纤传输等，现越来越多采用计算机局域网实现闭路监控信号的远程传输。

3）访客对讲系统

楼宇对讲系统由对讲管理主机、大门口主机、门口主机、用户分机、电控门锁等相关设备组成。访客对讲系统分为可视、非可视、可视与非可视混合、单户型、单元型和联网型等。

4）电子巡更系统

电子巡更系统是在规定的巡查路线上设置巡更开关或读卡器，要求保安人员在规定时间里在规定的路线进行巡逻。

智能小区电子巡更系统应有功能为：实现巡更路线和时间的设定、修改；在小区重要部位及巡更路线上安装巡更点，中心可查阅、打印各巡更人员的到位时间及工作情况，巡更违规记录提示。

4. 火灾报警系统

火灾报警系统由三部分组成，即火灾探测、报警和联动控制。

1）火灾报警系统的设备

（1）火灾探测器。

火灾探测器通常由传感元件、电路、固定部件和外壳等四部分组成。

（2）火灾探测器的类型。

① 按信息采集类型分为感烟探测器、感温探测器、火焰探测器、特殊气体探测器；
② 按设备对现场信息采集原理分为离子型探测器、光电型探测器、线性探测器；
③ 按设备在现场的安装方式分为点式探测器、缆式探测器、红外光束探测器。

2）火灾报警控制器

火灾报警控制器是能够为火灾探测器供电，并能接收、处理及传递探测点的火警电信号，发出声、光报警信号，同时显示及记录火灾发生的部位和时间，向联动控制器发出联动通信信号的报警控制装置。

3）火灾现场报警装置

主要有手动报警按钮，声、光报警器，警笛，警铃。

4) 消防通信设备

(1) 消防广播。

(2) 消防电话。消防专用电话应为独立的消防通信网络系统。消防控制室应设置消防专用电话总机。重要场所应设置电话分机，分机应为免拨号式的。

第六节 施工组织设计的编制原理与方法

一、施工组织设计的编制原理

(一) 施工组织设计的类型

1. 按编制阶段分类

施工组织设计是指以施工项目为对象编制的，用以指导施工的技术、经济和管理的综合性文件。根据编制阶段的不同，施工组织设计可划分为两类：一类是投标前编制的施工组织设计，简称"标前设计"；另一类是中标后编制的施工组织设计，简称"标后设计"。

(1) 标前设计是投标前编制的施工组织设计，其主要作用是指导工程投标与签订工程承包合同，并作为投标书的一项重要内容（技术标）和合同文件的一部分。在工程投标阶段编好施工组织设计，充分反映施工企业的综合实力，是实现中标、提高市场竞争力的重要途径。

(2) 标后设计是签订工程承包合同后编制的施工组织设计，其主要作用是指导施工前的准备工作和工程施工全过程的进行。

2. 按编制对象范围分类

施工组织设计按编制对象和范围不同可划分为三类：施工组织总设计、单位工程施工组织设计和分部分项工程施工组织设计。具体如下：

(1) 施工组织总设计是以一个建设项目为编制对象，规划其施工全过程各项活动的技术、经济的全局性控制性文件。它是整个建设项目施工的战略部署，涉及范围较广，内容比较概括。一般是在初步设计或扩大初步设计批准后，由总承包单位的总工程师负责，会同建设、设计和分包单位的工程师共同编制。施工组织总设计是施工单位编制年度施工计划和单位工程施工组织设计的依据。

(2) 单位工程施工组织设计是以单位工程为编制对象，用来指导其施工全过程各项活动的技术、经济的局部性、指导性文件。它是拟建工程施工的战术安排，是施工单位年度施工计划和施工组织总设计的具体化，内容更详细。它是在施工图设计完成后，由工程项目主管工程师负责编制的，可作为编制季度、月度计划和分部分项工程施工组织设计的依据。

(3) 分部分项工程施工组织设计是以某些新结构、新工艺、技术复杂的或缺乏施工经验的分部（分项）工程为编制对象（如大型吊装工程、复杂的基础工程以及有特殊要求的高级装饰工程等），用来指导其施工活动的技术、经济文件。它结合施工单位的月、旬作业计划，把单位工程施工组织设计进一步具体化，是专业工程的具体施工设计。

（二）施工组织设计编制原则

施工组织设计的编制应遵循工程项目施工组织的原则，具体表现在以下几方面：

（1）符合施工合同或招标文件中有关工程进度、质量、安全、环境保护、造价等方面的要求。

（2）积极开发、使用新技术和新工艺，推广应用新材料和设备。

先进的施工技术是提高劳动效率、改善工程质量、加快施工进度、降低工程成本的主要途径。同时也要注意结合工程特点和现场条件，使技术的先进适用性与经济合理性相结合，防止单纯追求先进而忽视经济效益的做法。

（3）坚持科学的施工程序和合理的施工顺序，采用流水施工和网络计划等方法，科学配置资源，合理布置现场，采取季节性施工措施，实现均衡施工，达到合理的经济技术指标。

（4）采取技术和管理措施，推广建筑节能和绿色施工。

必须注意根据地区条件和构件性质，通过技术经济比较，恰当地选择预制方案或现场浇筑方案。确定预制方案时，应贯彻工厂预制与现场预制相结合的方针，努力提高建筑工业化程度，不能盲目追求装配化率的提高。

（5）与质量、环境和职业健康安全三个管理体系有效结合。

（三）施工组织设计编制依据

1. 工程建设有关法律法规及政策；
2. 工程建设标准和技术经济指标；
3. 工程设计文件；
4. 工程施工合同文件；
5. 工程现场条件，工程地质与水文地质、气象等条件；
6. 与工程有关的资源供应条件；
7. 施工单位的生产能力、机具设备状况及技术水平等。

二、施工组织设计编制内容

施工组织设计的内容是根据不同工程的特点和要求，以及现有的和可能创造的施工条件，从实际出发，决定各种生产要素（材料、机械、资金、劳动力和施工方法等）的结合方式。不同类型的施工组织设计的主要内容各不相同，一般包括以下基本内容。

（一）施工部署

施工部署是指对整个建设项目进行统筹规划、全面安排，并对工程施工中的重大战略问题进行决策。

（二）施工进度计划

施工进度计划是施工方案在时间上的体现和安排。编制施工进度计划应采用先进的计划理论和方法（如流水施工横道图、垂直图、网络图等），合理确定施工顺序和各工序的作业时间，使工期、成本和资源的利用达到最佳结合状态，即资源均衡、工期合理、成本低。其主要内容包括编制说明，施工进度计划，分期分批施工工程的开工日期、完工日期以及工期一览表，资源需要量以及供应平衡表等。

（三）施工准备工作计划

总体施工准备应包括技术准备、现场准备和资金准备等，且技术准备、现场准备和资金准备应满足项目分阶段（期）施工的需要。

（1）技术准备应包括施工所需技术资料的准备、施工方案编制计划、试验检验及设备调试工作计划、样板制作计划等；

① 主要分部（分项）工程和专项工程在施工前应单独编制施工方案，施工方案可根据工程进展情况，分阶段编制完成；对需要编制的主要施工方案应制定编制计划；

② 试验检验及设备调试工作计划应根据现行规范、标准中的有关要求及工程规模、进度等实际情况制定；

③ 样板制作计划应根据施工合同或招标文件的要求并结合工程特点制定。

（2）现场准备应根据现场施工条件和工程实际需要，准备生产、生活等临时设施。

（3）资金准备应根据施工进度计划编制资金使用计划。

（四）各项资源需要量计划

（1）主要资源配置计划应包括劳动力配置计划和物资配置计划等。

（2）劳动力配置计划应包括下列内容：

① 确定各施工阶段（期）的总用工量；

② 根据施工总进度计划确定各施工阶段（期）的劳动力配置计划。

（3）物资配置计划应包括下列内容：

① 根据施工总进度计划确定主要工程材料和设备的配置计划；

② 根据总体施工部署和施工总进度计划确定主要周转材料和施工机具的配置计划。

（五）施工平面图设计

（1）施工平面图的目的是未来解决施工平面和空间安排的问题，即把投入的各种资源（如材料、构件、机械、运输等）和生产、生活所需的临建设施和场地，以最佳的方案布置在施工现场，以保证整个现场能有组织、有秩序、有计划地文明施工。

（2）施工现场平面布置图应包括以下内容：

① 工程施工场地状况；

② 拟建建（构）筑物的位置、轮廓尺寸、层数等；

③ 工程施工现场的加工设施、存储设施、办公和生活用房等的位置和面积；

④ 布置在工程施工现场的垂直运输设施、供电设施、供水供热设施、排水排污设施和临时施工道路等；

⑤ 施工现场必备的安全、消防、保卫和环境保护等设施；

⑥ 相邻的地上、地下既有建（构）筑物及相关环境。

（六）主要施工管理计划

施工组织设计的主要施工管理计划应包括进度管理计划、质量管理计划、安全管理计划、环境管理计划、成本管理计划以及其他管理计划等内容。各项管理计划的制订应根据项目的特点有所侧重。

三、施工组织设计的编制方法

(一) 施工方案

1. 施工部署

一般情况下,施工部署的内容包括确定工程开展程序、拟定主要工程项目的施工方案、明确施工任务的划分与组织安排、编制施工准备工作计划等内容。

2. 单位工程施工方案

施工方案是单位工程施工组织设计的核心。其主要内容包括确定施工流向、设备运输及装卸方法、现场组装与焊接方法、吊装与检测方法、调整与试车方法、选择施工机械设备、施工方案的技术经济分析等内容。

3. 分部(分项)工程施工方法

分部(分项)工程施工方法是以某些施工难度大或施工技术复杂的大型设备安装或大型结构构件吊装为对象编制的专门的、更为详细的专业工程施工组织设计文件,是用以指导单位工程中复杂的分部(分项)工程或处于特殊条件下施工的分部(分项)工程的技术措施,用以解决安装施工中的重大技术问题。分部工程施工组织设计突出作业性。

(二) 施工平面布置

1. 施工总平面图设计

施工总平面图是拟建工程项目施工现场的总体平面布置图,用以表示全工地在施工期间所需各项设施和永久性建筑物之间的合理布局关系。它是施工部署在施工空间上的反映,对指导现场进行有组织、有计划的文明施工,节约施工用地,减少场内运输,避免相互干扰,降低工程费用具有重大意义。施工总平面图设计是按照施工部署、施工方案和施工总进度计划的要求,对拟建建筑物、临时性生产和生活设施、临时水电管线、交通运输道路等,在施工现场进行合理、周密的规划和布置,并用图纸的形式将其表达出来。

2. 施工平面图设计

单位工程施工现场平面图是施工时施工现场的平面规划与布置图,它是单位工程施工组织设计的主要组成部分。一张好的施工平面布置图将会提高施工效率,保证施工进度计划有条不紊地顺利实施。反之,如果施工平面图设计不周或施工现场管理不当,都将会导致施工现场的混乱,直接影响施工进度、劳动生产率和工程成本。单位工程施工平面图设计的主要依据是单位工程的施工方案和施工进度计划,一般按 1∶500～1∶200 的比例绘制。

(三) 施工组织设计的实施

1. 施工组织设计的审核及批准

(1) 施工组织设计实施前应严格执行编制、审核、审批程序。

没有批准的施工组织设计不得实施。

(2) 施工组织设计编制,应坚持"谁负责实施,谁组织编制"的原则。

① 对于规模大、工艺复杂的工程、群体工程或分期出图的工程,可分阶段编制和

报批。

② 施工组织总设计由施工总承包单位组织编制。当工程未实行施工总承包时，施工组织总设计应由建设单位负责组织各施工单位编制，单位工程或专项工程施工组织设计由施工单位组织编制。

（3）施工组织设计编制、审核和审批工作实行分级管理制度。

① 施工组织总设计应由总承包单位技术负责人审批后，向监理报批。单位工程施工组织设计应由施工单位技术负责人或技术负责人授权的技术人员审批；重点、难点分部（分项）工程施工方案应由施工单位技术部门组织相关专家评审，施工单位技术负责人批准；施工单位完成内部编制、审核、审批程序后，报总承包单位审核、审批；然后由总承包单位项目经理或其授权人签章后，向监理报批。

② 工程未实行施工总承包的，施工单位完成内部编制、审核、审批程序后，由施工单位项目经理或其授权人签章后，向监理报批。

③ 有些分部（分项）工程或专项工程，如主体结构为钢结构的大型建筑工程，其钢结构分部规模很大且在整个工程中占有重要的地位，需另行分包，遇有这种情况的分部（分项）工程或专项工程，其施工方案应按施工组织设计进行编制和审批。

2. 施工组织设计交底

单位工程施工组织设计经项目监理机构审核后，即成为指导施工项目各项施工实践活动的技术经济文件，必须严肃对待，认真执行。在实施项目开工之前，要召开生产、技术会议，逐级进行交底，详细地讲解单位工程施工组织设计的内容、要求、施工环节和保证措施，使各级技术管理人员全面掌握单位工程施工组织设计，保证单位工程施工组织设计贯彻执行。

3. 施工方案交底

（1）工程施工前，施工方案的编制人员应向施工作业人员作施工方案的技术交底。除分项、专项工程的施工方案需进行技术交底外，涉及新产品、新材料、新技术、新工艺即"四新"技术以及特殊环境、特种作业等也必须向施工作业人员交底。

（2）交底内容为该工程的施工程序和顺序、施工工艺、操作方法、要领、质量控制、安全措施等。

4. 施工组织设计的执行

（1）施工组织设计一经批准，应严格执行。发生重大变更，施工组织设计确需修改或补充时，须履行原审批手续。重大变更包括：工程设计有重大修改；有关法律、法规、规范和标准实施、修订和废止；主要施工方法有重大调整；主要施工资源配置有重大调整；施工环境有重大改变等。

（2）组织有关人员在施工过程中做好记录，积累资料，工程结束后及时做出总结。各级生产及技术负责人都要督促、检查施工组织设计的贯彻执行，分析执行情况、适时调整。

第二章　安装工程计量

安装工程计量是对拟建或已完安装工程（实体性或非实体性）数量的计算与确定。安装工程计量可划分为项目设计阶段、承发包阶段、项目实施阶段和竣工验收阶段的工程计量。项目设计阶段的工程计量是根据项目的建设规模、拟生产产品数量、生产方法、工艺流程和设备清单等对拟建项目安装工程量的计算。招投标阶段的工程计量是依据安装施工图对拟建工程予以计量。项目实施阶段的工程计量指根据合同约定及实际完成的安装工程数量进行计量；竣工验收阶段的工程计量是依据竣工图对安装工程进行的最终确认。

在进行计算工程量的过程中，须依据《通用安装工程工程量计算规范》（GB 50856—2013）（以下简称《安装工程计量规范》）、《建设工程工程量清单计价规范》（GB 50500—2013）（以下简称《计价规范》）等图纸和工程计量内容及相关规定等进行计量。

第一节　安装工程识图基本原理与方法

一、电气设备安装工程施工图识读

（一）电气施工图的组成及内容

电气施工图按工程性质分类，可分为变配电工程施工图、动力工程施工图、照明工程施工图、防雷接地工程施工图、弱电工程（通信广播）施工图以及架空线路施工图等。

电气施工图按图纸的表现内容分类，可分为基本图和详图两大类。

1. 基本图

电气施工图基本图包括图纸目录、设计说明、系统图、平面图、立（剖）面图（变配电工程）、控制原理图、设备材料表等。

（1）设计说明。在电气施工图中，设计说明一般包括供电方式、电压等级、主要线路敷设形式及在图中未能表达的各种电气安装高度、工程主要技术数据、施工和验收要求以及有关事项等。根据工程规模及需要说明的内容多少，有的可单独编制说明书，有的因内容简短，可写在图面的空余处。

（2）系统图。电气系统图表明电力系统设备安装、配电顺序、原理和设备型号、数量及导线规格等关系。它不表示空间位置关系，只是示意性地把整个工程的供电线路用单线联结方式来表示的线路图。通过识读系统图可以了解以下内容：

① 整个变、配电系统的联结方式，从主干线至各分支回路分几级控制，有多少个分支回路。

② 主要变电设备、配电设备的名称、型号、规格及数量。

③ 主干线路的敷设方式、型号、规格。

(3) 平面图。电气平面图，一般分为变配电平面图、动力平面图、照明平面图、弱电平面图、室外工程平面图，在高层建筑中有标准层平面图、干线布置图等。

电气平面图的特点是将同一层内不同安装高度的电气设备及线路都放在同一平面上来表示。通过电气平面图的识读，可以了解以下内容：

① 了解建筑物的平面布置、轴线分布、尺寸以及图纸比例。

② 了解各种变、配电设备的编号、名称，各种用电设备的名称、型号以及它们在平面图上的位置。

③ 弄清楚各种配电线路的起点和终点、敷设方式、型号、规格、根数以及在建筑物中的走向、平面和垂直位置。

(4) 控制原理图。控制电器，是指对用电设备进行控制和保护的电气设备。控制原理图是根据控制电器的工作原理，按规定的线段和图形符号绘制成的电路展开图，一般不表示各电气元件的空间位置。

控制原理图具有线路简单、层次分明、易于掌握、便于识读和分析研究的特点，是二次配线的依据。控制原理图不是每套图纸都有，只有当工程需要时才绘制。

识读控制原理图应掌握不在控制盘上的那些控制元件和控制线路的连接方式。识读控制原理图应与平面图核对，以免漏项。

(5) 主要设备材料表。列出该工程所需的各种主要设备、管材、导线管器材的名称、型号、规格、材质、数量。材料设备表上所列主要材料的数量，是设计人员对该项工程提供的一个大概参数，由于受工程量计算规则的限制，所以不能作为工程量来编制预算。

2. 详图

(1) 构件大样图。凡是在做法上有特殊要求，没有批量生产标准构件的，图纸中有专门构件大样图，注有详细尺寸，以便按图制作。

(2) 标准图。标准图是一种具有通用性质的详图，表示一组设备或部件的具体图形和详细尺寸，它不能作为独立进行施工的图纸，而只能视为某项施工图的一个组成部分。

(二) 电气工程施工图识读的一般方法

电气安装工程施工图主要是一些系统图、原理图和接线图，还有少量投影图。对于投影图的识读，关键是要解决好平面与立体的关系，搞清电气设备的装配、连接关系。对于系统图、原理图和接线图，因为它们都是用各种图例符号绘制的示意性图样，不表示平面与立体的实际情况，只表示各种电气设备、部件之间的连接关系。因此，识读电气施工图可以按以下方法进行：

(1) 熟悉各种电气设备的图例符号。在此基础上，才能按施工图主要设备材料表中所列各项设备及主要材料分别研究其在施工图中的安装位置，以便对总体情况有一个概括了解。

(2) 对于控制原理图，要搞清主电路（一次回路系统）和辅助电路（二次回路系统）的相互关系和控制原理及其作用。控制回路和保护回路是为主电路服务的，它起着对主电路的启动、停止、制动、保护等作用。

(3) 对于每一回路的识读应从电源端开始，顺着电源线，依次通过每一电气原件时，都要弄清楚它们的动作及变化，以及由于这些变化可能造成的连锁反应。

（4）具备有关电气的一般原理知识和电气施工技术。

（5）在识图的全过程中要和熟悉预算定额结合起来。把预算定额中的项目划分、包含工序、工程量的计算方法、计量单位等与施工图有机结合起来。

（6）要识读好施工图，还必须进行认真、细致地调查了解工作，要深入现场，深入工人群众，了解实际情况，把在图面上表示不出的一些情况弄清楚。

（7）识读施工图要结合有关的技术资料，如有关的规范、标准、通用图集以及施工组织设计、施工方案等一起识读，将有利于弥补施工图中的不足之处。

（三）变配电工程施工图的识读

电气设备根据它们在生产过程中的功能，分为一次设备和二次设备两大类。一次设备是指直接发、输、变、配电能的主系统上所使用的设备，如发电机、变压器、断路器、隔离开关、自动空气开关、接触器、刀开关、电抗器、电动机、避雷器、熔断器、电流互感器、电压互感器等，二次设备是指对一次设备进行监测、控制、调节、保护以及为运行人员、维护人员提供运行情况或信号所需的电气设备，如测量仪表、继电器、操作开关、按钮、自动控制设备、电子计算机、信号设备以及供给这些设备电能的一些供电装置，如蓄电池、整流器等。以上一次或二次设备只是按照它们在生产过程中的功能划分的，并未考虑其他因素。所以，以上列举的某些一次设备，也常为二次设备使用，如接触器、刀开关、电动机、熔断器等。

由一次设备相互连接，构成发电、输电、变电、配电或进行其他生产的电气回路，称为一次回路，表达一次回路的图样，称为一次回路图或一次回路接线图；由二次设备相互连接，构成对一次设备进行监测、控制、调节和保护的电气回路，称为二次回路图或二次回路接线图。二次回路包括控制回路、监测回路、信号回路、保护回路、调节回路、操作电源回路和励磁回路。

变配电工程常用的施工图有一次回路系统图、二次回路原理接线图、二次回路展开接线图、安装接线图及设备布置图。

（四）动力工程施工图的识读

动力工程是用电能作用于电机来带动各种设备和以电能为能源用于生产的电气装置。动力工程由成套定型的电气设备、小型的或单个分散安装的控制设备（如动力开关柜、箱、盘及闸刀开关等）、保护设备、测量仪表、母线架设、配管、配线、接地装置等组成。动力工程的范围包括从电源引入开始经各种控制设备、配管配线（包括二次配线）到电机或用电设备接线以及接地及对设备和系统的调试等。

动力工程施工图和变配电工程施工图基本相同，主要图样有一次回路系统图、二次回路原理接线图、二次回路展开接线图、安装接线图、平面布置图及盘面布置图等。

（五）电气照明工程施工图的识读

电气照明工程施工图，主要是表示电气照明设备、照明器具（灯具、开关等）安装和照明线路敷设的图样。电气照明工程施工图常用的有电气照明系统图、平面图和施工详图等。

1) 电气照明系统图

电气照明系统图主要是反映整个建筑物内照明全貌的图样，表明导线进入建筑物后电能的分配方式、导线的连接形式，以及各回路的用电负荷等。

2) 电气照明平面图

电气照明平面图是表达电源进户线、照明配电箱、照明器具的安装位置，导线的规格、型号、根数、走向及其敷设方式，灯具的型号、规格以及安装方式和安装高度等的图样。它是照明施工的主要依据。

3) 施工详图

施工详图，是表达电气设备、灯具、接线等具体做法的图样。只有对具体做法有特殊要求时才绘制施工详图。一般情况可按通用或标准图册的规定进行施工。

4) 照明工程施工图的识读步骤

电气照明工程施工图的识读步骤，一般是从进户装置开始到配电箱，再按配电箱的回路编号顺序，逐条线路进行识读直到开关和灯具为止。

二、给排水、采暖工程施工图识读

(一) 给、排水工程施工图表达内容

1) 给排水工程平面图所表达的内容

(1) 给水干管进户点和用水设备以及管道的平面布置、设备数量。

(2) 排水设备和管道的平面布置和设备数量；排水干管出户点及排水方式。

(3) 给水管网的走向和用水设备供给任务的区分。

2) 给排水工程系统图所表达的内容

(1) 给水管道系统的区分和相互间的关系；管道标高、规格型号；阀门的位置、标高、数量；用水设备的规格型号和数量。

(2) 排水管道系统的区分和相互间的关系；排水管道的规格、标高；排水设施的数量和相互间的关系。

(二) 给排水工程施工图分类

(1) 室外管道及附属设备图。指的是城镇居住区和工矿企业厂区的给水排水管道施工图。属于这类图样的有区域管道平面图、街道管道平面图、工矿企业厂区管道平面图、管道纵剖面图、管道上的附属设备图、泵站及水池和水塔管道施工图、污水及雨水出口施工图。

(2) 室内管道及卫生设备图。指一幢建筑物内用水房间以及工厂车间用水设备的管道平面布置图、管道系统平面图、卫生设备、用水设备、加热设备和水箱、水泵等的施工图。

(3) 水处理工艺设备图。指给水厂、污水处理厂的平面布置图、水处理设备图、水流或污流图。

给排水工程施工图按图纸表现的形式可分为基本图和详图两大类。基本图包括图纸目录、施工图说明、材料设备明细表、工艺流程图、平面图、轴测图和立（剖）面图；详图包括节点图、大样图和标准图。

（三）给排水工程施工图标注

1）管道标高

（1）平面图中，管道标高标注方法如图 2.1.1 所示。

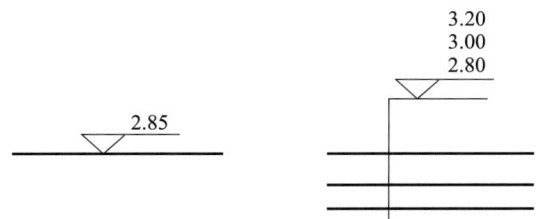

图 2.1.1　平面图中管道标高标注法

（2）剖面图中，管道标高标注方法如图 2.1.2 所示。

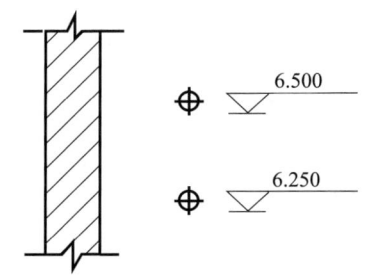

图 2.1.2　剖面图中管道标高标注法

（3）轴测图中，管道标高标注方式如图 2.1.3 所示。

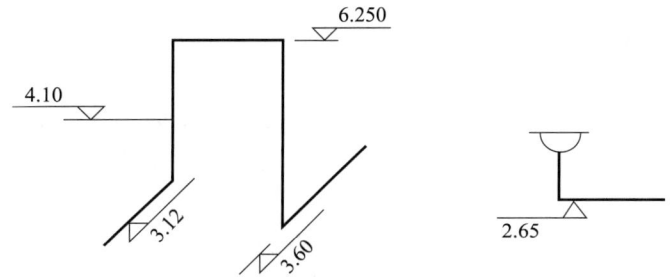

图 2.1.3　轴测图中管道标高标注法

2）管径

管径标注方法如图 2.1.4 所示。

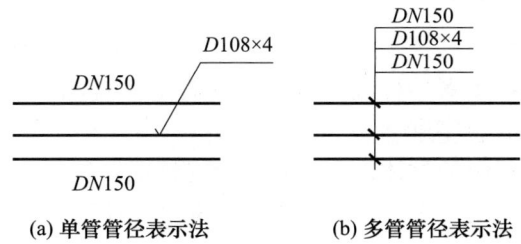

图 2.1.4　管径标注法

3) 管道编号

给水引入、排水排出管编号区分表示方法如图 2.1.5 所示；立管编号表示方法如图 2.1.6 所示。

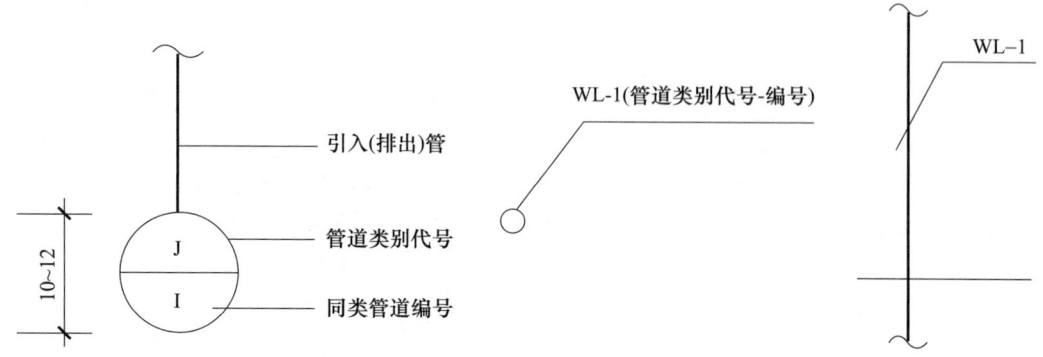

图 2.1.5　给水引入、排水排出管编号表示法　　　图 2.1.6　立管编号表示法

（四）给排水工程施工图识读方法

1) 平面图的识读方法

（1）查明卫生器具、用水设备（开水炉、水加热器等）和升压设备（水泵、水箱）的类型、数量、安装位置、定位尺寸。结合有关详图或技术资料，搞清楚这些器具和设备的构造、接管方式和尺寸。对常用的卫生器具和设备的构造和安装尺寸应心中有数，以便于准确无误地计算工程量。

（2）弄清楚给水引入管和污水排出管的平面位置、走向、定位尺寸，与室外给水排水管网的连接形式、管径、坡度等。给水引入管和污水排出管通常都注上系统编号，编号和管道种类分别写直径为 8～10mm 的圆圈内，圆圈内过圆心画一水平线，线上面标注管道种类。

（3）查明给水排水干管、立管、支管的平面位置、走向、管径及立管编号。

（4）在给水管道上设置水表时，要查明水表的型号、安装位置以及水表前后的阀门设置。

（5）对于室内排水管道，还要查明清通设备的布置情况，明露敷设弯头和三通。有时为了便于清扫，在适当位置设置有门弯头和有门三通（即设有清扫口的弯头和三通），在识读时也要注意；对于大型厂房，要注意是否设置检查井和检查井进口管的连接方向；对于雨水管道，要查明雨水斗的型号、数量及布置情况，并结合详图搞清雨水斗与天沟的连接方式。

2) 系统轴测图的识读方法

（1）查明给水管道系统的具体走向、干管的敷设形式、管径及其变径情况，阀门的设置，引入管、干管及各支管的标高。识读给水管道系统图时，一般按引入管、干管、立管、支管及用水设备的顺序进行。

（2）查明排水管道系统的具体走向、管路分支情况、管径、横管坡度、管道各部标高、存水弯形式、清通设备设置情况、弯头及三通的选用（90°弯头还是 135°弯头，正三通还是斜三通等）。识读排水管道系统图时，一般是按卫生器具或排水设备的存水弯、器具排水管、排水横管、立管、排出管的顺序进行。

（3）在给排水施工图上一般都不表示管道支架，而由施工人员按规程和习惯做法自己确定。给水管支架一般分为管卡、钩钉、吊环和角钢托架，支架需要的数量及规格应在识读图纸时确定下来。

（五）采暖工程施工图内容

采暖工程施工图一般由设计说明书、施工图和设备材料表组成。

（1）设计说明书。设计说明书是用来说明设计意图和施工中需要注意的问题。通常在设计说明书中应说明的事项主要有总耗热量，热媒的来源及参数，各不同房间内温度、相对湿度，采暖管道材料的种类、规格，管道保温材料、保温厚度及保温方法，管道及设备的刷油遍数及要求等。

（2）施工图。采暖施工图分为室外与室内两部分。室外部分表明一个区域内的供热系统热媒输送干管的管网布置情况，其中包括管道敷设总平面图、管道横剖面图、管道纵剖面图和详图；室内部分表明一幢建筑物的供暖设备、管道安装情况和施工要求，其中包括供暖平面图、系统图、详图、设备材料表及设计说明。

（3）设备材料表。采暖工程所需要的设备和材料，在施工图册中都列有设备材料清单，以备订货和采购之用。

（六）室内采暖工程施工图识读方法

1）平面图的识读方法

（1）了解建筑物内散热器（热风机、辐射板等）的平面位置、种类、片数以及散热器的安装方式（是明装、暗装或半暗装）。

（2）了解水平干管的布置方式、干管上的阀门、固定支架、补偿器等的平面位置和型号以及干管的管径。

（3）通过立管编号查清系统立管数量和布置位置。

（4）在热水采暖系统平面图上还标有膨胀水箱、集气罐等设备的位置、型号以及设备上连接管道的平面布置和管道直径。

（5）在蒸汽采暖系统平面图上还有疏水装置的平面位置及其规格尺寸。水平管的末端常积存有凝结水，为了排除这些凝结水，在系统末端设有疏水装置。

（6）查明热媒入口及入口地沟情况。当热媒入口无节点图时，平面图上一般将入口装置组成的各配件、阀件，如减压阀、混水器、疏水器、分水器、分汽缸、除污器、控制阀门等管径、规格以及热媒来源、流向、参数等表示清楚。如果入口装置是按标准图设计的，则在平面图上注有规格及标准图号，识读时可按标准图号查阅标准图。如果施工图中画有入口装置节点图时，可按平面图标注的节点图编号查找热媒入口放大图进行识读。

2）系统轴测图的识读方法

（1）采暖系统轴测图可以清楚地表达出干管与立管之间以及立管、支管与散热器之间的连接方式、阀门安装位置及数量，整个系统的管道空间布置等一目了然。散热器支管都有一定的坡度，其中供水支管坡向散热器，回水支管则坡向回水立管。要了解各管段管径、坡度坡向、水平管的标高、管道的连接方法，以及立管编号等。

(2) 了解散热器类型及片数。光滑管散热，要查明散热器的型号（A 型或 B 型）、管径、排数及长度；翼型或柱型散热器，要查明规格及片数以及带脚散热器的片数；其他采暖方式，则要查明采暖器具的形式、构造以及标高等。

(3) 要查清各种阀件、附件与设备在系统中的位置，凡注有规格型号者，要与平面图和材料明细表进行核对。

(4) 查明热媒入口装置中各种设备、附件、阀门、仪表之间的关系及热媒的来源、流向、坡向、标高、管径等。如有节点详图时，要查明详图编号。

3）详图的识读方法

详图是表明某些供暖设备的制作、安装和连接的详细情况的图样。

室内采暖详图，包括标准图和非标准图两种。标准图包括散热器的连接和安装、膨胀水箱的制作和安装、集气罐和补偿器的制作和连接等，它可直接查阅标准图集或有关施工图。非标准详图是指在平面图、系统图中表示不清的而又无标准详图的节点和做法，则须另绘制出详图。

三、通风空调工程施工图识读

(一) 通风空调工程施工图组成

通风空调工程施工图是由基本图、详图及设计说明等组成的。基本图包括系统原理图、平面图、立面图、剖面图及系统轴测图。详图包括部件的加工制作和安装的节点图、大样图及标准图。

1）设计说明

设计说明中应包括以下内容：

(1) 工程性质、规模、服务对象及系统工作原理。

(2) 通风空调系统的工作方式、系列划分和组成以及系统总送风、排风量和各风口的送、排风量。

(3) 通风空调系统的设计参数。如室外气象参数、室内温湿度、室内含尘浓度、换气次数以及空气状态参数等。

(4) 施工质量要求和特殊的施工方法。

(5) 保温、油漆等的施工要求。

2）系统原理方框图

系统原理方框图是综合性的示意图，它将空气处理设备、通风管路、冷热源管路、自动调节及检测系统连接成一个整体，构成一个整体的通风空调系统。它表达了系统的工作原理及各环节的有机联系。这种图样一般通风空调系统无须绘制，只有在比较复杂的通风空调工程才需绘制。

3）系统平面图

在通风空调系统中，平面图上表明风管、部件及设备在建筑物内的平面坐标位置。其中包括以下几项：

(1) 风管，送风口，回（排）风口，风量调节阀、测孔等部件和设备的平面位置、与建筑物墙面的距离及各部位尺寸。

(2) 送、回（排）风口的空气流动方向。

(3) 通风空调设备的外形轮廓、规格型号及平面坐标位置。

4) 系统剖面图

剖面图上表明通风管路及设备在建筑物中的垂直位置、相互之间的关系、标高及尺寸。在剖面图上可以看出风机、风管及部件、风帽的安装高度。

5) 系统轴测图

系统轴测图又叫透视图。通风、空调系统管路纵横交错，在平面图和剖面图上难以表达管线的空间走向，采用轴测投影绘制出管路系统单线条的立体图，可以完整而形象地将风管、部件及附属设备之间的相对位置的空间关系表示出来。系统轴测图上还注明风管、部件及附属设备的标高，各段风管的断面尺寸，送、回（排）风口的形式和风量值等。

6) 详图

详图又称大样图，包括制作加工详图和安装详图。如果是国家通用标准图，则只标明图号，不再将图画出，需要时直接查标准图即可。如果没有标准图，必须画出大样图，以便加工、制作和安装。

通风空调详图表明风管、部件及设备制作和安装的具体形式、方法和详细构造及加工尺寸。对于一般性的通风空调工程，通常都使用国家标准图册，而对于一些有特殊要求的工程，则由设计部门根据工程的特殊情况设计施工详图。

（二）通风空调工程施工图识读方法

阅读通风空调安装工程图，要从平面图开始，将平面图、剖面图、系统透视图结合起来对照阅读，一般情况下可以顺着气流的流动方向逐段阅读。对于排风系统，可以从吸风口看起，沿着管路直到室外排风口。如图 2.1.7 所示为某通风系统的平面图、剖面图和系统轴测图。

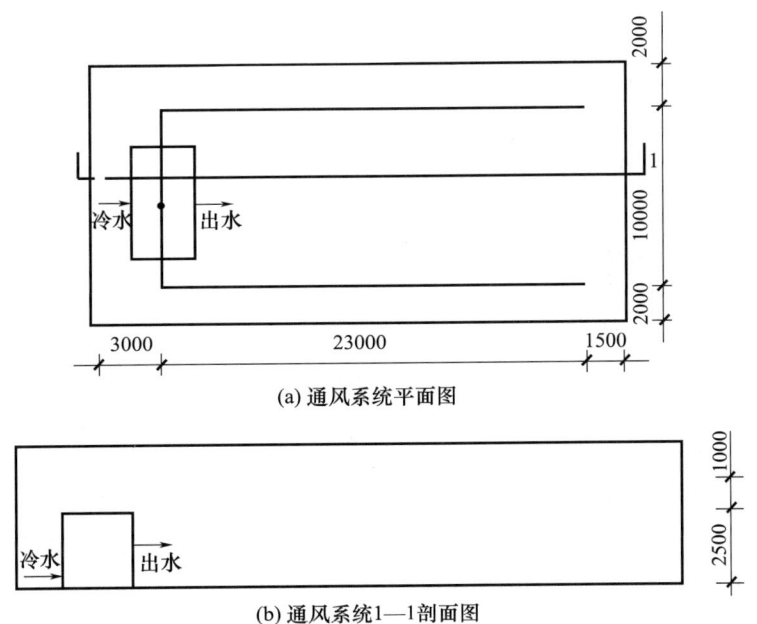

(a) 通风系统平面图

(b) 通风系统1—1剖面图

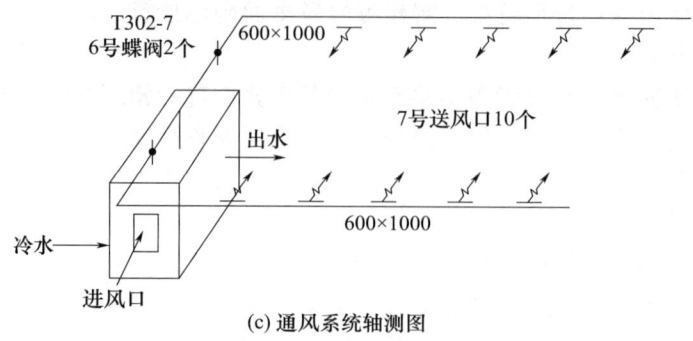

(c)通风系统轴测图

图 2.1.7　某通风系统施工图（单位：mm）

1）平面图的识读

通过对平面图的识读，可以了解到该通风系统有一台空调器，空调器是用冷（热）水冷却（加热）空气的。空气从进风口进入空调机，经冷却或加热后，由空调器内风机从顶部送出，空气出机后分为两路送往各用风点。

2）剖面图、轴测图的识读

从剖面图和轴测图可知，风管是 600mm×1000mm 的矩形风管。风管上装 6 号蝶阀两个，图号为 T302-7。风管系统中共有 7 号送风口 10 个。从剖面图上可以知道，风管安装高度为 3.5m。

在实际工作中，在细读通风空调施工图时往往是平面图、剖面图、系统轴测图等几种图样结合起来一起识读，可以随时对照，一种图未表达清楚的地方可以立即看另一种图。这样既可以节省看图时间，又能对图纸看得深透，还能发现图纸中存在的问题。

第二节　安装工程工程量计算规则

安装工程造价采用清单计价的，其工程量的计算应按照现行国家标准的《通用安装工程工程量计算规范》（GB 50856—2013）附录中安装工程工程量清单项目及计算规则进行工程计量，以工程量清单的形式表现。工程量清单是载明建设工程分部分项工程项目、措施项目、其他项目的名称、单位和相应数量以及规费、税金项目等内容的明细清单。

一、安装工程计量规定和项目划分

（一）安装工程计量规定

（1）招标工程量清单应由具有编制能力的招标人或受其委托、具有相应资质的工程造价咨询人编制。工程量清单标明的工程量是投标人投标报价的共同基础，投标人工程量必须与招标人提供的工程量一致。

（2）《通用安装工程工程量计算规范》适用于安装工程的计量和工程计量清单编制。

（3）本规范的计算尺寸，以设计图纸表示的或设计图纸能读出的尺寸为准。除另有规定外，工程量的计量单位应按下列规定计算：

① 以体积计算的为立方米（m³）；

② 以面积计算的为平方米（m²）；

③ 以长度计算的为米（m）；
④ 以质量计算的为吨（t）；
⑤ 以台（套或件等）计算的为台（套或件等）。

汇总工程量时，其精确度取值：以"m^3""m^2""m"为单位，应保留两位小数；以"t"为单位，应保留三位小数；以"台""套"或"件"等为单位，应取整数，两位或三位小数后的位数按四舍五入法取舍。

（4）计算工程量时，应依施工图纸顺序，分部、分项依次计算，并尽可能采用计算表格及计算机计算，简化计算过程。

（5）安装工程工程量的计量除依据《通用安装工程工程量计算规范》（GB 50856—2013）各项规定外，还应依据以下文件：

① 国家或省级、行业建设主管部门颁发的计价依据和办法。
② 经审定通过的施工设计图纸及其说明、施工组织设计或施工方案、其他有关技术经济文件。
③ 与建设工程有关的标准、规范、技术资料。
④ 拟定的招标文件。
⑤ 施工现场情况、地勘水文资料、工程特点及常规施工方案。
⑥ 其他相关资料。

（二）安装工程计量项目的划分

在《通用安装工程工程量计算规范》（GB 50856—2013）中，按专业、设备特征或工程类别分为机械设备安装工程、热力设备安装工程等13部分，形成附录A～附录N。

工程量清单是以单位（项）工程为单位编制。在编制工程量清单时，在同一份工程量清单中所列的分部分项工程清单项目的编码不得重码。

在编制分部分项工程量清单时，应根据《通用安装工程工程量计算规范》（GB 50856—2013）规定的项目编码、项目名称、项目特征、计量单位和工程量计算规则进行编制，各个分部分项工程量清单必须包括五部分：项目编码、项目名称、项目特征、计量单位和工程量，缺一不可。

《通用安装工程工程量计算规范》（GB 50856—2013）适用于工业、民用、公共设施建设安装工程的计量和工程计量清单编制。在进行安装工程工程量计量时，除应遵守本规范外，尚应符合现行国家标准的规定。

（三）《安装工程计量规范》与其他计量规范相关内容界线划分

（1）安装工程中的电气设备安装工程与市政工程中的路灯工程界定：厂区、住宅小区的道路路灯安装工程、庭院艺术喷泉等电气设备安装工程按《安装工程计量规范》"电气设备安装工程"相应项目执行；涉及市政道路、市政庭院等电气安装工程的项目，按《市政工程工程量计算规范》（GB 50857—2013）中"路灯工程"的相应项目执行。

（2）安装工业管道与市政工程管网工程的界定：给水管道以厂区入口水表井为界；排水管道以厂区围墙外第一个污水井为界；热力和燃气以厂区入口第一个计量表（阀门）为界。

（3）安装给排水、采暖、燃气工程与市政工程管网工程的界定：室外给排水、采暖、燃气管道以市政管道碰头井为界；厂区、住宅小区的庭院喷灌及喷泉水设备安装按《通用安装工程工程量计算规范》（GB 50856—2013）相应项目执行；公共庭院喷灌及喷泉水设备安装按《市政工程工程量计算规范》（GB 50857—2013）管网工程的相应项目执行。

（4）涉及管沟、坑及井类的土方开挖、垫层、基础、砌筑、抹灰、地沟盖板预制安装、回填、运输、路面开挖及修复、管道支墩的项目，按《房屋建筑与装饰工程工程量计算规范》（GB 50854—2013）和《市政工程工程量计算规范》（GB 50857—2013）的相应项目执行。

二、机械设备工程计量

（一）输送设备和电梯计量

（1）斗式提升机应按胶带式或链式，区分其不同型号和公称高度；刮板输送机按设备的不同槽宽，区分其输送机卡度（驱动装置）的不同组数；板式（裙式）输送机按链板的不同宽度，区分其不同链轮中心距；螺旋输送机按设备的不同公称直径，区分其不同机身长度；悬挂式输送机按设备的不同名称，区分其不同分类和不同节距；固定式胶带输送机按设备的不同带宽，区分其不同输送长度；卸矿车及皮带杆按设备的不同名称，区分其不同带宽；交流半自动电梯按电梯的不同层数和站数；分别以"台"为单位计算。

（2）交流自动电梯及直流自动快速电梯、直流自动高速电梯、小型杂物电梯安装的工程量计算，应按电梯的不同层数和站数，分别以"部"为单位计算。

（3）电梯增减厅门、轿厢安装的工程量计算，应按厅门或轿厢门，区分其不同控制（手动或自动）及小型杂物电梯，分别以"个"为单位计算。

（4）电梯增减提升高度的工程量以"m"为单位计算。

（5）电梯金属门套安装的工程量以"套"为单位计算。

（6）直流电梯发电机组安装的工程量以"组"为单位计算。

（7）角钢、牛腿制作与安装的工程量以"个"为单位计算。

（8）电梯机器钢板底座制作的工程量计算，应区分交流电梯或直流电梯，分别以"座"为单位计算。

（二）泵、风机和压缩机计量

（1）单级离心式泵及离心式耐腐蚀泵、多级离心泵、锅炉给水泵、冷凝水泵、热循环水泵、离心式油泵、离心式杂质泵、离心式深井泵、DB型高硅铁离心泵、蒸汽离心力、旋涡泵、电动往复泵、高压柱塞泵（3～4柱塞）、高压高速柱塞泵（6～24柱塞）、蒸汽往复泵、计量泵、螺杆泵及齿轮油泵、真空泵、屏蔽泵安装的工程量计算，应按泵的不同名称，区分其不同质量，分别以"台"为单位计算。

（2）泵拆装检查，应按泵的不同名称，区分其不同质量，分别以"台"为单位计算。

（3）直联式泵包括本体、电动机及底座的总质量；非直联式的不包括电动机质量；深井泵的质量包括本体、电动机、底座及设备扬水管的总质量，分别以"台"为单位计算。

（4）离心式通（引）风机、轴流通风机、回转式鼓风机、离心式鼓风机（带增速机）、离心式鼓风机（不带增速机）安装的工程量计算，应按风机的不同名称，区分其不同质量，分别以"台"为单位计算。

（5）风机拆装检查，应按风机的不同名称，区分其带增速机或不带增速机和设备的不同质量，分别以"台"为单位计算。

（6）压缩机安装，应按设备的不同规格、型号、名称，区分其不同质量，分别以台为单位计算；离心式压缩机拆装检查的工程量计算，应按设备的不同质量，分别以"台"为单位计算。

（三）工业炉和煤气发生设备计量

（1）工业炉设备，应按工业炉的不同名称、型号，区分其不同质量；解体结构井式热处理炉的不同质量；煤气发生设备按炉膛的不同内径（m），区分其不同质量和有无支柱；洗涤塔按塔的不同直径和高度；电气滤清器按设备的不同型号；竖管安装按单竖管或双竖管，单竖管应区分其不同高度和直径，双竖管区分其不同直径；以上设备分别以"台"为单位计算。

（2）附属设备安装。

① 废热锅炉、废热锅炉竖管、除尘器、旋涡除尘器、除灰水封、隔离水封，应按设备的不同名称及不同直径和高度，分别以"台"为单位计算。

② 总管沉灰箱、总管清理水封、钟罩阀、盘阀，应按设备的不同名称，区分其不同直径，分别以"台"为单位计算。

③ 焦油分离机，以"台"为单位计算。

三、热力设备安装工程计量

（一）热力设备安装工程量计量说明

（1）热力设备安装工程适用于130t/h以下的锅炉和2.5万kW（25MW）以下的汽轮发电机组的设备安装工程及其配套的辅机、燃料、除灰和水处理设备安装工程。

（2）中、低压锅炉的划分：蒸发量为35t/h的链条炉，蒸发量为75t/h及130t/h的煤粉炉和循环流化床锅炉为中压锅炉；蒸发量为20t/h及以下的燃煤、燃油（气）锅炉为低压锅炉。

（3）下列通用性机械应按照《通用安装工程工程量计算规范》（GB 50856—2013）附录A机械设备安装工程的相关项目编码列项：

① 锅炉风机安装项目中，除了中压锅炉送、引风机以外的其他风机安装。

② 系统的泵类安装项目中，除了电动给水泵、循环水泵、凝结水泵、机械真空泵以外的其他泵的安装。

③ 起重机械设备安装，包括汽机房桥式起重机等。

④ 柴油发动机和压缩空气机安装。

（4）各系统的管道安装，除了由设备成套供应的管道和包括在设备安装工作内容中的润滑系统管道以外，应按《通用安装工程工程量计算规范》（GB 50856—2013）附录H工业管道工程的相关项目编码列项。

(5) 热力系统设备的防腐和刷漆,除了已包括在设备安装工作内容中的非保温设备表面底漆修补以外,应按《通用安装工程工程量计算规范》(GB 50856—2013)附录 M 刷油、防腐蚀、绝热工程的相关项目编码列项。

(6) 热力系统设备和系统管道的保温,除了锅炉炉墙砌筑以外,应按《通用安装工程工程量计算规范》(GB 50856—2013)附录 M 刷油、防腐蚀、绝热工程的相关项目编码列项。

(7) 烟、风、煤管道制作应按《通用安装工程工程量计算规范》(GB 50856—2013)附录 C 静置设备与工艺金属结构制作安装工程的相关项目编码列项。

(8) 以下工作内容应包括在相应的安装项目中:
① 汽轮机、凝汽器等大型设备的拖运、组合平台的搭、拆。
② 除炉墙砌筑脚手架外的施工脚手架和一般安全措施。
③ 设备的单体试转和分系统调试试运配合。
④ 设备基础二次灌浆的配合。

(9) 设备支架和应由设备制造厂配套供货的平台、护梯及围栏的制作不包括在安装项目中。需要加工、配制的,可按业主单位委托施工单位另行处理。

(10) 锅炉本体设备组合平台支架的搭拆、炉墙砌筑脚手架搭拆、发电机静子起吊措施应按《通用安装工程工程量计算规范》(GB 50856—2013)附录 N 措施项目相关项目编码列项。

(11) 由国家或地方检测部门进行的各类检测应按《通用安装工程工程量计算规范》(GB 50856—2013)附录 N 措施项目相关项目编码列项。

(二) 热力设备安装工程量计量规则

1) 中压锅炉本体安装

(1) 中压锅炉架、水冷系统、过热系统、省煤器、本体管路系统、锅炉本体结构、锅炉本体平台扶梯、除渣装置等应根据项目特征〔结构形式、蒸汽出率(t/h)〕,以"t"为计量单位,按制造厂的设备安装图示质量计算。

(2) 汽包应根据项目特征〔结构形式、蒸汽出率(t/h)、质量〕,以"台"为计量单位,按设计图示数量计算。

(3) 回转式空气预热器应根据项目特征(结构形式、转子直径、质量),以"台"为计量单位,按设计图示数量计算。

(4) 管式空气预热器应根据项目特征(结构形式),以"台"为计量单位,按制造厂的设备安装图示质量计算。

(5) 旋风分离器(循环流化床锅炉)应根据项目特征(结构类型、直径),以"t"为计量单位,按制造厂的设备安装图示质量计算。

(6) 炉排及燃烧装置应根据项目特征〔结构形式、蒸汽出率(t/h)〕,以"套"为计量单位,按设计图示数量计算。

2) 中压锅炉分部试验及试运

锅炉清洗及试验应根据项目特征〔结构形式、蒸汽出率(t/h)〕,以"台"为计量单位,按整套锅炉计量。

3) 中压锅炉风机安装

送、引风机应根据项目特征（用途、名称、型号、规格），以"台"为计量单位，按设计图示数量计算。

4) 中压锅炉除尘装置安装

除尘器应根据项目特征［名称、型号、结构形式、筒体直径、电感面积（m^2）］，以"台"为计量单位，按设计图示数量计算。

5) 中压锅炉制粉系统安装

磨煤机、给煤机、叶轮给粉机、螺旋输粉机应根据项目特征（名称、型号、出力），以"台"为计量单位，按设计图示数量计算。

6) 中压锅炉烟、风、煤管道安装

烟道、热风道、冷风道、制粉管道、送粉管道、原煤管道应根据项目特征（管道形状、管道断面尺寸、管壁厚度），以"t"为计量单位，按设计图示质量计算。

7) 中压锅炉其他辅助设备安装

（1）扩容器、消音器应根据项目特征（名称、型号、出力、结构形式、质量），以"台"为计量单位，按设计图示质量计算。

（2）暖风器应根据项目特征（名称、型号、出力、结构形式、质量），以"只"为计量单位，按设计图示质量计算。

（3）测粉装置应根据项目特征（名称、型号、标尺比例），以"套"为计量单位，按设计图示质量计算。

（4）煤粉分离器应根据项目特征（结构类型、直径、质量），以"只"为计量单位，按设计图示质量计算。

8) 中压锅炉炉墙砌筑

敷管式及膜式水冷壁炉墙和框架式炉墙砌筑、循环流化床锅炉旋风分离器内衬砌筑、炉墙耐砖砌筑应根据项目特征（砌筑材料名称、规格、砌筑厚度、保温制品名称及保温厚度、填塞材料名称），以"m^3"为计量单位，按设计图示的设备表面尺寸以体积计算。

9) 汽轮发电机本体安装

（1）汽轮机应根据项目特征（结构形式、型号、质量），以"台"为计量单位，按设计图示数量计算。

（2）发电机、励磁机应根据项目特征［结构形式、型号、发电机功率（MW）、质量］，以"台"为计量单位，按设计图示数量计算。

（3）汽轮发电机空负荷试运转应根据项目特征（机组容量），以"台"为计量单位，按设计系统计算。

10) 卸煤设备安装

（1）抓斗应根据项目特征（型号、跨度、高度、起重量），以"台"为计量单位，按设计图示数量计算。

（2）斗链式卸煤机应根据项目特征（型号、规格、输送量），以"台"为计量单位，按设计图示数量计算。

11) 碎煤设备安装

（1）反击式碎煤机、锤击式破碎机应根据项目特征（型号、功率），以"台"为计量单位，按设计图示数量计算。

(2) 筛分设备应根据项目特征（名称、型号、规格），以"台"为计量单位，按设计图示数量计算。

12) 上煤设备安装

(1) 皮带机、配仓皮带机应根据项目特征（型号、长度、皮带宽度），以"台"或"m"为计量单位，按设计图示数量计算或设计图示长度计算。

(2) 输煤转运站落煤设备应根据项目特征（型号、质量），以"套"为计量单位，按设计图示数量计算。

(3) 皮带秤、机械采样装置及除木器应根据项目特征（名称、型号、规格），以"台"为计量单位，按设计图示数量计算。

13) 水力冲渣、冲灰设备安装

(1) 捞渣机、碎渣机、水力喷射器、箱式冲灰器应根据项目特征［型号、出力（t/h）］，以"台"为计量单位，按设计图示数量计算。

(2) 渣仓应根据项目特征［容积（m^3）、钢板厚度］，以"t"为计量单位，按设计图示设备质量计算。

14) 气力除灰设备安装

(1) 负压风机、灰斗气化风机应根据项目特征［型号、功率（kW）］，以"台"为计量单位，按设计图示数量计算。

(2) 布袋收尘器、袋式排气过滤器应根据项目特征［型号、规格（m^2）］，以"台"为计量单位，按设计图示数量计算。

15) 化学水预处理系统设备安装

(1) 反渗透处理系统应根据项目特征［型号，出力（t/h），附属设备型号、规格］，以"套"为计量单位，按设计图示数量计算。

(2) 凝聚澄清过滤系统应根据项目特征［名称，型号，规格，出力（t/h），容积（m^3），附属设备型号、规格］，以"套"为计量单位，按设计图示数量计算。

16) 锅炉补给水除盐系统设备安装

(1) 机械过滤系统、除盐加混床设备应根据项目特征［名称、型号、规格、直径或容积（m^3）、树脂高度］，以"套"为计量单位，按设计图示数量计算。

(2) 除二氧化碳和离子交换设备应根据项目特征［名称、型号、出力（t/h）、直径、树脂高度］，以"套"为计量单位，按设计图示数量计算。

17) 凝结水处理系统设备安装

凝结水处理系统设备应根据项目特征［名称、型号、规格、出力（t/h）、容积或直径、树脂高度］，以"套"为计量单位，按设计图示数量计算。

注：凝结水处理设备包括离子交换器、再生器、过滤器、树脂储存罐、树脂捕捉器、树脂喷射器、酸碱储存罐、计量箱、喷射器和水泵的安装。

18) 循环水处理系统设备安装

循环水处理及加药设备应根据项目特征［名称、型号、规格、出力（t/h）、直径］，以"套"为计量单位，按设计图示数量计算。

注：循环水处理及加药设备包括钠离子软化器、食盐溶解过滤器、加药设备、凝汽器铜管镀膜设备、空压机和起重设备安装。

19）给水、炉水校正处理系统设备安装

给水、炉水校正处理设备应根据项目特征［名称、型号、出力（t/h）、容积或直径］，以"套"为计量单位，按设计图示数量计算。

注：给水、炉水校正处理设备包括汽水取样设备、炉内水处理装置、药液的制备、计量设备和输送泵的安装。

20）脱硫设备安装

（1）石粉仓、吸收塔应根据项目特征［型号、出力（t/h）、容积或直径］，以"t"为计量单位，按设计图示质量计算。

（2）脱硫附属机械及辅助设备应根据项目特征（名称、型号、规格），以"套"为计量单位，按设计图示数量计算。

注：脱硫附属机械及辅助设备包括增压风机、烟气换热器、真空皮带脱水机、旋流器和循环浆液泵的安装。

21）低压锅炉本体设备安装

（1）成套整装锅炉应根据项目特征［结构形式、蒸汽出率（t/h）、热功率（MW）］，以"台"为计量单位，按设计图示数量计算。

（2）散装和组装锅炉应根据项目特征［结构形式、蒸汽出率（t/h）、热功率（MW）］，以"台"或"t"为计量单位，按设计图示数量计算或按设计图示质量计算。

注：①散装和组装锅炉，不包括设备的包装材料、加固件的质量。

②结构形式指成套锅炉（包括立式或快装锅炉），散装锅炉和组装锅炉。

③按供货状态确定计量单位：组装锅炉按"台"，散装锅炉按"t"。

22）低压锅炉辅助设备安装

（1）除尘器应根据项目特征（名称、型号、规格、质量），以"台"为计量单位，按设计图示数量计算。

（2）水处理设备应根据项目特征［名称、型号、出力（t/h）］，以"台"为计量单位，按系统设计清单和设备制造厂供货范围计算。

（3）换热器应根据项目特征（型号、质量），以"台"为计量单位，按设计图示数量计算。

（4）输煤设备（上煤机）应根据项目特征（结构形式、型号、规格），以"台"为计量单位，按设计图示数量计算。

（5）除渣机应根据项目特征［型号、输送长度、出力（t/h）］，以"台"为计量单位，按设计图示数量计算。

（6）齿轮式破碎机应根据项目特征（型号、辊齿直径），以"台"为计量单位，按设计图示数量计算。

四、静置设备工程计量

（一）静置设备安装主要工程内容

静置设备安装工程主要包括以下内容：

（1）容器、塔器、换热器的制作；（2）容器、塔器、换热器、反应器等设备的安装；（3）工业炉安装；（4）金属油罐制作、安装；（5）球形罐组对安装；（6）气柜制作、安装；(7) 工艺金属结构制作、安装；(8) 铝制、铸铁、非金属设备安装；(9) 撬块安装。

(二) 工程量计算规则

(1) 静置设备制作——容器制作（项目编码：030301001），应根据项目特征（名称，构造形式，材质，容积，规格，质量，压力等级，附件种类、规格及数量、材质，本体梯子、栏杆、扶手类型、质量，焊接方式，焊缝热处理设计要求），以"台"为计量单位，按设计图示数量计算。其工作内容包括：①本体制作；②附件制作；③容器本体平台、梯子、栏杆、扶手制作、安装；④预热、后热；⑤压力试验。

(2) 静置设备制作——塔器制作（项目编码：030301002），应根据项目特征（名称，构造形式，材质，质量，压力等级，附件种类、规格及数量、材质，本体梯子、栏杆、扶手类型、质量，焊接方式，焊缝热处理设计要求），以"台"为计量单位，按设计图示数量计算。其工作内容包括：①本体制作；②附件制作；③塔本体平台、梯子、栏杆、扶手制作、安装；④预热、后热；⑤压力试验。

(3) 静置设备安装——整体容器安装（项目编码：030302002），应根据项目特征（名称、构造形式、质量、规格、压力等级、安装形式、安装高度、灌浆配合比），以"台"为计量单位，按设计图示数量计算。其工作内容包括：①安装；②吊耳制作、安装；③基础灌浆。

(4) 静置设备安装——整体塔器安装（项目编码：030302004），应根据项目特征（名称、构造形式、质量、规格、安装高度、塔盘结构类型、填充材料种类、灌浆配合比），以"台"为计量单位，按设计图示数量计算。其工作内容包括：①塔器安装；②吊耳制作、安装；③塔盘安装；④设备填充；⑤基础灌浆。

(5) 静置设备安装——热交换器类设备安装（项目编码：030302005），应根据项目特征（名称、构造形式、质量、安装高度、抽芯设计要求、灌浆配合比），以"台"为计量单位，按设计图示数量计算。其工作内容包括：①安装；②地面抽芯检查；③基础灌浆。

(6) 金属油罐中拱顶罐制作安装（项目编码：030304001），应根据项目特征（名称，构造形式，材质，容量，质量，本体梯子、栏杆、扶手类型、质量，安装位置，型钢圈材质，临时加固件材质，附件种类、规格及数量、材质，压力试验设计要求），以"台"为计量单位，按设计图示数量计算。其工作内容包括：①罐本体制作、安装；②型钢圈煨制；③充水试验；④卷板平直；⑤拱顶罐临时加固件制作、安装与拆除；⑥本体梯子、平台、栏杆制作安装；⑦附件制作、安装。

(7) 球形罐组对安装（项目编码：030305001），应根据项目特征（名称，材质，球罐容量，球板厚度，本体质量，本体梯子、栏杆、扶手类型、质量，焊接方式，焊缝热处理技术要求，压力试验设计要求，支柱耐火层材料，灌浆配合比），以"台"为计量单位，按设计图示数量计算。其工作内容包括：①罐形罐吊装；②产品试板试验；③焊缝预热、后热；④球形罐水压试验；⑤球形罐气密性试验；⑥基础灌浆；⑦支柱耐火层施工；⑧本体梯子、平台、栏杆制作安装。

(8) 气柜制作安装（项目编码：030306001），应根据项目特征（名称，构造形式，容量，质量，配重块材质、尺寸、质量，本体平台、梯子、栏杆类型、质量，附件种类、规格及数量、材质，充水、气密、快速升降试验设计要求，焊缝热处理设计要求，灌浆配合比），以"台"为计量单位，按设计图示数量计算。其工作内容包括：①气柜本体制作、安装；②焊缝热处理；③型钢圈煨制；④配重块安装；⑤气柜充水、气密、快速升降试验；⑥平台、梯子、栏杆制作安装；⑦附件制作安装；⑧二次灌浆。

（9）火炬及排气筒制作安装（项目编码：030307008），应根据项目特征（名称、构造形式、材质、质量、筒体直径、高度、灌浆配合比），以"座"为计量单位，按设计图示数量计算。其工作内容包括：①筒体制作组对；②塔架制作组装；③火炬、塔架、筒体吊装；④火炬头安装；⑤二次灌浆。

五、消防工程计量

（一）水灭火系统工程量计算规则

（1）水喷淋、消火栓钢管等，不扣除阀门、管件及各种组件所占长度，按设计图示管道中心线长度以"m"计算。

（2）水喷淋（雾）喷头，安装部位区分有吊顶、无吊顶，按材质、规格等以"个"计算。

（3）报警装置、温感式水幕装置，按型号、规格以"组"计算。

说明：报警装置适用于湿式、干湿两用，电动雨淋，预制作用报警装置的安装。报警装置安装包括装配管（除水力警铃进水管）的安装，水力警铃进水管并入消防管道工程量。其中：

① 湿式报警装置包括：湿式阀、蝶阀、装配管、供水压力表、装置压力表、试验阀、泄放试验阀、泄放试验管、试验管流量计、过滤器、延时器、水力警铃、报警截止阀、漏斗、压力开关等。

② 干湿两用报警装置包括：两用阀、蝶阀、装配管、加速器、加速器压力表、供水压力表、试验阀、泄放试验阀（湿式、干式）、挠性接头、泄放试验管、试验管流量计、排气阀、截止阀、漏斗、过滤器、延时器、水力警铃、压力开关等。

③ 电动雨淋报警装置包括：雨淋阀、蝶阀、装配管、压力表、泄放试验阀、流量表、截止阀、注水阀、止回阀、电磁阀、排水阀、手动应急球阀、报警试验阀、漏斗、压力开关、过滤器、水力警铃等。

④ 预作用报警装置包括：报警阀、控制蝶阀、压力表、流量表、截止阀、排放阀、注水阀、止回阀、泄放阀、报警试验阀、液压切断阀、装配管、供水检验管、气压开关、试压电磁阀、空压机、应急手动试压器、漏斗、过滤器、水力警铃等。

⑤ 温感式水幕装置，包括给水三通至喷头、阀门间的管道、管件、阀门、喷头等全部内容的安装。

（4）水流指示器、减压孔板，按连接形式、型号、规格以"个"计算。减压孔板若在法兰盘内安装，其法兰计入组价中。

（5）末端试水装置，按规格、组装形式以"组"计算。末端试水装置，包括压力表、控制阀等附件安装。末端试水装置安装中不含连接管及排水管安装，其工程量并入消防管道。

（6）集热板制作安装，按材质、支架形式以"个"计算。

（7）室内、外消火栓，按安装方式、型号、规格，附件的材质和规格，以"套"计算。

① 室内消火栓，包括消火栓箱、消火栓、水枪、水龙头、水龙带接扣、自救卷盘、

挂架、消防按钮；落地消火栓箱包括箱内手提灭火器。

② 室外消火栓，安装分地上式和地下式；地上式消火栓安装包括地上式消火栓、法兰接管、弯管底座；地下式消火栓安装包括地下式消火栓、法兰接管、弯管底座或消火栓三通。

（8）消防水泵接合器，按安装部位、型号和规格，附件的材质、规格以"套"计算。消防水泵接合器，包括法兰接管及弯头安装，接合器井内阀门、弯管底座、标牌等附件安装。

（9）灭火器，按型号和规格以"具（组）"计算。

（10）消防水炮，分普通手动水炮、智能控制水炮。按水炮类型、压力等级、保护半径，按设计图示数量以"台"计算。

（二）气体灭火系统工程量计算规则

（1）无缝钢管、不锈钢管，不扣除阀门、管件及各种组件所占长度，按设计图示管道中心线长度，以"m"计算。

（2）不锈钢管管件，按设计图示数量，以"个"计算。

（3）气体驱动装置管道，包括卡、套连接件。按设计图示管道中心线长度，以"m"计算。

（4）选择阀、气体喷头，按设计图示数量，以"个"计算。

（5）储存装置、称重检漏装置、无管网气体灭火装置，按设计图示数量，以"套"计算。

① 储存装置安装，包括灭火剂存储器、驱动气瓶、支框架、集流阀、容器阀、单向阀、高压软管和安全阀等储存装置和阀驱动装置、减压装置、压力指示仪等。

② 无管网气体灭火系统由柜式预制灭火装置、火灾探测器、火灾自动报警灭火控制器等组成，具有自动控制和手动控制两种启动方式。

③ 无管网气体灭火装置安装，包括气瓶柜装置（内设气瓶、电磁阀、喷头）和自动报警控制装置（包括控制器，烟、温感，声光报警器，手动报警器，手/自动控制按钮）等。

（三）泡沫灭火系统工程量计算规则

（1）碳钢管、不锈钢管、铜管，不扣除阀门、管件及各种组件所占长度，按设计图示管道中心线长度以"m"计算。

（2）不锈钢管管件、铜管管件，按设计图示数量，以"个"计算。

（3）泡沫发生器、泡沫比例混合器、泡沫液储罐，按设计图示数量，以"台"计算。

（四）火灾自动报警系统

（1）点型探测器、按钮、消防警铃、声光报警器、消防报警电话插孔（电话）、消防广播（扬声器）、模块（模块箱）、区域报警控制箱、联动控制箱、远程控制箱（柜）、火灾报警系统控制主机、联动控制主机、消防广播及对讲电话主机（柜）、火灾报警控制微机（CRT）、备用电源及电池主机（柜）、报警联动一体机。按设计图示数量，以"个（部、台）"计算。

(2) 线型探测器按设计图示长度以"m"计算。

说明：
①消防报警系统配管、配线、接线盒均应按电气设备安装工程相关项目编码列项。
②消防广播及对讲电话主机包括功放、录音机、分配器、控制柜等设备。
③点型探测器包括火焰、烟感、温感、红外光束、可燃气体探测器等。

（五）消防系统调试

(1) 自动报警系统调试，包括各种探测器、报警器、报警按钮、报警控制器、消防广播、消防电话等组成的报警系统，按不同点数以"系统"计算。

(2) 水灭火控制装置调试，按控制装置的点数计算。自动喷洒系统按水流指示器数量以"点（支路）"计算，消火栓系统按消火栓启泵按钮数量以"点"计算，消防水炮系统按水炮数量以"点"计算。

(3) 防火控制装置调试，按设计图示数量以"个"或"部"计算。防火控制装置包括电动防火门、防火卷帘门、正压送风阀、排烟阀、防火控制阀、消防电梯等防火控制装置；电动防火门、防火卷帘门、正压送风阀、排烟阀、防火控制阀等调试以"个"计算，消防电梯以"部"计算。

(4) 气体灭火系统装置调试，按调试、检验和验收所消耗的试验容器总数计算。气体灭火系统是由七氟丙烷、IG541、二氧化碳等组成的灭火系统，按气体灭火系统装置的瓶头阀以"点"计算。

（六）计量规则说明

(1) 喷淋系统水灭火管道，消火栓管道：室内外界限应以建筑物外墙皮1.5m为界，入口处设阀门者应以阀门为界；设在高层建筑物内消防泵间管道应以泵间外墙皮为界。与市政给水管道的界限：以与市政给水管道碰头点（井）为界。

(2) 消防管道如需进行探伤，按工业管道工程相关项目编码列项。

(3) 消防管道上的阀门、管道及设备支架、套管制作安装，按给排水、采暖、燃气工程相关项目编码列项。

(4) 管道及设备除锈、刷油、保温除注明者外，均应按刷油、防腐蚀、绝热工程相关项目编码列项。

六、电气照明工程计量

(1) 配管、线槽、桥架，按设计图示尺寸以长度"m"计算。配线按设计图示尺寸，以单线长度"m"计算。

(2) 接线箱、接线盒，按设计图示数量，以"个"计算。

(3) 普通灯具、工厂灯、高度标志（障碍）灯、装饰灯、荧光灯、医疗专用灯、一般路灯、中杆灯、高杆灯、桥栏杆灯、地道涵洞灯，按设计图示数量，以"套"计算。

说明：
①配管、线槽安装不扣除管路中间的接线箱（盒）、灯头盒、开关盒所占长度。
②配管名称指电线管、钢管、防爆管、塑料管、软管、波纹管等。配管配置形式指明、暗配，吊顶内，钢结构支架，钢索配管，埋地敷设，水下敷设，砌筑沟内敷设等。
③配线名称指管内穿线、瓷夹板配线、塑料夹板配线、绝缘子配线、槽板配线、塑料护套配线、线槽配线、车间带形母线等。
④电气照明工程计量规则详见"十"。

七、给排水、采暖、燃气工程计量

根据《通用安装工程工程量计算规范》(GB 50856—2013)，给排水、采暖、燃气工程计量规则为：

(一) 说明

(1) 给水管道室内外界限划分：以建筑物外墙皮 1.5m 为界，入口处设阀门者以阀门为界。

(2) 排水管道室内外界限划分：以出户第一个排水检查井为界。

(3) 采暖管道室内外界限划分：以建筑物外墙皮 1.5m 为界，入口处设阀门者以阀门为界。

(4) 燃气管道室内外界限划分：地下引入室内的管道以室内第一个阀门为界，地上引入室内的管道以墙外三通为界。

(5) 管道热处理、无损探伤，应按该规范附录 H 工业管道工程相关项目编码列项。

(6) 医疗气体管道及附件，应按该规范附录 H 工业管道工程相关项目编码列项。

(7) 管道、设备及支架除锈、刷油、保温除注明者外，应按该规范附录 M 刷油、防腐蚀、绝热工程相关项目编码列项。

(8) 凿槽(沟)、打洞项目，应按该规范附录 D 电气设备安装工程相关项目编码列项。

(二) 给排水、采暖、燃气工程计量规则

1) 给排水、采暖、燃气管道

本部分包括镀锌钢管、钢管、不锈钢管、铜管、铸铁管、塑料管、复合管、直埋式预制保温管、承插陶瓷缸瓦管、承插水泥管、室外管道碰头共 11 个分项工程。其中管道分项工程数量按设计图示管道中心线以长度计算，计量单位为"m"，管道工程量计算不扣除阀门、管件（包括减压器、疏水器、水表、伸缩器等组成安装）及附属构筑物所占长度；方形补偿器以其所占长度列入管道安装工程量。

在本部分进行工程计量时，需注意以下问题：

(1) 管道安装部位，指管道安装在室内、室外。

(2) 输送介质包括给水、排水、中水、雨水、热媒体、燃气、空调水等。

(3) 铸铁管安装适用于承插铸铁管、球墨铸铁管、柔性抗震铸铁管等。塑料管安装适用于 UPVC、PVC、PP-C、PP-R、PE、PB 管等塑料管材；复合管安装适用于钢塑复合管、铝塑复合管、钢骨架复合管等复合型管道安装；直埋保温管安装包括直埋保温管件安装及接口保温；排水管道安装包括立管检查口、透气帽。

(4) 管道安装工作内容包括警示带铺设。若管道室外埋设时，项目特征应按设计要求描述是否采用警示带。

(5) 塑料管安装工作内容包括安装阻火圈。项目特征应描述对阻火圈设置的设计要求。

(6) 室外管道碰头：

① 适用于新建或扩建工程热源、水源、气源管道与原(旧)有管道碰头；

② 室外管道碰头包括挖工作坑、土方回填或暖气沟局部拆除及修复；

③ 带介质管道碰头包括开关闸、临时放水管线铺设等费用；

④ 热源管道碰头每处包括供、回水两个接口；

⑤ 碰头形式指带介质碰头、不带介质碰头。

室外管道碰头工程数量按设计图示以处计算，计量单位为"处"。

（7）压力试验按设计要求描述试验方法，如水压试验、气压试验、泄漏性试验、闭水试验、通球试验、真空试验等。

（8）吹、洗按设计要求描述吹扫、冲洗方法，如水冲洗、消毒冲洗、空气吹扫等。

2）支架及其他

该分部工程包括管道支吊架、设备支吊架、套管共3个分项工程。管道支架、设备支架两个清单项目计量单位分别是"kg"和"套"。现场制作支架以"kg"计量，按设计图示质量计算；成品支架以"套"计量，按设计图示数量计算。

套管的计量按设计图示数量以"个"计算。

在本部分进行工程计量时，还应注意以下问题：

（1）单件支架质量100kg以上的管道支吊架执行设备支吊架制作安装。

（2）成品支吊架安装执行相应管道支吊架或设备支吊架项目，不再计取制作费，支吊架本身价值含在综合单价中。

（3）套管制作安装，适用于穿基础、墙、楼板等部位的防水套管、一般套管、人防密闭套管及防火套管等，应按类型分别列项。

3）管道附件

本部分包括螺纹阀门、螺纹法兰阀门、焊接法兰阀门、带短管甲乙阀门、塑料阀门、减压器、疏水器、除污器（过滤器）、补偿器、软接头、法兰、水表、倒流防止器、热量表、塑料排水管消声器、浮标液面计、浮漂水位标尺共17个分项工程。

在进行本部分清单项目计量时，计算规则均按设计图示数量，分别以"组""个""套"或"块"计算；值得注意的是：法兰有"副""片"之分，分别适用于成对安装或单片安装的情况。

本部分进行工程计量时，需要注意的问题有：

（1）法兰阀门安装包括法兰连接，不得另计。阀门安装如仅为一侧法兰连接时，应在项目特征中描述。

（2）焊接法兰阀门，项目特征应对压力等级、焊接方法进行描述。塑料阀门连接形式需注明热熔连接、黏接、热风焊接等方式。

（3）减压器规格按高压侧管道规格描述。

（4）减压器、疏水器、水表等项目包括组成与安装工作内容，项目特征应根据设计要求描述附件配置情况，或描述根据××图集或××施工图做法。

（5）水表安装项目，用于室外井内安装时以"个"计算；用于室内安装时，以"组"计算，综合单价中包括表前阀。

4）卫生器具

本部分主要包括浴缸，净身盆，洗脸盆，洗涤盆，化验盆，大便器，小便器，其他成品卫生器具，烘手器，淋浴器，淋浴间，桑拿浴房，大、小便槽自动冲洗水箱，给、排水附（配）件，小便槽冲洗管，蒸汽－水加热器，冷热水混合器，饮水器，隔油器共计 19 个分项工程。

该部分计量时，除小便槽冲洗管工程量是按设计图示长度以"m"计算外，其余分项清单项目的计量均按设计图示数量，分别以"组""个"或"套"计算。

本部分进行工程计量时，应注意以下问题：

（1）成品卫生器具项目中的附件安装，主要指给水附件包括水嘴、阀门、喷头等，排水配件包括存水弯、排水栓、下水口等以及配套的连接管。

（2）浴缸项目，在项目特征中描述类型，如普通、双人、按摩等；浴缸支座和浴缸厨边的砌砖、瓷砖粘贴，应按《房屋建筑与装饰工程工程量计算规范》（GB 50854—2013）相关项目编码列项；功能性浴缸不含电机接线和调试，应按《通用安装工程工程量计算规范》（GB 50856—2013）附录 D 电气设备安装工程相关项目编码列项。

（3）洗脸盆适用于洗脸盆、洗发盆、洗手盆安装。

（4）器具安装中若采用混凝土或砖基础，应按《房屋建筑与装饰工程工程量计算规范》（GB 50854—2013）相关项目编码列项。

（5）给、排水附（配）件是指独立安装的水嘴、地漏、地面扫出口等。

5）供暖器具

该分部工程包括铸铁散热器、钢制散热器、其他成品散热器、光排管散热器制作安装、暖风机、地板辐射采暖、热媒集配装置制作安装、集气罐制作安装共 8 个分项工程。

在本部分计量时，铸铁散热器、钢制散热器和其他成品散热器 3 个分项工程清单项目的计量按设计图示数量计算，计量单位为"组"或"片"。光排管散热器制作安装按设计图示排管长度计算，以"m"为计量单位。暖风机与热媒集配装置制作安装项目按设计图示数量计算，计量单位为"台"。地板辐射采暖项目的计量有两种方式，以"m^2"计量，按设计图示采暖房间净面积计算；以"m"计量，按设计图示管道长度计算。集气罐制作安装按设计图示数量计算，计量单位为"个"。

本部分进行工程计量时，还应注意以下问题：

（1）铸铁散热器，包括拉条制作安装。一般铸铁柱式散热器安装每组超过 20 片时，为增加稳定性，要在柱间穿圆钢并与墙固定（俗称"拉条"）。

（2）钢制散热器结构形式，包括钢制闭式、板式、壁板式、扁管式及柱式散热器等，应分别列项计算。

（3）其他成品散热器，用于其他材质或形式散热器安装。

（4）光排管散热器，包括联管或支撑管的制作安装。

（5）地板辐射采暖的管道固定方式包括固定卡、绑扎等方式；工作内容包括与分集水器连接，保温层及钢丝网铺设以及保温层上反射膜铺设和配合地面浇筑用工。

6）采暖、给排水设备

本部分主要包括变频给水设备，稳压给水设备，无负压给水设备，气压罐，太阳能集热装置，地源（水源、气源）热泵机组，除砂器，水处理器，超声波灭藻设备，水质净化器，紫外线杀菌设备，热水器、开水炉，消毒器，消毒锅，直饮水设备，水箱制作安装共 15 个分项工程。

本部分清单项目的计量均按设计图示数量计算。变频给水设备、稳压给水设备、无负压给水设备、太阳能集热装置和直饮水设备5个分项工程以"套"为计量单位；气压罐，除砂器，水处理器，超声波灭藻设备，水质净化器，紫外线杀菌设备，热水器、开水炉，消毒器、消毒锅以及水箱9个分项工程的计量单位为"套"；地源（水源、气源）热泵机组的计量单位为"组"。

在变频给水设备、稳压给水设备、无负压给水设备安装的计量过程中，应注意压力容器包括气压罐、稳压罐、无负压罐；项目特征描述中的水泵包括主泵及备用泵，应注明数量；计价内容中的附件包括给水装置中配备的阀门、仪表、软接头，应注明数量，含设备、附件之间管路连接；泵组底座安装，不包括基础砌（浇）筑，应按《房屋建筑与装饰工程工程量计算规范》（GB 50854—2013）相关项目编码列项；控制柜安装及电气接线、调试应按《通用安装工程工程量计算规范》（GB 50856—2013）附录D电气设备安装工程相关项目编码列项。

地源热泵机组计量时，接管以及接管上的阀门、软接头、减震装置和基础另行计算，应按相关项目编码列项。

7）燃气器具及其他

本部分包括燃气开水炉，燃气采暖炉，燃气沸水器、消毒器，燃气热水器，燃气表，燃气灶具，气嘴，调压器，燃气抽水缸，燃气管道调长器，调长器与阀门连接，调压箱、调压装置及引入口砌筑共计12个分项工程。

本部分分项工程清单项目计量时，均按设计图示数量计算。燃气开水炉，燃气采暖炉，燃气沸水器、消毒器，燃气热水器，燃气表，燃气灶具，调压器及调压箱、调压装置8个清单项目的计量单位为"台"；气嘴、点火棒，燃气抽水缸，燃气管道调长器，调长器与阀门连接4个清单项目以"个"为计量单位；水封（油封）的计量以"组"为单位；引入口砌筑项目在计量时，计量单位为"处"。

本部分在计量时，沸水器、消毒器适用于容积式沸水器、自动沸水器、燃气消毒器等。燃气灶具适用于人工煤气灶具、液化石油气灶具、天然气燃气灶具等，用途应描述民用或公用，类型应描述所采用气源。调压箱、调压装置安装部位应区分室内、室外。引入口砌筑形式，应注明地上、地下。

8）医疗气体设备及附件

该部分包括制氧机、液氧罐、二级稳压箱、气体汇流排、集污罐、刷手池、医用真空罐、气水分离器、干燥机、储气罐、空气过滤器、集水器、医疗设备带及气体终端共14个分项工程。

制氧主机、液氧罐、二级稳压箱、汽水分离器、医用空气压缩机和干燥机6个清单项目的计量单位为"台"；气体汇流排与刷手池以"组"为计量单位；欠压报警装置的计量单位为"套"；集污罐、医用真空罐及气体终端3个清单项目以"个"为计量单位。

注：①气体汇流排适用于氧气、二氧化碳、氮气、笑气、氩气、压缩空气等汇流排。
②空气过滤器，适用于压缩空气预过滤器、精过滤器、超精过滤器等安装。
③干燥机适用于吸附式和冷冻式干燥机。

9）采暖、空调水工程系统调试

该部分包括采暖工程系统调试与空调水工程系统调试两个分项工程。

采暖工程系统由采暖管道、阀门及供暖器具组成。空调水工程系统由空调水管道、阀门及冷水机组组成。

在进行采暖工程系统调试或空调水工程系统调试的计量时，分别按采暖或空调水工程系统计算，计量单位均为"系统"。

当采暖工程系统、空调水工程系统中管道工程量发生变化时，系统调试费用应做相应调整。

八、通风空调工程计量

（一）主要内容

通风空调工程共设 4 个分部、52 个分项工程。包括通风空调设备及部件制作安装、通风管道制作安装、通风管道部件制作安装、通风工程检测、调试；适用于工业与民用通风（空调）设备及部件、通风管道及部件的制作安装工程。

（二）与其他章节的联系

在本部分冷冻机组站内的设备安装、通风机安装及人防两用通风机安装，应按机械设备安装工程相关项目编码列项。冷冻机组站内的管道安装，应按工业管道工程相关项目编码列项。冷冻站外墙皮以外通往通风空调设备的供热、供冷、供水等管道，应按给排水、采暖、燃气工程相关项目编码列项。设备和支架的除锈、刷漆、保温及保护层安装，应按刷油、防腐蚀、绝热工程相关项目编码列项。

（三）通风空调项目计量规则

1）通风空调设备及部件制作安装

本分部工程包括空气加热器（冷却器），除尘设备，空调器，风机盘管，表冷器，密闭门，挡水板，滤水器、溢水盘，金属壳体，过滤器，净化工作台，风淋室，洁净室，除湿机，人防过滤吸收器共 15 个分项工程。

其中空气加热器（冷却器）、除尘设备、风机盘管、表冷器、净化工作台、风淋室、洁净室、除湿机、人防过滤吸收器 9 个分项工程按设计图示数量，以"台"为计量单位；空调器按设计图示数量，以"台"或"组"为计量单位；密闭门、挡水板、滤水器（溢水盘）、金属壳体 4 个分项工程，按设计图示数量，以"个"为计量单位。

过滤器的计量有两种方式，以"台"计量，按设计图示数量计算；以面积计量，按设计图示尺寸以过滤面积计算。

另外，在本部分进行计量时，通风空调设备安装的地脚螺栓是按设备自带考虑的。

2）通风管道制作安装

本分部工程包括碳钢通风管道，净化通风管道，不锈钢板通风管道，铝板通风管道，塑料通风管道，玻璃钢通风管道，复合型风管，柔性软风管，弯头导流叶片，风管检查孔，温度、风量测定孔共 11 个分项工程。

由于通风管道材质的不同，各种通风管道的计量也稍有区别。碳钢通风管道、净化通风管道、不锈钢板通风管道、铝板通风管道、塑料通风管道 5 个分项工程在进行计量时，按设计图示内径尺寸以展开面积计算，计量单位为"m^2"；玻璃钢通风管道、复合型风管也是以"m^2"为计量单位，但其工程量是按设计图示外径尺寸以展开面积计算。

柔性软风管的计量有两种方式。以"m"计量，按设计图示中心线以长度计算；以"节"计量，按设计图示数量计算。

弯头导流叶片也有两种计量方式。它们分别是以面积计量，按设计图示以展开面积平方米计算；以"组"计量，按设计图示数量计算。

风管检查孔的计量在以"kg"计量时，按风管检查孔质量计算；以"个"计量时，按设计图示数量计算。

温度、风量测定孔按设计图示数量计算，计量单位为"个"。

在本部分进行工程计量时应注意以下问题：

（1）风管展开面积，不扣除检查孔、测定孔、送风口、吸风口等所占面积；风管长度一律以设计图示中心线长度为准（主管与支管以其中心线交点划分），包括弯头、三通、变径管、天圆地方等管件的长度，但不包括部件所占的长度。风管展开面积不包括风管、管口重叠部分面积。风管渐缩管：圆形风管按平均直径，矩形风管按平均周长。

（2）穿墙套管按展开面积计算，计入通风管道工程量中。

（3）通风管道的法兰垫料或封口材料，按图纸要求应在项目特征中描述。

（4）净化通风管的空气洁净度按100000级标准编制，净化通风管使用的型钢材料如要求镀锌时，工作内容应注明支架镀锌。

（5）弯头导流叶片数量，按设计图纸或规范要求计算。

（6）风管检查孔、温度测定孔、风量测定孔数量，按设计图纸或规范要求计算。

3）通风管道部件制作安装

本部分主要包括碳钢阀门，柔性软风管阀门，铝蝶阀，不锈钢蝶阀，塑料阀门，玻璃钢蝶阀，碳钢风口、散流器、百叶窗，不锈钢风口、散流器、百叶窗，塑料风口、散流器、百叶窗，玻璃钢风口，铝及铝合金风口、散流器，碳钢风帽，不锈钢风帽，塑料风帽，铝板伞形风帽，玻璃钢风帽，碳钢罩类，塑料罩类，柔性接口，消声器，静压箱，人防超压自动排气阀，人防手动密闭阀，人防其他部件共24个分项工程。

碳钢阀门，柔性软风管阀门，铝蝶阀，不锈钢蝶阀，塑料阀门，玻璃钢蝶阀，碳钢风口、散流器、百叶窗，不锈钢风口、散流器、百叶窗，塑料风口、散流器、百叶窗，玻璃钢风口，铝及铝合金风口、散流器，碳钢风帽，不锈钢风帽，塑料风帽，铝板伞形风帽，玻璃钢风帽，碳钢罩类，塑料罩类，消声器，人防超压自动排气阀，人防手动密闭阀等部分的工程量计算规则是按设计图示数量计算，以"个"为计量单位。

柔性接口按设计图示尺寸以展开面积计算，计量单位为"m^2"。静压箱的计量有两种方式，以"个"计量，按设计图示数量计算；以"m^2"计量，按设计图示尺寸以展开面积计算。

人防其他部件按设计图示数量计算，以"个"或"套"为计量单位。

在本部分进行工程计量时应注意以下问题：

（1）碳钢阀门包括空气加热器上通阀、空气加热器旁通阀、圆形瓣式启动阀、风管蝶阀、风管止回阀、密闭式斜插板阀、矩形风管三通调节阀、对开多叶调节阀、风管防火阀、各型风罩调节阀等。

（2）塑料阀门包括塑料蝶阀、塑料插板阀、各型风罩塑料调节阀。

(3) 碳钢风口、散流器、百叶窗包括百叶风口、矩形送风口、矩形空气分布器、风管插板风口、旋转吹风口、圆形散流器、方形散流器、流线型散流器、送吸风口、活动算式风口、网式风口、钢百叶窗等。

(4) 碳钢罩类包括皮带防护罩、电动机防雨罩、侧吸罩、中小型零件焊接台排气罩、整体分组式槽边侧吸罩、吹吸式槽边通风罩、条缝槽边抽风罩、泥心烘炉排气罩、升降式回转排气罩、上下吸式圆形回转罩、升降式排气罩、手锻炉排气罩。

(5) 塑料罩类包括塑料槽边侧吸罩、塑料槽边风罩、塑料条缝槽边抽风罩。

(6) 柔性接口包括金属、非金属软接口及伸缩节。

(7) 消声器包括片式消声器、矿棉管式消声器、聚酯泡沫管式消声器、卡普隆纤维管式消声器、弧形声流式消声器、阻抗复合式消声器、微穿孔板消声器、消声弯头。

(8) 通风部件如图纸要求制作安装或用成品部件只安装不制作，这类特征在项目特征中应明确描述。

(9) 静压箱的面积计算：按设计图示尺寸以展开面积计算，不扣除开口的面积。

4) 通风工程检测、调试

该部分包括通风工程检测、调试和风管漏光试验、漏风试验两个分项工程。

通风工程检测、调试的计量按通风系统计算，计量单位为"系统"；风管漏光试验、漏风试验的计量按设计图纸或规范要求以展开面积计算，计量单位为"m^2"。

九、工业管道工程计量

（一）工业管道安装工程内容

工业管道安装工程包括。

(1) 各种材质的低、中、高压管道安装。

(2) 各种材质的低、中、高压管道的管件、阀门、法兰安装。

(3) 板卷管制作、管件制作及安装。

(4) 管材表面及焊缝无损探伤。

(5) 管架制作安装。

(6) 其他项目制作安装。

（二）相关工程量计算规则

(1) 各种管道安装工程量，均按设计管道中心线长度，以"延长米"计算，不扣除阀门及各种管件所占长度；遇弯管时，按两管交叉的中心线交点计算。室外埋设管道不扣除附属构筑物（井）所占长度；方形补偿器以其所占长度列入管道安装工程量。

说明：

①衬里钢管预制安装包括直管、管件及法兰的预安装及拆除。

②压力试验按设计要求描述试验方法，如水压试验、气压试验、泄漏性试验、真空试验等。

③吹扫与清洗按设计要求描述吹扫与清洗方法和介质，如水冲洗、空气吹扫、蒸汽吹扫、化学清洗、油清洗等。

④脱脂按设计要求描述脱脂介质种类，如二氯乙烷、三氯乙烯、四氯化碳、动力苯、丙酮或酒精等。

(2) 管件包括弯头、三通、四通、异径管、管接头、管上焊接管接头、管帽、方形补偿器弯头、管道上仪表一次部件,仪表温度计扩大管制作安装等。按设计图示数量以"个"计算。

说明:

①管件压力试验、吹扫、清洗、脱脂均包括在管道安装中;

②在主管上挖眼接管的三通和捏制异径管,均以主管径按管件安装工程量计算,不另计制作费和主材费;挖眼接管的三通支线管径小于主管径1/2时,不计算管件安装工程量;在主管上挖眼接管的焊接接头、凸台等配件,按配件管径计算管件工程量;

③三通、四通、异径管均按大管径计算;

④管件用法兰连接时执行法兰安装项目,管件本身不再计算安装;

⑤半加热外套管摔口后焊接在内套管上,每处焊口按一个管件计算;外套碳钢管如焊接不锈钢内套管时,焊口间需加不锈钢短管衬垫,每处焊口按两个管件计算。

(3) 阀门按材质、规格、型号、连接方式等,设计图示数量以"个"计算。减压阀直径按高压侧计算。电动阀门包括电动机安装、操纵装置安装按规范或设计技术要求计算。

(4) 法兰按材质、规格、型号、连接方式等,设计图示数量以"副(片)"计算。

说明:法兰焊接时,要在项目特征中描述法兰的连接形式(平焊法兰、对焊法兰、翻边活动法兰及焊环活动法兰等),不同连接形式应分别列项。配法兰的盲板不计安装工程量。焊接盲板(封头)按管件连接计算工程量。

(5) 板卷管和管件制作:按材质、规格、焊接方法等,按设计图示质量"t"计算。管件包括弯头、三通、异径管;异径管按大头口径计算,三通按主管口径计算。

(6) 管架制作安装,按设计图示质量以"kg"为计量单位。单件支架质量有100kg以下和100kg以上时,应分别列项。支架衬垫需注明采用何种衬垫,如防腐木垫、不锈钢衬垫、铝衬垫等。采用弹簧减振器时需注明是否做相应试验。

(7) 无损探伤,管材表面超声波探伤、磁粉探伤应根据项目特征(规格),按设计图示管材无损探伤长度以"m"为计量单位;或按管材表面探伤检测面积以"m^2"计算。管道焊缝 X 射线、γ 射线应根据项目特征(底片规格、管壁厚度),按规范或设计技术要求,以"张"或"口"计算。管道焊缝磁粉探伤、渗透探伤、焊口及其焊前焊后热处理,应根据规格、处理方法等特征,按规范或设计技术要求以"张"或"口"计算。探伤项目包括固定探伤仪支架的制作、安装。

(8) 其他项目制作安装。冷排管制作安装按设计图示以长度"m"计算。分、集汽(水)缸按材质、规格以"台"计算。空气分气筒、空气调节喷雾管、钢制排水漏斗、水位计、手摇泵、套管按规格、型号、材质等以"组(台、个)"计算。

说明:冷排管制作安装项目中包括钢带退火,加氨,冲套翅片,按设计要求计算。钢制排水漏斗制作安装,其口径规格按下口公称直径描述。套管制作安装,适用于穿基础、墙、楼板等部位的防水套管、一般钢套管及防火套管等,应分别列项。

(9) 其他相关问题,应按下列规定处理:

①"工业管道工程"适用于厂区范围内的车间、装置、站、罐区及其相互之间各种生产用介质输送管道和厂区第一个连接点以内生产、生活共用的输送给水、排水、蒸汽、燃气的管道安装工程。

②厂区范围内的生活用给水、排水、蒸汽、燃气的管道安装工程执行给排水、采

暖、燃气工程相应项目。

③仪表流量计，应按自动化控制仪表安装工程相关项目编码列项。

④管道、设备和支架除锈、刷油及保温等内容，除注明者外均应按刷油、防腐蚀、绝热工程相关项目编码列项。

⑤组装平台搭拆、管道防冻和焊接保护、特殊管道充气保护、高压管道检验、地下管道穿越建筑物保护等措施项目，应按措施项目相关项目编码列项。

十、电气工程计量

（一）变压器安装

变压器和消弧线圈安装，分型号、容量、电压、油过滤要求等，按设计图示数量以"台"为计量单位。工作内容包括本体安装，基础型钢制作、安装，油过滤，干燥，接地，网门、保护门制作、安装，补刷（喷）油漆等。变压器油如需试验、化验、色谱分析，应按措施项目相关项目编码列项。

（二）配电装置安装

断路器、真空接触器、隔离开关、负荷开关、互感器、高压熔断器、避雷器、干式电抗器、油浸电抗器、移相及串联电容器、集合式并联电容器、并联补偿电容器组架、交流滤波装置组架、高压成套配电柜、组合型成套箱式变电站等，分型号、容量、电压等级、安装条件、操作机构名称及型号、基础型钢规格、接线材质、规格、安装部位、油过滤要求以"台（个，组）"计算。

说明：

①空气断路器的储气罐及储气罐至断路器的管路按工业管道工程相关项目列项。

②干式电抗器项目适用于混凝土电抗器、铁芯干式电抗器、空心干式电抗器等。

③设备安装未包括地脚螺栓、浇筑（二次灌浆、抹面），如需安装应按《房屋建筑与装饰工程工程量计算规范》（GB 50854—2013）列项。

（三）母线安装

（1）软母线、组合软母线按名称，材质，型号，规格，绝缘子类型、规格，按设计图示尺寸以单相长度"m"计算（含预留长度）。

（2）带形母线按名称，型号，规格，材质，绝缘子类型、规格，穿墙套管材质、规格，穿通板材质、规格，母线桥材质、规格，引下线材质、规格，伸缩节、过渡板材质、规格，分相漆品种，按设计图示尺寸以单相长度"m"计算（含预留长度）。

（3）槽形母线按名称、型号、规格、材质，连接设备名称、规格，分相漆品种，按设计图示尺寸以单相长度"m"计算（含预留长度）。

（4）共箱母线按名称、型号、规格、材质，按设计图示尺寸以中心线长度"m"计算。

（5）低压封闭式插接母线槽按名称、型号、规格、容量（A）、线制、安装部位，按设计图示尺寸以中心线长度"m"计算。

（6）始端箱、分线箱按名称、型号、规格、容量，按设计图示数量以"台"计算。

（7）重型母线按名称，型号，规格，容量，材质，绝缘子类型、规格，伸缩器及导板规格，按设计图示尺寸以质量"t"计算。

(8) 软母线安装预留长度按表 2.2.1 计算。

表 2.2.1　软母线安装预留长度（m/根）

项目	耐张	跳线	引下线、设备连接线
预留长度	2.5	0.8	0.6

(9) 硬母线配置安装预留长度按表 2.2.2 的规定计算。

表 2.2.2　硬母线配置安装预留长度（m/根）

序号	项目	预留长度	说明
1	带形、槽形母线终端	0.3	从最后一个支持点算起
2	带形、槽形母线与分支线连接	0.5	分支线预留
3	带形母线与设备连接	0.5	从设备端子接口算起
4	多片重形母线与设备连接	1.0	从设备端子接口算起
5	槽形母线与设备连接	0.5	从设备端子接口算起

（四）控制设备及低压电器

(1) 控制屏，继电、信号屏，模拟屏，低压开关柜（屏），弱电控制返回屏，硅整流柜，可控硅柜，低压电容器柜，自动调节励磁屏，励磁灭磁屏，蓄电池屏（柜），直流馈电屏，事故照明切换屏，控制台，控制箱，配电箱，插座箱按名称、型号、规格、种类，基础型钢形式、规格，接线端子材质、规格，端子板外部接线材质、规格，小母线材质、规格，屏边规格、安装方式等，按设计图示数量以"台"计算。

(2) 箱式配电室按名称，型号，规格，种类，基础型钢形式、规格，基础规格、浇筑材质，按设计图示数量以"套"计算。

(3) 控制开关、低压熔断器、限位开关按设计图示数量"个"计算；控制器、接触器、磁力启动器、Y-△自耦减压启动器、电磁铁（电磁制动器）、快速自动开关、油浸频敏变阻器、端子箱、风扇按设计图示数量以"台"计算。电阻器按设计图示数量以"箱"计。

(4) 分流器、小电器、照明开关、插座、其他电器按名称、型号、规格、种类、容量（A）等，按设计图示数量以"个（套、台）"计算。

说明：

①控制开关包括自动空气开关、刀型开关、铁壳开关、胶盖刀闸开关、组合控制开关、万能转换开关、风机盘管三速开关、漏电保护开关等。

②小电器包括按钮、电笛、电铃、水位电气信号装置、测量表计、继电器、电磁锁、屏上辅助设备、辅助电压互感器、小型安全变压器等。

③其他电器安装指本节未列的电器项目。

④其他电器必须根据电器实际名称确定项目名称，明确描述工作内容、项目特征、计量单位、计算规则。

⑤盘、箱、柜的外部进出电线预留长度见表 2.2.3。

表 2.2.3　盘、箱、柜的外部进出线预留长度（m/根）

序号	项目	预留长度	说明
1	各种箱、柜、盘、板、盒	高+宽	盘面尺寸
2	单独安装的铁壳开关、自动开关、刀开关、启动器、箱式电阻器、变阻器	0.5	从安装对象中心算起
3	继电器、控制开关、信号灯、按钮、熔断器等小电器	0.3	从安装对象中心算起
4	分支接头	0.2	分支线预留

（五）蓄电池安装

蓄电池、太阳能电池安装按名称、型号、容量，防震支架形式、材质，充放电要求，安装方式，按设计图示数量以"个（组）"计算。

（六）电机检查接线及调试

发电机，调相机，普通小型直流电动机，可控硅调速直流电动机，普通交流同步电动机，低压交流异步电动机，高压交流异步电动机，交流变频调速电动机，微型电机、电加热器，电动机组，备用励磁机组，励磁电阻器按名称、型号、容量，接线端子材质、规格，干燥要求，启动方式，按设计图示数量以"台（组）"计算。

说明：

①可控硅调速直流电动机类型指一般可控硅调速直流电动机、全数字式控制可控硅调速直流电动机。

②交流变频调速电动机类型指交流同步变频电动机、交流异步变频电动机。

③电动机按其质量划分为大、中、小型：3t 以下为小型，3~30t 为中型，30t 以上为大型。

（七）滑触线装置安装

滑触线装置安装按名称，型号、规格、材质，支架形式、材质，移动软电缆材质、规格、安装部位，拉紧装置类型，伸缩接头材质、规格，按设计图示尺寸以单相长度"m"计算（含预留长度）。

说明：

①支架基础铁件及螺栓是否浇筑需说明。

②滑触线安装预留长度见表 2.2.4。

表 2.2.4　滑触线安装预留长度（m/根）

序号	项目	预留长度	说明
1	圆钢、钢母线与设备连接	0.2	从设备接线端子接口算起
2	圆钢、铜滑触线终端	0.5	从最后一个固定点算起
3	角铜滑触线终端	1.0	从最后一个固定点算起
4	扁铜滑触线终端	1.3	从最后一个固定点算起
5	扁钢母线分支	0.5	分支线预留
6	扁钢母线与设备连接	0.5	从设备接线端子接口算起
7	轻轨滑触线终端	0.8	从最后一个支持点算起
8	安全节能及其他滑触线终端	0.5	从最后一个固定点算起

(八) 电缆安装

(1) 电力电缆、控制电缆按名称、型号、规格、材质、敷设方式、部位、电压等级、地形，按设计图示尺寸以长度"m"计算（含预留长度及附加长度）。

(2) 电缆保护管、电缆槽盒、铺砂、盖保护板（砖）按名称、型号、规格、材质等，按设计图示尺寸以长度"m"计算。

(3) 电力电缆头、控制电缆头按名称、型号、规格、材质、安装部位、电压等级，按设计图示数量以"个"计算。

(4) 按名称、材质、方式、部位，防火堵洞按设计图示数量以"处"计算；防火隔板按设计图示尺寸以面积"m^2"计算；防火涂料按设计图示尺寸以质量"kg"计算。

(5) 电缆分支箱，按名称、型号、规格、基础形式、材质、规格，按设计图示数量以"台"计算。

说明：
①电缆穿刺线夹按电缆头编码列项。
②电缆井、电缆排管、顶管，应按《市政工程工程量计算规范》（GB 50857—2013）相关项目编码列项。
③电缆敷设预留长度及附加长度见表2.2.5。

表 2.2.5 电缆敷设预留长度及附加长度

序号	项目	预留（附加）长度	说明
1	电缆敷设弛度、波形弯度、交叉	2.5%	按电缆全长计算
2	电缆进入建筑物	2.0m	规范规定最小值
3	电缆进入沟内或吊架时引上（下）预留	1.5m	规范规定最小值
4	变电所进线、出线	1.5m	规范规定最小值
5	电力电缆终端头	1.5m	检修余量最小值
6	电缆中间接头盒	两端各留2.0m	检修余量最小值
7	电缆进控制、保护屏及模拟盘、配电箱等	高+宽	按盘面尺寸
8	高压开关柜及低压配电盘、箱	2.0m	盘下进出线
9	电缆至电动机	0.5m	从电动机接线盒算起
10	厂用变压器	3.0m	从地坪算起
11	电缆绕过梁、柱等增加长度	按实计算	按被绕物的断面情况计算增加长度
12	电梯电缆与电缆架固定点	每处0.5m	规范规定最小值

(九) 防雷及接地装置

(1) 接地极区分名称、材质、规格、土质、基础接地形式，按设计图示数量以"根（块）"计算。

(2) 接地母线、避雷引下线、均压环、避雷网区分名称、规格、材质、安装形式、安装部位、断接卡子、箱材质、规格、混凝土标号等，按设计图示尺寸以长度"m"计算（含附加长度）。

(3) 避雷针区分名称、规格、材质、安装形式、高度以"根"计算；半导体少长针消雷装置按设计图示数量以"套"计算。

（4）等电位端子箱、测试板区分名称、规格、材质按设计图示数量以"台"计算；浪涌保护器按名称、规格、安装方式、防雷等级，按设计图示数量以"个"计算；绝缘垫按名称、规格、材质按设计图示尺寸以展开面积"m²"计算；降阻剂按名称、类型按设计图示以质量"kg"计算。

说明：

①利用桩基础作接地极，应描述桩台下桩的根数，每桩台下需焊接柱筋根数，其工程量按柱引下线计算；利用基础钢筋作接地极按均压环项目编码列项。

②利用柱筋作引下线的，需描述柱筋焊接根数。

③利用圈梁筋作均压环的，需描述圈梁筋焊接根数。

④使用电缆、电线作接地线，应按相关项目编码列项。

⑤接地母线、引下线、避雷网附加长度见表 2.2.6。

表 2.2.6 接地母线、引下线、避雷网附加长度（m）

项目	附加长度	说明
接地母线、引下线、避雷网附加长度	3.9%	按接地母线、引下线、避雷网全长计算

（十）10kV 以下架空配电线路

（1）电杆组立区分名称、材质、规格、类型、地形、土质、底盘、拉盘、卡盘规格，拉线材质、规格、类型，现浇基础类型、钢筋类型、规格，基础垫层要求，电杆防腐要求，按设计图示数量以"根（基）"计算。

（2）横担组装区分名称、材质、规格、类型、电压等级、瓷瓶型号、规格，金具品种规格，按设计图示数量以"组"计算。

（3）导线架设区分名称、型号、规格、地形、跨越类型，按设计图示尺寸以单线长度（含预长度）"km"计算。架空导线预留长度见表 2.2.7。

表 2.2.7 架空导线预留长度（m/根）

项目		预留长度
高压	转角	2.5
	分支、终端	2.0
低压	分支、终端	0.5
	交叉跳线转角	1.5
与设备连续		0.5
进户线		2.5

（4）杆上设备区分名称、型号、规格、电压等级（kV），支撑架种类、规格，接线端子材质、规格、接地要求，按设计图示数量以"台（组）"计算。

（十一）配管、配线

（1）配管、线槽、桥架区分名称、材质、规格、配置形式、接地要求，钢索材质、规格，按设计图示尺寸长度以"m"计算。

（2）配线区分名称、配线形式、型号、规格、材质、配线部位、配线线制，钢索材质和规格，按设计图示尺寸单线长度以"m"计算（含预留长度）。

(3) 接线箱、接线盒区分名称、材质、规格、安装形式，按设计图示数量以"个"计算。

说明：
①配管、线槽安装不扣除管路中间的接线箱（盒）、灯头盒、开关盒所占长度。
②配管名称指电线管、钢管、防爆管、塑料管、软管、波纹管等。
③配管配置形式指明，暗配，吊顶内，钢结构支架，钢索配管，埋地敷设，水下敷设，砌筑沟内敷设等。
④配线名称指管内穿线、瓷夹板配线、塑料夹板配线、绝缘子配线、槽板配线、塑料护套配线、线槽配线、车间带形母线等。
⑤配线形式指照明线路，动力线路，木结构，顶棚内，砖、混凝土结构，沿支架、钢索、屋架、梁、柱、墙，以及跨屋架、梁、柱。
⑥配线保护管遇到下列情况之一时，应增设管路接线盒和拉线盒：a. 导管长度每大于40m，无弯曲；b. 导管长度每大于30m，有1个弯曲；c. 导管长度每大于20m，有2个弯曲；d. 导管长度每大于10m，有3个弯曲。垂直敷设的电线保护管遇到下列情况之一时，应增设固定导线用的拉线盒：a. 管内导线截面为50mm及以下，长度每超过30m；b. 管内导线截面为70～95mm，长度每超过20m；c. 管内导线截面为120～240mm，长度每超18m。
⑦配管安装中不包括凿槽、刨沟，应按相关项目编码列项。
⑧配线进入箱、柜、板的预留长度见表2.2.8。

表2.2.8 配线进入箱、柜、板的预留长度（m/根）

序号	项目	预留长度	说明
1	各种开关箱、柜、板	高+宽	盘面尺寸
2	单独安装（无箱、盘）的铁壳开关、闸刀开关、启动器、线槽进出线盒等	0.3	从安装对象中心算起
3	由地面管子出口引至动力接线箱	1.0	从管口计算
4	电源与管内导线连线（管内穿线与软、硬母线接点）	1.5	从管口计算
5	出户线	1.5	从管口计算

（十二）照明器具安装

(1) 普通灯具、工厂灯区分名称、型号、规格、安装形式，按设计图示数量以"套"计算。

(2) 高度标志（障碍）灯、装饰灯、荧光灯、医疗专用灯、一般路灯、中杆灯、高杆灯、桥栏杆灯、地道涵洞灯区分名称、型号、规格、安装形式等，按设计图示数量以"套"计算。

说明：
①普通灯具包括圆球吸顶灯、半圆球吸顶灯、方形吸顶灯、软线吊灯、座灯头、吊链灯、防水吊灯、壁灯等。
②工厂灯包括工厂罩灯、防水灯、防尘灯、碘钨灯、投光灯、泛光灯、混光灯等。
③高度标志（障碍）灯包括烟囱标志灯、高塔标志灯、高层建筑屋顶障碍指示灯等。
④装饰灯包括吊式、吸顶式、荧光、几何形组合、水下（上）艺术装饰灯和诱导装饰灯、标志灯、点光源艺术灯、歌舞厅灯具、草坪灯具等。
⑤医疗专用灯包括病房指示灯、病房暗脚灯、紫外线杀菌灯、无影灯等。
⑥中杆灯是指安装在高度小于或等于19m的灯杆上的照明器具。
⑦高杆灯是指安装在高度大于19m的灯杆上的照明器具。

（十三）附属工程

铁构件区分名称、材质、规格，按设计图示尺寸以质量"kg"计算；凿（压）槽区分名称、类型、填充（恢复）方式、混凝土标准，按设计图示尺寸以长度"m"计算；打洞（孔）、人（手）孔防水按名称、规格、类型、防水材质及做法等，按设计图示尺寸以长度"m"计算；管道包封、人（手）孔砌筑按名称、规格、类型、混凝土强度等级，按设计图示数量"个"计算。

（十四）电气调整试验

电力变压器系统，送配电装置系统，特殊保护装置，自动投入装置，中央信号装置，事故照明切换装置，不间断电源，母线，避雷器，电容器，接地装置，电抗器、消弧线圈，电除尘器，硅整流设备，可控硅整流装置，电缆试验区分名称、材质、规格等，按设计图示数量以"系统（台、套、组次）"计算。

说明：

①功率大于10kW电动机及发电机的启动调试用的蒸汽、电力和其他动力能源消耗及变压器空载试运转的电力消耗及设备需烘干处理应说明。

②配合机械设备及其他工艺的单体试车，应按措施项目相关项目编码列项。

③计算机系统调试应按自动化控制仪表安装工程相关项目编码列项。

（十五）其他相关问题及说明

（1）"电气设备安装工程"适用于10kV以下变配电设备及线路的安装工程、车间动力电气设备及电气照明、防雷及接地装置安装、配管配线、电气调试等。

（2）挖土、填土工程，应按《房屋建筑与装饰工程工程量计算规范》（GB 50854—2013）相关项目编码列项。

（3）开挖路面，应按《市政工程工程量计算规范》（GB 50857—2013）相关项目编码列项。

（4）过梁、墙、楼板的钢（塑料）套管，应按《通用安装工程工程量计算规范》（GB 50856—2013）采暖、给排水、燃气工程相关项目编码列项。

（5）除锈、刷漆（补刷漆除外）、保护层安装，应按《通用安装工程工程量计算规范》（GB 50856—2013）刷油、防腐蚀、绝热工程相关项目编码列项。

（6）由国家或地方检测验收部门进行的检测验收应按《通用安装工程工程量计算规范》（GB 50856—2013）措施项目编码列项。

十一、自动化控制系统工程计量

1. 过程检测仪表（编码：030601）

温度仪表、压力仪表、变送单元仪表、流量仪表、物位检测仪表，按名称、型号、规格、类型等，按设计图示数量计算，其中只有温度仪表是以"支"为计量单位，其他的均以"台"为计量单位。

2. 显示及调节控制仪表（编码：030602）

显示仪表、调节仪表、基地式调节仪表、辅助单元仪表、盘装仪表，按名称、型号、规格、类型等，按设计图示数量以"台"计算。

3. 执行仪表（编码：030603）

执行机构、调节阀、自力式调节阀、执行仪表附件，按名称、型号、规格、类型等，按设计图示数量以"台"计算。

4. 机械量仪表（编码：030604）

测厚测宽及金属检测装置、旋转机械检测仪表、称重及皮带跑偏检测装置，按名称、型号、规格、类型等，按设计图示数量以"台（套）"计算。

5. 过程分析和物性检测仪表（编码：030605）

过程分析仪表、物性检测仪表、分析柜、室，气象环保检测仪表，按名称、型号、规格、类型等，按设计图示数量以"台（套）"计算。

6. 仪表回路模拟试验（编码：030606）

检测回路模拟试验、调节回路模拟试验、报警连锁回路模拟试验、工业计算机系统回路模拟试验，按名称、型号、规格、类型等，按设计图示数量以"套（点）"计算。

7. 安全监测及报警装置（编码：030607）

安全监测装置，远动装置，顺序控制装置，信号报警装置，信号报警装置柜、箱，按名称、型号、规格、类型等，按设计图示数量以"台（套、个）"计算。

8. 工业计算机安装与调试（编码：030608）

工业计算机柜、台设备，工业计算机外部设备，组件（卡件），过程控制管理计算机，生产、经营管理计算机，网络系统及设备联调，工业计算机系统与其他系统数据传递，现场总线，按名称、型号、规格、类型等，按设计图示数量以"套（点、个）"计算。专用线缆，按名称、型号、规格、类型等，按设计图示尺寸以长度"m"计算（含预留长度及附加长度），按设计图示尺寸以根计算；线缆头，按名称、型号、规格、类型等，按设计图示数量以"个"计算。

说明：专用线缆敷设预留及附加长度见《通用安装工程工程量计算规范》（GB 50856—2013）中电气设备安装工程。

9. 仪表管路敷设（编码：030609）

钢管、高压管、不锈钢管，有色金属管及非金属管，管缆，按名称、型号、规格、类型等，按设计图示尺寸以长度（中心线长）"m"计算。

10. 仪表盘、箱、柜及附件安装（编码：030610）

盘、箱、柜，盘柜附件、元件，按名称、型号、规格、类型等，按设计图示尺寸以"台（个、节）"计算。

11. 仪表附件安装（编码：030611）

仪表阀门，仪表附件，按名称、型号、规格等，按设计图示数量计算以"个"计算。

12. 其他相关问题

（1）"自动化控制仪表安装工程"适用于自动化仪表工程的过程检测仪表、显示及调节控制仪表、执行仪表、机械量仪表、过程分析和物性检测仪表、仪表回路模拟试验、安全监测及报警装置、工业计算机安装与调试、仪表管路敷设、仪表盘、箱、柜及附件安装、仪表附件安装。

（2）土石方工程，按《房屋建筑与装饰工程工程量计算规范》（GB 50854—2013）

中相关项目编码列项。

（3）自控仪表工程中的控制电缆敷设、电气配管配线、桥架安装、接地系统安装，按电气设备安装工程相关项目编码列项。

（4）在线仪表和部件（流量计、调节阀、电磁阀、节流装置、取源部件等）安装，按工业管道工程相关项目编码列项。

（5）火灾报警及消防控制等，按消防工程相关项目编码列项。

（6）设备的除锈、刷漆（补刷漆除外）、保温及保护层安装，应按刷油、防腐蚀、绝热工程相关项目编码列项。

（7）管路敷设的焊口热处理及无损探伤，按工业管道工程相关项目编码列项。

（8）工业通信设备安装与调试，按通信设备及线路工程相关项目编码列项。

（9）供电系统安装，按电气设备安装工程相关项目编码列项。

（10）项目特征中调试要求指单体调试、功能测试等。

十二、通信设备及线路工程计量

（一）通信设备（编码：031101）

（1）开关电源设备、整流器、电子交流稳压器、市话组合电源、调压器、变换器、不间断电源设备区分种类、规格、型号、容量，按设计图示数量以"架（个、台、套）"计算。

（2）无人值守电源设备系统联测、控制段内无人站电源设备与主控联测按测试内容，按设计图示数量以"系统（站）"计算。

（3）单芯电源线区分规格、型号，按设计图示尺寸以中心线长度"m"计算；列内电源线按设计图示数量以"列"计算；电缆槽道、走线架、机架、框区分名称、规格、型号和方式，按设计图示尺寸以中心线长度"m"计算，以"架（个）"计量，按设计图示数量"架（个）"计算。

（4）列柜、电源分配柜、箱区分规格、型号，按设计图示数量以"架"计算；可控硅铃流发生器区分规格、型号，按设计图示数量以"台"计算；房屋抗震加固按设计图示数量"处"计算；抗震机座按设计图示数量以"个"计算；保安配线箱区分类型、规格、型号和容量，按设计图示数量以"台"计算；配线架区分类型、规格、型号和容量，按设计图示数量以"架"计算；保安排、试线排区分名称、规格、型号，按设计图示数量"块"计算；测量台、业务台、辅助台区分名称、规格、型号，按设计图示数量以"台"计算；列架、机台、事故照明，机房信号设备区分名称、规格、型号，按设计图示数量以"台（处）"计算。

（5）设备电缆、软光纤区分名称、规格、型号、安装方式，以"m"计量，按设计图示尺寸以中心线长度"m"计算，以条计量，按设计图示数量以"条"计算。

（6）配线架跳线按设计图示数量以"条"计算；列内、列间信号线区分名称、规格、型号，按设计图示数量以"条"计算。

（7）电话交换设备、维护终端、打印机、话务台告警设备，设程控车载集装箱，用户集线器（SLC）设备，市话用户线硬件测试区分名称、规格、型号等，按设计图示数量以"台（架、千线、箱）"计算。

(8) 市话用户线硬件测试、中继线 PCM 系统硬件测试、长途硬件测试、市话用户线软件测试、中继线 PCM 系统软件测试、长途软件测试按设计图示数量以"千线(系统)"计算。

(9) 用户交换机、数字分配架/箱、光分配架/箱、传输设备、生中继架、远供电源架、网络管理系统设备、本地维护终端设备、子网管理系统试运行、本地维护终端试运行、监控中心及子中心设备、光端机主/备用自动转换设备、数字公务设备按设计图示数量以"台(套、站、架)"计算。

(10) 数字公务系统运行试验，监控系统运行试验，中继段、数字段光端调测，复用设备系统调测，光电调测中间站配合，复用器，光电转换器，光线路放大器，数字段中继站(光放站)光端对测，数字段端站(再生站)光端对测，调测波分复用网管系统，数字交叉连接设备（DXC），基本子架（包括交叉控制等），接口子架、接口盘，连通测试，数字数据网设备、调测数字数据网设备，系统打印机，数字（网络）终端单元，数字交叉连接设备，网管小型机、网管工作站、分组交换设备、调制解调器按设计图示数量以"系统(架、站、套、端口)"计算。

(11) 铁塔按设计图示数量以"t"计算。铁塔架设，不含铁塔基础施工，应按《房屋建筑与装饰工程工程量计算规范》（GB 50854—2013）中相关项目编码列项。微波抛物面天线按设计图示数量以"副"计算；馈线按设计图示数量以"条"计算；分路系统按设计图示数量以"套"计算；微波设备、监控设备、辅助设备按设计图示数量以"套(部)"计算。

(12) 数字段内中继段调测、数字段主通道（辅助通道）调测、数字段内波道倒换、两个上下话路站监控调测、配合终端测试、全电路主通道（辅助通道）调测、全电路主通道（辅助通道）上下话路站调测、全电路次主站集中监控性能调测、稳定性能测试、一点多址数字微波通信设备、测试一点对多点信道机、系统联测、天馈线系统、高功放分系统设备、站地面公用设备分系统、电话分系统设备、电话分系统工程勤务 ESC、电视分系统、低噪声放大器、监测控制分系统监控桌、监测控制分系统微机控制、地球站设备站内环测、地球站设备系统调测、小口径卫星地球站（VSAT）中心站高功放（HPA）设备、小口径卫星地球站（VSAT）中心站低噪声放大器设备、中心站（VSAT）公用设备（含监控设备）、中心站（VSAT）公务设备、控制中心站（VSAT）站内环测及全网系统对测、小口径卫星地球站（VSAT）端站设备，按设计图示数量以"系统(套、站)"计算。

(二) 移动通信设备工程（编码：031102）

(1) 全向天线、定向天线，室内天线，卫星全球定位系统天线（GPS）区分规格、型号、塔高、部位，按设计图示数量以"副"计算。

(2) 同轴电缆按规格、型号、部位，或按设计图示数量以"条"计算，以"m"计量，按设计图示尺寸以中心线长度"m"计算。

(3) 室外线缆走道区分规格、型号、方式，按设计图示尺寸以中心线长度"m"计算。

(4) 避雷器，室内分布式天、馈线附属设备，馈线密封窗，基站天、馈线调测，分布式天、馈线系统调测，泄漏式电缆调测，基站设备，信道板，直放站设备，基站监控配线箱，GSM、CDMA 和寻呼基站系统调测、自动寻呼终端设备、数据处理中心设备、人工台，短信、语音信箱设备，操作维护中心设备（OMC）、基站控制器、编码器，调测基站控制、编码器，GSM定向天线基站及CDMA基站联网调测，寻呼基站联网调测，按设计图示数量"个（条、架，站、套）"计算。

（三）通信线路工程（编码：031103）

（1）水泥管道、长途专用塑料管道按规格、型号、孔数等，按设计图示尺寸以中心线长度"m"计算。

（2）通信电（光）缆通道按类型、规格、混凝土强度标准，以"m"计量，按设计图示尺寸以中心线长度计算，或以"处"计量，按设计图示数量计算。

（3）微机控制地下定向钻孔敷管，装电杆附属装置，按设计图示数量以"处"计算。

（4）人工敷设塑料子管、架空吊线、光缆、电缆按类型、规格等，按设计图示尺寸以中心线长度"m"计算。

（5）光缆接续按设计图示数量以"头"计算；光缆成端接头按设计图示数量以"芯"计算；光缆中继段测试按设计图示数量以"中继段"计算；电缆芯线接续、改接按设计图示数量以"百对"计算。

（6）堵塞成端套管、充油膏套管接续、封焊热可缩套管、包式塑料电缆套管、气闭头，按设计图示数量以"个"计算；电缆全程测试按设计图示数量以"百对"计算；进线室承托铁架按设计图示数量以"条"计算；托架设计图示数量以"根"计算；进线室钢板防水窗口按设计图示数量以"处"计算。

（7）交接箱、分线箱（盒）、报警器、传感器、水线地锚或永久标桩按设计图示数量以"个"计算；交接间配线架按设计图示数量以"座"计算。

（8）充气设备按设计图示数量以"套"计算；电缆全程充气、排流线、埋式光缆对地绝缘检查及处理按图示尺寸以中心线长度"m"计算；水底光缆标志牌按设计图示数量以"块"计算。

（9）其他相关问题，按下列规定处理：

① 破路面、管沟挖填、基底处理、混凝土管道敷设等工程，按《房屋建筑与装饰工程工程量计算规范》(GB 50854—2013)、《市政工程工程量计算规范》(GB 50857—2013)相关项目编码列项。

② 建筑与建筑群综合布线，应按建筑智能化工程相关项目编码列项。

③ 通信线路工程中蓄电池、太阳能电池、交直流配电屏、电源母线、接地棒（板）、地漆布、橡胶垫、塑料管道、钢管管道、通信电杆、电杆加固及保护、撑杆、拉线、消弧线、避雷针、接地装置，应按电气设备安装工程相关项目编码列项。

④ 通信线路工程中发电机、发电机组，应按机械设备工程相关项目编码列项。

⑤ 除锈、刷漆等工程，应刷油、防腐蚀、绝热工程相关项目编码列项。

十三、建筑智能化工程计量

（一）计算机应用、网络系统工程（编码：030501）

输入设备，输出设备，控制设备，存储设备，插箱、机柜，集线器、路由器，收发器，防火墙，交换机，网络服务器区分名称、类别、规格、功能、安装方式等，按设计图示数量以"台（套）"计算；互联电缆区分名称、类别、规格，按设计图示数量以"条"计算；计算机应用、网络系统接地，计算机应用、网络系统联调，计算机应用、网络系统试运行，软件区分名称、类别、规格不同，按设计图示数量以"台（套、系统）"计算。

（二）综合布线系统工程（编码：030502）

（1）机柜、机架，抗震底座，分线接线箱（盒），电视、电话插座区分名称、材质、规格、功能、安装方式等，按设计图示数量以"台（套、个）"计算。

（2）双绞线缆，大对数电缆，光缆，光纤束、光缆外护套区分名称、规格、线缆对数、敷设方式，按设计图示数量以"m"计算；跳线区分名称、类别、规格，按设计图示数量以"条"计算。

（3）配线架，跳线架，信息插座，光纤盒区分名称、规格、容量、安装方式等，按设计图示数量以"个（块）"计算；光纤连接区分方法、模式，按设计图示数量以"芯（端口）"计算；光缆终端盒按光缆芯数按设计图示数量以"个"计算；布放尾纤（根），线管理器，跳块按设计图示数量以"个（根）"计算；双绞线测试，光纤测试按链路（点、芯）计算。

（三）建筑设备自动化系统工程（编码：030503）

中央管理系统区分名称、类别、功能和控制点数量，按设计图示数量以"系统（套）"计算；通信网络控制设备，控制器，控制箱按名称、类别、功能和控制点数量等，按设计图示数量以"台（套）"计算；第三方通信设备接口，传感器，电动调节阀执行机构，电动、电磁阀门区分名称、类别、功能和规格等，按设计图示数量以"支（台、个）"计算；建筑设备自控化系统调试，建筑设备自控化系统试运行区分名称、类别、规格、功能等，按设计图示数量以"台（户、系统）"计算。

（四）建筑信息综合管理系统工程（编码：030504）

（1）服务器，服务器显示设备，通信接口输入输出设备，按名称、类别和安装方式，按设计图示数量以"台（个）"计算。

（2）系统软件，基础应用软件，应用软件接口，应用软件二次，按测试内容和类别，按系统所需集成点数及图示数量以"套（顶）"计算；各系统联动试运行按图示数量以"系统"计算。

（五）有线电视、卫星接收系统工程（编码：030505）

（1）共用天线，卫星电视天线、馈线系统区分名称、规格等，按设计图示数量"副"计算。

（2）前端机柜区分名称、规格等，按设计图示数量以"个"计算；电视墙，前端射频设备，区分名称、监视器数量，按设计图示数量"套"计算；敷设射频同轴电缆区分名称、规格和敷设方式，按设计图示数量以"m"计算。

（3）同轴电缆接头，卫星地面站接收设备，光端设备安装、调试，有线电视系统管理设备，播控设备安装、调试，分配网络，终端调试，干线设备区分名称、规格等，按设计图示数量"个（套、台）"计算。

（六）音频、视频系统工程（编码：030506）

（1）扩声系统设备，扩声系统试运行，背景音乐系统设备，视频系统设备区分名称、类别、规格、安装方式等，按设计图示数量以"台（套、个）"计算。

（2）扩声系统调试，扩声系统试运行，背景音乐系统调试，背景音乐系统试运行，视频系统调试，按名称、类别、规格、功能等，按设计图示数量以"系统（只、副、台）"计算。

（七）安全防范系统工程（编码：030507）

（1）入侵探测设备，入侵报警控制器，入侵报警中心显示设备，入侵报警信号传输设备，出入口控制设备，出入口执行机构设备，监控摄像设备，视频控制设备，音频、视频及脉冲分配器，视频补偿器，视频传输设备，录像设备，显示设备区分名称、类别、规格、安装方式等，按设计图示数量以"台（套）"计算。

（2）安全检查设备，停车场管理设备区分名称、类别、规格、安装方式等，以"台"计算：按设计图示数量以"台（套）"计算；以"m^2"计算：按设计图示面积以"m^2"计算。

（3）安全防范分系统调试，安全防范全系统调试，安全防范系统工程试运行区分名称、类别、规格等，按设计图示数量"系统（套、台）"计算。

（八）其他相关问题应按下列规定处理

（1）土方工程，应按《房屋建筑与装饰工程工程量计算规范》（GB 50854—2013）相关项目编码列项。

（2）开挖路面工程，应按《市政工程工程量计算规范》（GB 50857—2013）相关项目编码列项。

（3）配管工程，线槽，桥架，电气设备，电气器件，接线箱、盒，电线，接地系统，凿（压）槽，打孔，打洞，人孔，手孔，立杆工程，应按电气设备安装工程相关项目编码列项。

（4）蓄电池组、六孔管道、专业通信系统工程，应按通信设备及线路工程相关项目编码列项。

（5）机架等项目的除锈、刷油，应按刷油、防腐蚀、绝热工程相关项目编码列项。

（6）如主项项目工程与需综合项目工程量不对应，项目特征应描述综合项目的型号、规格、数量。

（7）由国家或地方检测验收部门进行的检测验收应按措施项目相关项目编码列项。

第三节　工程量清单的编制

一、工程量清单的内容与格式

招标工程量清单应由具有编制能力的招标人或受其委托，具有相应资质的工程造价咨询人或招标代理人编制。招标工程量清单必须作为招标文件的组成部分，其准确性和完整性由招标人负责。招标工程量清单是工程量清单计价的基础，应作为编制最高投标限价、投标报价、计算工程量、工程索赔等的依据之一。

工程量清单应由分部分项工程量清单、措施项目清单、其他项目清单、规费项目清单、税金项目清单组成。

工程量清单文件由工程量清单封面、总说明，分部分项工程量清单、单价措施项目清单、总价措施项目清单，其他项目清单、规费、税金项目计价表，主要材料，工程设备一览表等组成。具体格式和内容如下。

(一) 招标工程量清单封面

工程量清单封面举例见表2.3.1（a）、(b)。

其中2.3.1（a）供招标人自行编制工程量清单时所用。招标人处盖单位公章，法定代表人或其授权人签字或盖章。编制人是造价工程师的，由其签字盖执业专用章；编制人是造价员的，在编制人栏签字盖专用章，应由造价工程师复核，并在复核人栏签字盖执业专用章。

表2.3.1（b）供招标人委托工程造价咨询人编制工程量清单时所用。工程造价咨询人处盖单位资质专用章，法定代表人或其授权人签字或盖章。编制人是造价工程师的，由其签字盖执业专用章；编制人是造价员的，在编制人栏签字盖专用章，应由造价工程师复核，并在复核人栏签字盖执业专用章。

表2.3.1（a） 供招标人自行编制工程量清单

_____某某_____工程

招标工程量清单

招标人：__某工程建设单位盖章__　　　　　工程造价咨询人：_____
　　　　　（单位公章）　　　　　　　　　　　　　　　（单位资质专用章）

法定代表人
或其授权人：__某工程建设单位盖章法人__　　法定代表人或其授权人：_____
　　　　　（签字或盖章）　　　　　　　　　　　　　　（签字或盖章）

编制人：__签字并盖造价员专用章__　　　　复核人：__签字并盖造价工程师专用章__
　　　（造价人员签字专用章）　　　　　　　　　（造价工程师签字盖专用章）

编制时间：某年某月某日　　　　　　　　　　复核时间：某年某月某日

表 2.3.1（b） 招标人委托工程造价咨询人编制的工程量清单封面

_____某某_____工程

招标工程量清单

招标人：__某工程建设单位盖章__ （单位公章）	工程造价 咨询人：__造价咨询企业资质专用章__ （单位资质专用章）
法定代表人 或其授权人：__某工程建设单位盖章法人__ （签字或盖章）	法定代表人 或其授权人：__造价咨询企业法人__ （签字或盖章）
编制人：__签字并盖造价员专用章__ （造价人员签字盖专用章）	复核人：__签字并盖造价工程师专用章__ （造价工程师签字盖专用章）
编制时间：__某年某月某日__	复核时间：__某年某月某日__

（二）总说明

总说明的作用主要是阐明本工程的有关基本情况，其具体内容应视拟建项目实际情况而定，但就一般情况来说，总说明的内容应包括以下几点。

（1）工程概况：建设规模、工程特征、计划工期、施工现场实际情况、交通运输情况、自然地理条件、环境保护要求等。

（2）工程招标和分包范围。

（3）工程量清单编制依据：如采用的标准、施工图纸、标准图集等。

(4) 工程质量、材料、施工等的特殊要求。

(5) 招标人自行采购材料的名称、规格型号、数量等。

(6) 其他需要说明的问题。

工程量清单总说明举例见表 2.3.2。

表 2.3.2 某工程总说明

工程名称：某工程安装工程　　　　　　　　　　　　　　　　　　　第　页　共　页

1. 工程概况

本工程建设地点位于某市某路1号。工程由20层高主楼及其南侧2层高的裙房组成。主楼与裙房间首层设过街通道作为消防疏散通道。建筑地下部分功能主要为地下车库兼设备用房。建筑面积73000m²，主要地上30层、地下3层，裙楼地上5层、地下3层；地下三层层高3.6m，地下二层层高4.5m，地下一层层高4.6m，一、二、四层层高5.1m，其余楼层为3.9m。结构类型：主要框架-剪力墙结构，裙楼框架工程；基础为钢筋混凝土桩基础。

2. 工程招标范围

本次招标范围为施工图（图纸工号：♯，日期：某年某月某日）范围内除消防系统、综合布线系统、门禁等分包项目以外的工程，安装分包项目的主体预埋、预留部分含在本次招标范围内。

3. 工程量清单编制依据

(1)《建设工程工程量清单计价》(GB 50500—2013) 相应项目设置及计算规则。

(2) 工程施工设计图纸及相关资料。

(3) 招标文件。

(4) 与建设项目相关的标准、规范、技术资料等。

4. 其他有关说明

(1) 电气安装工程中的盘、箱、柜列为设备；给排水安装工程中的成套供水设备、水箱及水箱消毒器、水泵；空调安装工程中的泵类、分集水器、水箱、软水器、换热器、水处理器、风机、静压箱、消声弯头、风机盘管、电热空气幕、通风器、通风处理机组、油烟净化器、冷水机组等均列为设备，在招标报价中不计入以上设备的价值。

(2) 消防系统、综合布线系统等另进行专业发包。总承包人应配合专业工程承包人完成以下工作。

① 按专业工程承包人的要求提供施工工作面并对施工现场进行统一管理，对竣工资料进行统一整理汇总。

② 分包项目的主体预埋、预留由总承包人负责。

（三）分部分项工程和单价措施项目清单

详见本节"二"相关内容。

（四）总价措施项目清单

详见本节"三"相关内容。

（五）其他项目清单

详见本节"四"相关内容。

（六）规费、税金项目清单

在施工实践中，有的规费项目，如工程排污费，并非每个工程所在地都要征收，实践中可作为按实计算的费用处理。税金应按国家增值税的有关规定执行，见表 2.3.3。

表 2.3.3 规费、税金项目计价表

工程名称：某中学教学楼工程　　　　　标段：　　　　　　　　第　页　共　页

序号	项目名称	计算基础	计算基数	计算费率（%）	金额（元）
1	规费	定额人工费			
1.1	社会保险费	定额人工费			
(1)	养老保险费	定额人工费			

续表

序号	项目名称	计算基础	计算基数	计算费率（%）	金额（元）
（2）	失业保险费	定额人工费			
（3）	医疗保险费	定额人工费			
（4）	工伤保险费	定额人工费			
（5）	生育保险费	定额人工费			
1.2	住房公积金	定额人工费			
1.3	工程排污费	按工程所在地环境保护部门收取标准，按实计入			
2	税金	分部分项工程费＋措施项目费＋其他项目费＋规费－按规定不计税的工程设备金额			
合计					

编制人（造价人员）： 　　　　　　　　　　　　复核人（造价工程师）：

二、分部分项工程工程量清单的编制

"分部分项工程"是"分部工程"和"分项工程"的总称。"分部工程"是单位工程的组成部分，是按通用安装工程专业及施工特点或施工任务将单位工程划分为若干分部的工程。例如，通用安装工程分为机械设备安装工程、热力设备安装工程、静置设备与工艺金属结构制作安装工程、电气设备安装工程、建筑智能化工程、自动化控制仪表安装工程、通风空调工程、工业管道工程、消防工程、给排水、采暖、燃气工程、通信设备及线路工程、刷油、防腐蚀、绝热工程等分部工程。"分项工程"是分部工程的组成部分，是按不同施工方法、材料、工序等分部工程划分为若干个分项或项目的工程。例如工业管道分为低压管道、中压管道、高压管道、低压管件、中压管件、高压管件等分项工程。

分部分项工程量清单应包括项目编码、项目名称、项目特征、计量单位和工程量。

（一）工程名称

编制工程量清单时，"工程名称"栏应填写详细具体的工程称谓，不同于房屋建筑并划分。管道敷设、道路施工等则往往以标段划分，此时应填写"标段"栏，其他各表涉及此类设置，道理相同。

（二）项目编码

分部分项工程量清单的项目编码，应采用十二位阿拉伯数字表示。各位数字的含义是：第一、二位为专业工程代码（01—房屋建筑与装饰工程；02—仿古建筑工程；03—通用安装工程；04—市政工程；05—园林绿化工程；06—矿山工程；07—构筑物工程；08—城市轨道交通工程；09—爆破工程。以后进入国标的专业工程代码以此类推）；第三、四位为附录分类顺序码；第五、六位为分部工程顺序码；第七、八、九位为分项工程项目名称顺序码；第十至十二位为清单项目名称顺序码。应根据拟建工程的工程量清单项目名称设置，同一招标工程的项目编码不得有重码，见图2.3.1。

第二章 安装工程计量

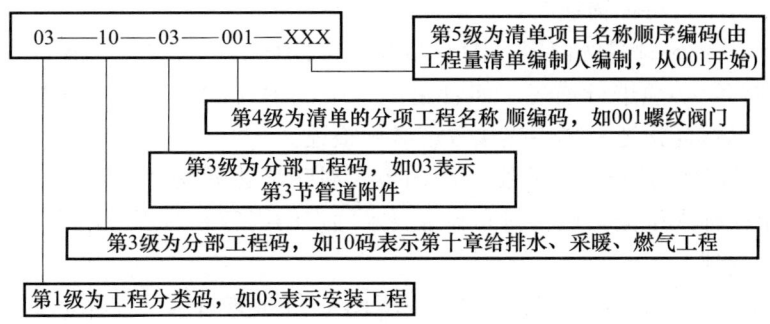

图 2.3.1 工程量清单编码含义图

当同一标段（或合同段）的一份工程量清单中含有多个单位工程且工程量清单是以单位工程为编制对象时，在编制工程量清单时应特别注意对项目编码十至十二位的设置不得有重码的规定。例如一个标段（或合同段）的工程量清单中含有三个单位工程，每一单位工程中都有项目特征相同的电梯，在工程量清单中又需反映三个不同单位工程的电梯工程量时，则第一个单位工程的电梯的项目编码应为 030107001，第二个单位工程的电梯的项目编码应为 030107002，第三个单位工程的电梯的项目编码应 030107003，并分别列出各单位工程电梯的工程量。

随着工程建设中新材料、新技术、新工艺等的不断涌现，本规范附录所列的工程量清单项目不可能包含所有项目。在编制工程量清单时，当出现本规范附录中未包括的清单项目时，编制人应作补充。在编制补充项目时应注意以下三个方面。

（1）补充项目的编码应按本规范的规定确定。具体做法如下：补充项目的编码由本规范的代码 03 与 B 和三位阿拉伯数字组成，并应从 03B001 起顺序编制，同一招标工程的项目不得重码。

（2）在工程量清单中应附补充项目的项目名称、项目特征、计量单位、工程量计算规则和工作内容。

（3）将编制的补充项目并报省级或行业工程造价管理机构备案，省级或行业工程造价管理机构应汇总报住房和城乡建设部标准定额研究所。

（三）项目名称

"项目名称"栏应按规范附录的项目名称结合拟建工程的实际确定。

（四）项目特征

工程量清单的项目特征是确定一个清单项目综合单价不可缺少的重要依据，在编制工程量清单时，必须对项目特征进行准确和全面的描述。但有些项目特征用文字往往又难以准确和全面地描述清楚。因此，为达到规范、简洁、准确、全面描述项目特征的要求，在描述工程量清单项目特征时应按以下原则进行。

（1）项目特征描述的内容应按附录中的规定，结合拟建工程的实际，能满足确定综合单价的需要。

（2）若采用标准图集或施工图纸能够全部或部分满足项目特征描述的要求，项目特征描述可直接采用详见某某图集或某某图号的方式。对于不能满足项目特征描述要求的部分，仍应用文字描述。

(3) 在进行项目特征描述时，可掌握以下要点。

① 对于涉及正确计量的内容、涉及结构要求的内容、涉及材质要求的内容和涉及安装方式的内容，必须进行描述。如管道工程中的钢管的连接方式是螺纹连接还是焊接；塑料管是黏接连接还是热熔连接等就必须描述。

② 对于对计量计价没有实质影响的内容、对于应由投标人根据施工方案确定的内容、对于应由投标人根据当地材料和施工要求确定的内容和对于应由施工措施解决的内容，可不进行描述。

③ 对于无法准确描述的内容、对于施工图纸和标准图集标注明确的内容等，可不详细进行描述。

（五）计量单位

（1）规范附录中有两个或两个以上计量单位的，应结合拟建工程项目的实际情况，选择其中一个确定。

（2）工程计量时，每一项目汇总工程量的有效位数应遵守下列规定：

① 以"t"为单位，应保留三位小数，第四位小数四舍五入。

② 以"m^3""m^2""m""kg"为单位，应保留两位小数，第三位小数四舍五入。

③ 以"台""个""件""套""根""组""系统"等为单位，应取整数。

（六）工程数量的计算

"工程量"应按相关工程国家计量规范规定的工程量计算规则计算填写。工程量计算规则是指对清单项目工程量计算的规定。除另有说明外，所有清单项目的工程量应以实体工程量为准，并以完成后的净值计算；投标人投标报价时，应在单价中考虑施工中的各种损耗和需要增加的工程量，分部分项工程量清单与计价表格式见表2.3.4。

表2.3.4 分部分项工程量清单与计价表

工程名称： 标段： 第 页 共 页

序号	项目编码	项目名称	项目特征	计量单位	工程量	金额（元）		
						综合单价	合价	其中：暂估价
				本页小计				
				合计				

三、措施项目清单的编制

(一) 总价措施项目的编制

措施项目清单中的安全文明施工费应按照国家或省级、行业建设主管部门的规定计价,不得作为竞争性费用。编制工程量清单时,表2.3.5中的项目可根据工程实际情况进行增减。总价措施项目清单与计价表格式见表2.3.5。

表2.3.5 总价措施项目清单与计价表

工程名称:某中学教学楼工程　　　　　　标段:　　　　　　　　第 页 共 页

序号	项目编码	项目名称	计算基础	费率（%）	金额（元）	调整费率（%）	调整后金额（元）	备注
		安全文明施工费						
		夜间施工增加费						
		二次搬运费						
		冬雨期施工增加费						
		已完工程及设备保护费						
		合计						

编制人（造价人员）:　　　　　　　　　　　　　　　　　复核人（造价工程师）:

注:①"计算基础"中安全文明施工费可为"定额基价""定额人工费"或"定额人工费+定额机械费",其他项目可为"定额人工费"或"定额人工费+定额机械费"。根据《山东省建设工程费用项目组成及计算规则》,山东省内建设项目计取的"安全文明施工费"不再计入措施项目费,列入规费中计取;安装工程中的"非夜间施工增加"和"高层施工增加"列入专业措施项目。
②按施工方案计算的措施费,若无"计算基础"和"费率"的数值,也可只填"金额"数值,但应在备注栏说明施工方案出处或计算方法。

(二) 单价措施项目的编制

单价措施项目的编制与分部分项工程量清单编制要求基本一致,见表2.3.4。

四、其他项目清单的编制

(一) 其他项目清单计价表

其他项目清单是指"分部分项工程量清单"和"措施项目清单"所包含的内容以外,因招标人的特殊要求而发生的与拟建安装工程有关的其他费用项目和相应数量的清单。由于工程建设标准的高低、工程的复杂程度、工程的工期长短、工程的组成内容、发包人对工程管路要求等都直接影响其他项目清单的具体内容,具体包括:暂列金额,暂估价包括材料（工程设备）暂估价、专业工程暂估价,计日工,总承包服务费,见表2.3.6。

表2.3.6 其他项目清单与计价汇总表

工程名称:某中学教学楼工程　　　　　　标段:　　　　　　　　第 页 共 页

序号	项目名称	金额（元）	结算金额（元）	备注
1	暂列金额			
2	暂估价			

续表

序号	项目名称	金额（元）	结算金额（元）	备注
2.1	材料暂估价			
2.2	专业工程暂估价			
3	计日工			
4	总承包服务费			
	合计			—

注：材料（工程设备）暂估价计入清单项目综合单价，此处不汇总。

（二）暂列金额明细表

暂列金额是招标人在工程量清单中暂定并包括在合同价款中的一笔款项。暂列金额是用于由发包人在施工合同协议签订时，尚未确定或者不可预见的在施工过程中所需材料、设备、服务的采购，以及施工过程中合同约定的各种工程价款调整因素出现时的工程价款调整以及索赔、现场签证确认的费用。在实际履约过程中可能发生，也可能不发生。本表要求招标人能将暂列金额与拟用项目列出明细，但如确实不能详列也可只列暂定金额总额，投标人应将上述暂列金额计入投标总价中，见表2.3.7。

已签约合同价中的暂列金额由发包人掌握使用。

表2.3.7 暂列金额明细表

工程名称： 标段： 第 页 共 页

序号	项目名称	计量单位	暂定金额/元	备注
	合计			

说明：此表由招标人填写，如不能详列，也可只列暂定金额总数，投标人应将上述暂定金额计入投标总价中。

（三）材料（工程设备）暂估单价及调整表

暂估价是在招标阶段预见肯定要发生，只是因为标准不明确或者需要由专业承包人完成，暂时无法确定材料、工程设备的具体价格而采用的一种临时性计价方式。暂估价的材料、工程设备数量应在表内填写，拟用项目应在本表备注栏给予补充说明。

规范要求招标人针对每一类暂估价给出相应的拟用项目，即按照材料、工程设备的名称分别给出，这样的材料、工程设备暂估价能够纳入到清单项目的综合单价中。

还有一种是给一个原则性的说明，原则性说明对招标人编制工程量清单而言比较简单，能降低招标人出错的概率。但是，对投标人而言，则很难准确把握招标人的意图和目的，很难保证投标报价的质量，轻则影响合同的可执行力，极端的情况下，可能导致招标失败，最终受损失的也包括招标人自己，因此，这种处理方式是不可取的方式。

一般而言，招标工程量清单中列明的材料、工程设备的暂估价仅指此类材料、工程设备本身运至施工现场内工地地面价，不包括这些材料、工程设备的安装以及安装所必须的辅助材料以及发生在现场内的验收、存储、保管、开箱、二次搬运、从存放地点运至安装地点以及其他任何必要的辅助工作（以下简称"暂估价项目的安装及辅助工作"）所发生的费用。暂估价项目的安装及辅助工作所发生的费用应该包括在投标报价中的相应清单项目的综合单价中并且固定包死，见表 2.3.8。

表 2.3.8　材料（工程设备）暂估单价及调整表

工程名称：某中学教学楼工程　　　　标段：　　　　　　第　页　共　页

序号	材料（工程设备）名称、规格、型号	计量单位	数量		单价（元）		合价（元）		差额±（元）		备注
			暂估	确认	暂估	确认	暂估	确认	单价	合价	
1	低压开关柜（CGD190380/220V）	台	1		45000		45000				用于低压开关柜安装项目
2											
	合计						45000				

注：此表由招标人填写"暂估单价"，并在备注栏说明暂估价的材料、工程设备拟用在哪些清单项目上，投标人应将上述材料、工程设备暂估单价计入工程量清单综合单价报价中。

（四）专业工程暂估价表

专业工程暂估价应在表内填写工程名称、工程内容、暂估金额，投标人应将上述金额计入投标总价中，见表 2.3.9。

专业工程暂估价项目及其表中列明的专业工程暂估价，是指分包人实施专业工程的含税金后的完整价（即包含了该专业工程中所有供应、安装、完工、调试、修复缺陷等全部工作），除了合同约定的发包人应承担的总包管理、协调、配合和服务责任所对应的总承包服务费用以外，承包人为履行其总包管理、配合、协调和服务等所需发生的费用应该包括在投标报价中。

表 2.3.9　专业工程暂估价及结算价表

工程名称：某中学教学楼工程　　　　标段：　　　　　　第　页　共　页

序号	工程名称	工程内容	暂估金额（元）	结算金额（元）	差额±（元）	备注
1	消防工程	合同图纸中标明的以及消防工程规范和技术说明中规定的各系统中的设备、管道、阀门、线缆等的供应、安装和调试工作	200000			
		合计	200000			

注：此表"暂估金额"由招标人填写，投标人应将"暂估金额"计入投标总价中。结算时按合同约定结算金额填写。

(五) 计日工表

计日工是在施工过程中，完成发包人提出的施工图纸以外的零星项目或工作，按合同约定的综合单价计价，见表2.3.10。

表 2.3.10 计日工表

工程名称：某中学教学楼工程　　　　标段：　　　　　　第　页　共　页

编号	项目名称	单位	暂定数量	实际数量	综合单价（元）	合价（元）	
						暂定	实际
一	人工						
1							
2							
3							
4							
	人工小计						
二	材料						
1							
2							
3							
4							
5							
6							
	材料小计						
三	施工机械						
1							
2							
3							
4							
	施工机械小计						
四、企业管理费和利润							
	总计						

1. 项目名称、暂定数量由招标人填写，编制招标控制价时，单价由招标人按有关计价规定确定；投标时，单价由投标人自主报价，按暂定数量计算合价计入投标总价中。结算时，按发承包双方确认的实际数量计算合价。
2. 山东省内计日工各项综合单价应包含企业管理费和利润。

(六) 总承包服务费计价表

总承包服务费是在工程建设的施工阶段实施施工总承包时，当招标人在法律、法规允许的范围内对工程进行分包和自行采购供应部分材料设备时，要求总承包人提供相关服务以及对施工现场进行协调和统一管理、对竣工资料进行统一汇总整理等所需要的费用，见表2.3.11。

表 2.3.11 总承包服务费计价表

序号	项目名称	项目价值（元）	服务内容	计算基础	费率（％）	金额（元）
1						
2						

续表

序号	项目名称	项目价值（元）	服务内容	计算基础	费率（%）	金额（元）
	合计					

注：此表项目名称、服务内容由招标人填写，编制最高投标限价时，费率及金额由招标人按有关计价规定确定；投标时，费率及金额由投标人自主报价，计入投标总价中。

五、规费、税金项目清单的编制

规费项目按山东省规定执行，税金按国家税率规定执行。具体见第3章。

六、建筑工程量清单编制实例

（一）给排水工程案例

【案例 2.3.1】

1. 背景资料

（1）某市公共厕所室内给水排水工程图纸。

某市公共厕所给水排水工程平面图和系统图如图 2.3.2～图 2.3.5 所示，图例如表 2.3.12。

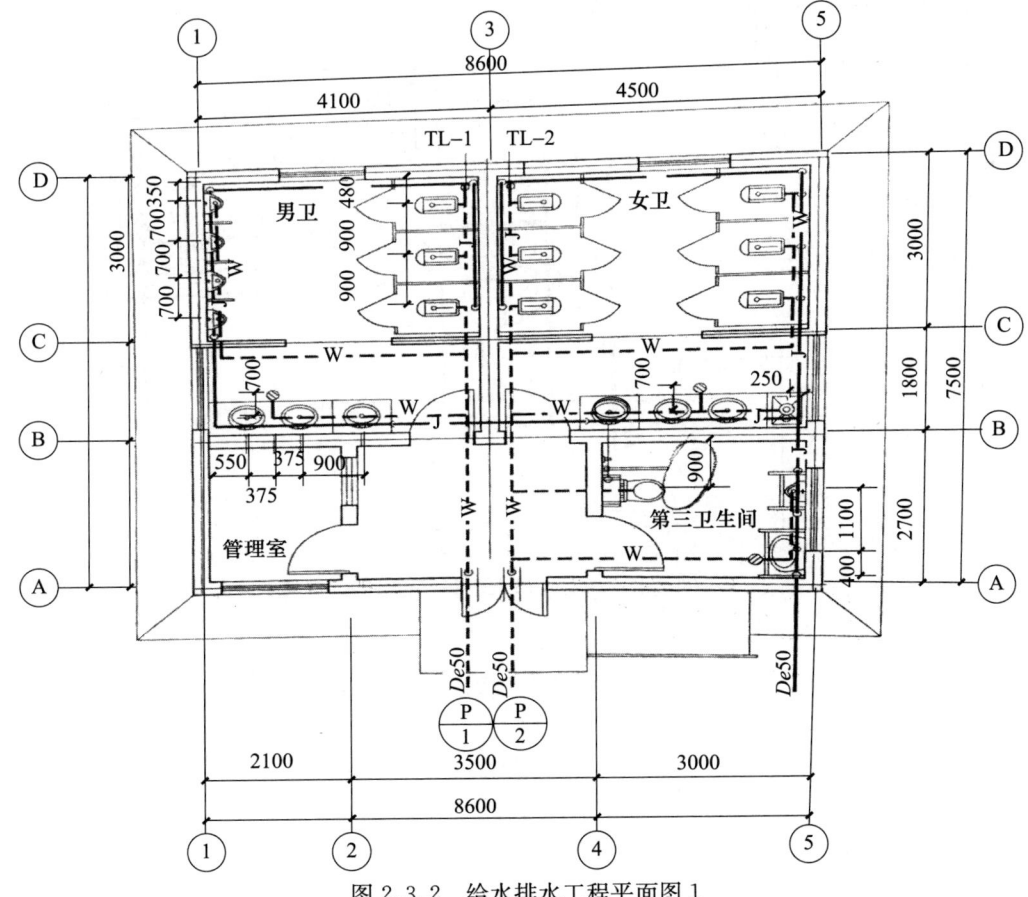

图 2.3.2　给水排水工程平面图 1

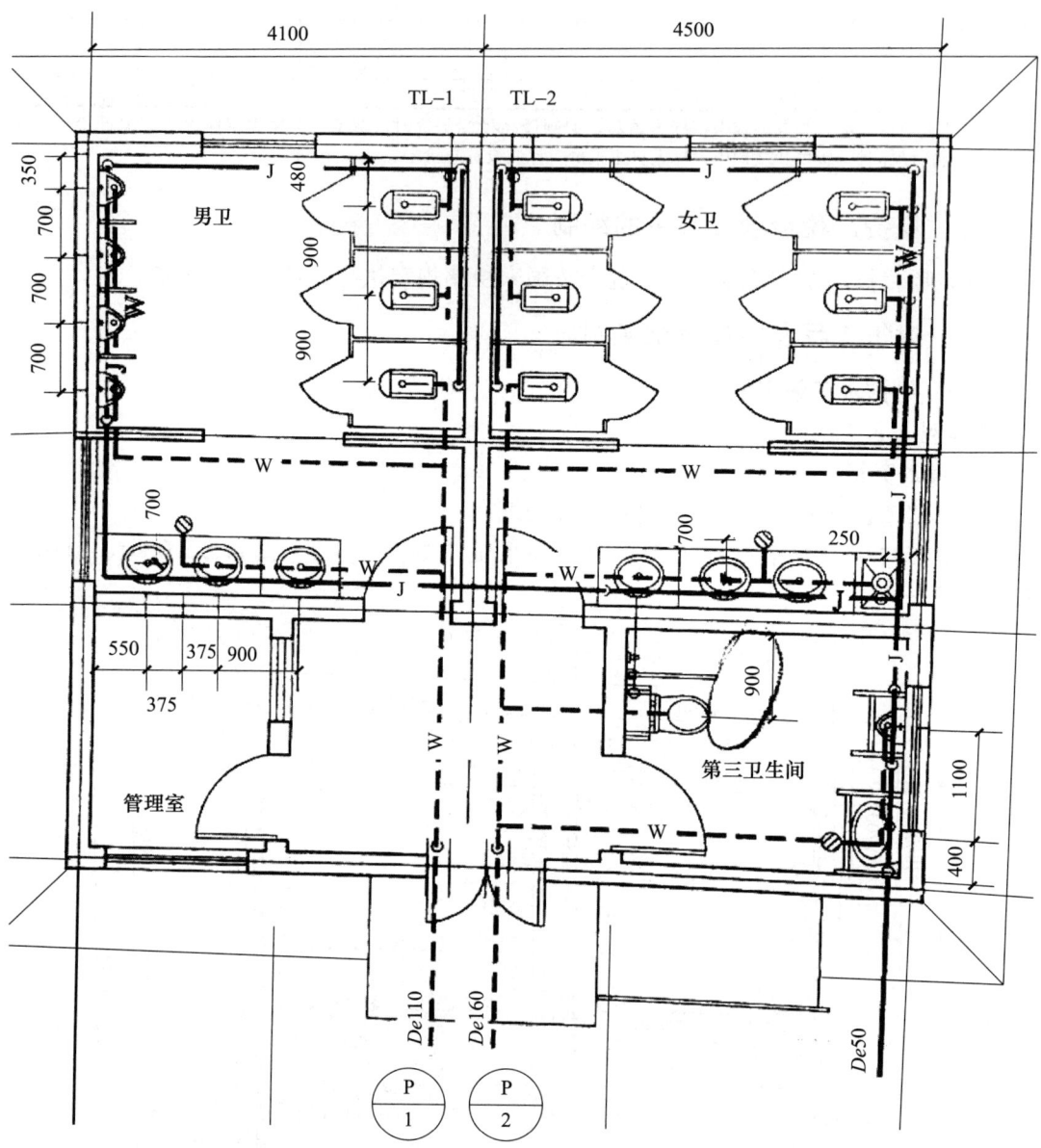

图 2.3.3 给水排水工程平面图 2

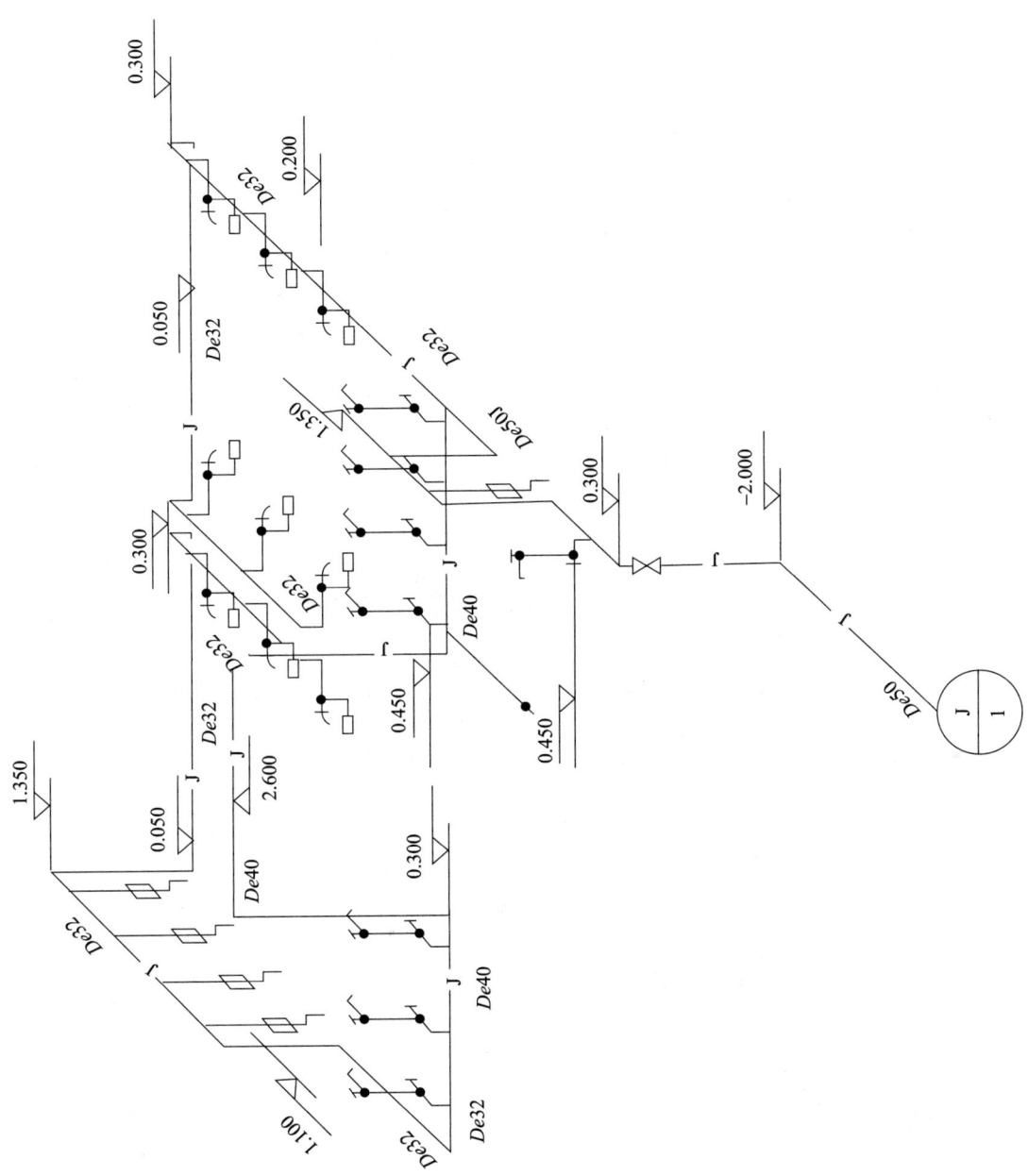

图 2.3.4 给水排水工程系统图 1

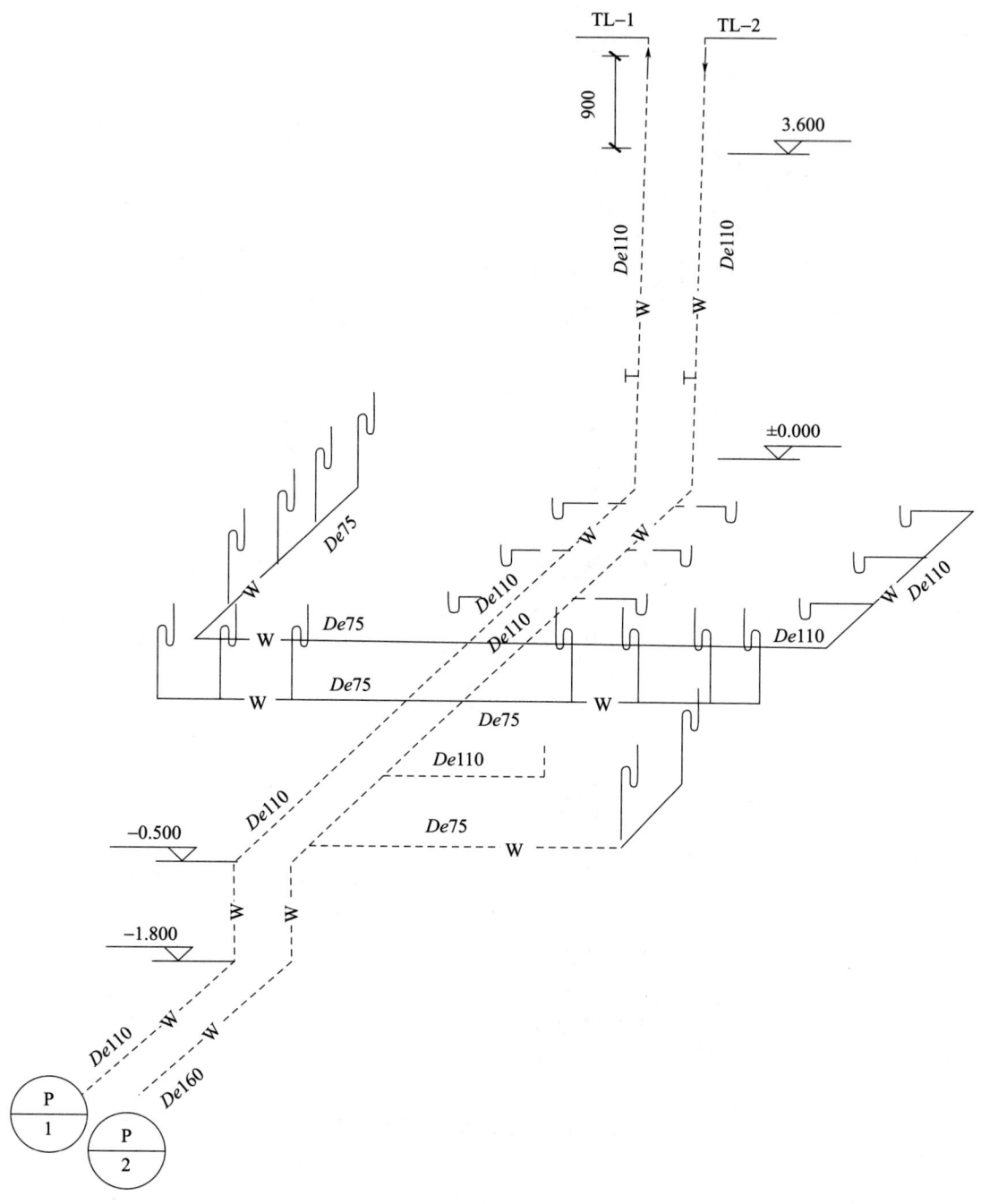

图 2.3.5 给水排水工程系统图 2

表 2.3.12 图例表

序号	图例	名称	序号	图例	名称
1	—— J ——	给水管道	8		水嘴
2	—— W ——	排水管道	8		地漏
3		截止阀	10		立式洗脸盆
4		脚踏阀	11		台式洗脸盆
5		角阀	12		立式小便器
6		刚性防水套管	13		蹲式大便器
7		小便器感应式冲洗阀	14		坐式大便器

(2) 说明。

① 给水管道采用钢塑复合管，螺纹连接；排水管道采用 UPVC 管，黏接。

② 给水管上的阀门采用铜截止阀，螺纹连接。

③ 给水管道在交付使用前须做消毒冲洗。

④ 给水立支管管径为 De20，计算至进水阀门处；排水立支管管径同与其相连接的横支管，计算至出地 100mm 处。

⑤ 给水立管管中距墙 60mm，排水立管管中距墙 13mm。

⑥ 管道变径点在三通分支处。

⑦ 台式洗脸盆水嘴为扳把式脸盆水嘴，立式洗脸盆水嘴为立式水嘴，小便器阀门为红外感应式阀门。

⑧ 坐便器为连体式坐便器，排水接口距背墙距离为 400mm，蹲便器排水接口距背墙距离为 640mm。

⑨ 管道支架为角钢L 40×4，质量 2.5kg，只计算制作安装，不计算除锈刷油。

⑩ 内外墙厚均为 240mm，轴线居中，不考虑墙体抹灰层厚度。

(3) 清单项目编码。

根据《通用安装工程工程量计算规范》（GB 50856—2013），查得清单项目编码，如表 2.3.13。

表 2.3.13 水部分项工程项目统一编码

项目编成	项目名称	项目编码	项目名称
031001007	复合管	031004003	洗脸盆
031001006	塑料管	031004006	大便器
031002003	钢套管	031004007	小便器
031002001	管道支架	031004014	给、排水附（配件）
031003001	螺纹阀门	031004008	其他成品卫生器具

2. 计算工程量

根据上述背景资料，按《通用安装工程工程量计算规范》(GB 50856—2013)中的计算规则计算本工程工程量，如表2.3.14所示。

表 2.3.14 清单工程量计算表

序号	项目名称	型号及规格	单位	工程量	计算过程
1	钢塑复合管	De50	m	8.90	(1.5+0.24+0.06)(进户水平管)+(0.3+2)(立管)+2.7(5轴水平支管)+(1.35-0.3)×2(5轴立支管)=8.9
2	钢塑复合管	De40	m	12.80	(8.6-0.12×2-0.06-1.3)(B轴水平支管)+(2.6-0.3)×2(B轴立支管)+(0.9+0.24+0.06)=12.8
3	钢塑复合管	De32	m	25.54	(4.8-0.12×2-0.06×2)(5轴水平支管)+(4.5-0.12×2-0.06×2+4.1-0.12×2-0.06×2)(D轴水平支管)+(2.28-0.06)×2(3轴水平支管)+(0.3-0.05)×3(D轴立支管)+(1.3-0.06)(B轴水平支管)+(4.8-0.12×2-0.06×2)(1轴水平支管)+(1.35-0.3+1.35-0.05)(1轴立支管)=25.54
4	钢塑复合管	De20	m	3.35	(0.45-0.3)×7(洗脸盆立支管)+(1.35-1.1)×5(小便器立支管)+(0.3-0.2)×9(蹲便器立支管)+(0.45-0.3)(拖把池立支管)=3.35
5	管道支架	角钢L 40×4	kg	2.50	2.5
6	套管	刚性防水套管 De50	个	1	1
7	螺纹阀门	截止阀 De50	个	1	1
8	塑料管	UPVC排水管 De160	m	5.87	(1.5+0.24+0.13)(P/2排出管)+(-0.5+1.8)(P/2立管)+2.7(P/2的3轴水平支管)=5.87
9	塑料管	UPVC排水管 De110	m	43.48	(1.5+0.24+0.13)(P/1排出管)+(-0.5+1.8)(P/1立管)+(4.8-0.12×2-0.13×2)(P/2的3轴水平支管)+(7.5-0.12×2-0.13×2)(P/1的3轴水平支管)+(3.6+0.5+0.9)×2(TL1和TL2)+(4.5-3-0.13+0.4)(坐便器水平支管)+(0.64-0.13)×9(蹲便器水平支管)+(4.5-0.12×2-0.13×2)(P/2的C轴水平支管)+(3+0.13-0.48)(P/2的5轴水平支管)+(0.5+0.1)×10(立支管)=43.48

续表

序号	项目名称	型号及规格	单位	工程量	计算过程
10	塑料管	UPVC排水管 De75	m	29.81	（4.1－0.12×2－0.13－0.55＋0.7）（P/1的B轴水平支管）＋（4.1－0.12×2－0.13×2）（P/1的C轴水平支管）＋（3＋0.13－0.35）（P/1的1轴水平支管）＋（4.5－0.12×2－0.13×2）（P/2的A轴水平支管）（0.4＋1.1－0.13）（P/2的5轴水平支管）＋（4.5－0.12×2－0.13－0.25＋0.7）（P/2的B轴水平支管）＋（0.5＋0.1）×16（立支管）＝29.81
11	套管	刚性防水套管 De110	个	1	1
12	套管	刚性防水套管 De160	个	1	1
13	洗脸盆	台下式洗脸盆	组	6	6
14	洗脸盆	立式洗脸盆冷水	组	1	1
15	大便器	连体式坐便器	组	1	1
16	大便器	脚踏阀冲洗式蹲便器	组	9	9
17	小便器	感应式明装立式小便器	组	5	5
18	拖布池	陶瓷成品 500×600	组	1	1
19	地漏	高水封塑料地漏	个	3	3

3. 编制工程量清单

根据上述背景资料，按《建设工程工程量清单计价规范》（GB 50500—2013）和《通用安装工程工程量计算规范》（GB 50856—2013）编制本工程工程量清单。

<u>　　某市公共厕所给水排水　　</u>工程

招标工程量清单

招　标　人：<u>　　××公司　　</u>
　　　　　　　　　（单位公章）

造价咨询人：<u>　　××造价咨询公司　　</u>
　　　　　　　　　（单位公章）

××年×月×日

___某市公共厕所给水排水___ 工程

招标工程量清单

招标人：___××公司___
（单位盖章）

造价咨询人：___××造价咨询公司___
（单位资质专用章）

法定代表人
或其授权人：___×××___
（签字或盖章）

法定代表人
或其授权人：___×××___
（签字或盖章）

编制人：___×××签字，盖造价师章或造价员专用章___
（造价人员签字盖专用章）

复核人：___×××签字盖造价师专用___
（造价工程师签字盖专用章）

编制时间：___某年某月某日___

复核时间：___某年某月某日___

4. 某市公共厕所给水排水工程工程概况

(1) 本工程为某市汽车站对面公共厕所,地上一层,总建筑面积 71.8m²,建筑高度 4.35m。

(2) 建筑耐火等级为地上二级。

(3) 建筑结构形式为砖混,主体结构合理使用年限为 50 年。

5. 工程招标范围为设计图纸范围内给水排水工程,具体详见工程量清单。

6. 工程量清单编制依据。

(1)《建设工程工程量清单计价规范》(GB 50500—2013) 和《通用安装工程工程量计算规范》(GB 50856—2013)、《某省住房城乡建设厅关于〈建设工程工程量清单计价规范〉(GB 50500—2013) 及其 9 本工程量计算规范的贯彻意见》。

(2) 本工程设计文件。

(3) 本工程招标文件。

(4) 施工现场情况、工程特点及常规施工方案等。

(5) 其他山东省、某市相关文件或规定。

7. 其他需说明的问题

(1) 施工现场情况(略)。

(2) 交通运输情况(略)。

(3) 自然地理条件(略)。

(4) 环境保护要求:满足山东省某市及当地政府对环境保护的相关要求和规定。

(5) 本工程投标报价按相关规定和要求使用表格及格式。

(6) 工程量清单中每一个项目,都需要填入综合单价及合价。

(4) 项目特征只做重点描述,详细情况见施工图纸及相关标准图集。

(8) 暂列金额:500.00 元。

(9) 本说明未尽事宜,以计价规范、计价管理办法、计算规范、招标文件以及有关的法律、法规、建设行政主管部门颁发的文件为准。

表 2.3.15 分部分项工程和单价措施项目清单与计价表

工程名称:某市公共厕所给排水工程　　　　　　　标段:安装实务

序号	项目编码	项目名称	项目特征描述	计量单位	工程量	金额(元)		
						综合单价	综合合价	其中暂估价
		给水						
1	031001007001	复合管	(1) 安装部位:室内; (2) 介质:给水; (3) 材质、规格:钢塑复合管 De50; (4) 连接形式:丝接; (5) 压力试验及吹、洗设计要求:水压试验、水冲洗、消毒	m	8.90			

续表

序号	项目编码	项目名称	项目特征描述	计量单位	工程量	金额（元）		
						综合单价	综合合价	其中 暂估价
2	031001007002	复合管	(1) 安装部位：室内； (2) 介质：给水； (3) 材质、规格：钢塑复合管 De40； (4) 连接形式：丝接； (5) 压力试验及吹、洗设计要求：水压试验、水冲洗、消毒	m	12.80			
3	031001007003	复合管	(1) 安装部位：室内； (2) 介质：给水； (3) 材质、规格：钢塑复合管 De32； (4) 连接形式：丝接； (5) 压力试验及吹、洗设计要求：水压试验、水冲洗、消毒	m	25.54			
4	031001007004	复合管	(1) 安装部位：室内； (2) 介质：给水； (3) 材质、规格：钢塑复合管 De20； (4) 连接形式：丝接； (5) 压力试验及吹、洗设计要求：水压试验、水冲洗、消毒	m	3.35			
5	031002001001	管道支架	(1) 材质：角钢∟40×4； (2) 管架形式：非保温管架	kg	2.50			
6	031002003001	套管	(1) 名称、类型：穿基础刚性防水套管； (2) 规格：DN65	个	1			
7	031003001001	螺纹阀门	(1) 类型：截止阀 J11W—16； (2) 材质：铜； (3) 规格：DN40； (4) 连接形式：丝接	个	1			
		排水						
8	031001006001	塑料管	(1) 安装部位：室内； (2) 介质：排水； (3) 材质、规格：De160； (4) 连接形式：黏接	m	5.87			
9	031001006002	塑料管	(1) 安装部位：室内； (2) 介质：排水； (3) 材质、规格：De110； (4) 连接形式：黏接	m	43.48			
10	031001006003	塑料管	(1) 安装部位：室内； (2) 介质：排水； (3) 材质、规格：De75； (4) 连接形式：黏接	m	29.81			

续表

序号	项目编码	项目名称	项目特征描述	计量单位	工程量	金额（元）		
						综合单价	综合合价	其中 暂估价
11	031002003002	套管	（1）名称、类型：穿基础刚性防水套管； （2）规格：DN250	个	1			
12	031002003003	套管	（1）名称、类型：穿基础刚性防水套管； （2）规格：DN200	个	1			
13	031004003001	洗脸盆	陶瓷	组	6			
14	031004003002	洗脸盆	陶瓷	组	1			
15	031004006001	大便器	陶瓷	组	1			
16	031004006002	大便器	陶瓷	组	9			
17	031004007001	小便器	陶瓷	组	5			
18	031004008001	其他成品卫生器具	陶瓷	组	1			
19	031004014001	给、排水附（配）件	（1）高水封塑料地漏； （2）型号、规格：DN75	个	3			
			本页小计					
			合计					

表 2.3.16　材料暂估价一览表

工程名称：某市公共厕所给排水　　　　标段：安装实务　　　　第 1 页　共 1 页

序号	材料名称、规格、型号	计量单位	单价（元）	备注

表 2.3.17　甲供材料价一览表

工程名称：某市公共厕所给排水　　　　标段：安装实务　　　　第 1 页　共 1 页

序号	材料名称、规格、型号	计量单位	单价（元）	备注

注：1. 此表由招标人填写，并在备注栏说明暂估价的材料拟用在哪些清单项目上，投标人应将上述材料暂估单价计入工程量清单综合单价报价中。
　　2. 材料包括原材料、燃料、构配件等。
　　3. 如为甲供材料，应在备注栏内注明"甲供"。

表 2.3.18　措施项目清单计价汇总表

工程名称：某市公共厕所给排水　　　　标段：安装实务　　　　第 1 页　共 1 页

序号	项目名称	金额（元）
1	措施项目清单计价（一）	
2	措施项目清单计价（二）	
	合计	

表 2.3.19 措施项目清单与计价表（一）

工程名称：某市公共厕所给排水　　　　标段：安装实务　　　　第1页 共1页

序号	项目编码	项目名称	计算基础	费率（%）	金额（元）	备注
1	031302002001	夜间施工费				
2	031302004001	二次搬运费				
3	031302005001	冬雨期施工增加费				
4	031302006001	已完工程及设备保护费				
		合计				

表 2.3.20 措施项目清单与计价表（二）

工程名称：某市公共厕所给排水　　　　标段：安装实务　　　　第1页 共1页

序号	项目编码	项目名称 项目特征	计量单位	工程数量	金额（元）		
					综合单价	合价	其中：暂估价
1	031301017001	脚手架搭拆	项	1			
		本页小计					
		合计					

表 2.3.21 其他项目清单与计价汇总表

工程名称：某市公共厕所给排水　　　　标段：安装实务　　　　第1页 共1页

序号	项目名称	计量单位	金额（元）	备注
1	暂列金额	项	500	
2	专业工程暂估价		—	
3	特殊项目暂估价			
4	计日工			
5	采购保管费			
6	其他检验试验费			
7	总承包服务费			
8	其他			
	合计		500	—

表 2.3.22 暂列金额明细表

工程名称：某市公共厕所给排水　　　　标段：安装实务　　　　第1页 共1页

序号	项目名称	计量单位	暂定金额（元）	备注
1	暂列金额	项	500	
	合计		500	—

表 2.3.23 特殊项目暂估价表

工程名称：某市公共厕所给排水　　　　标段：安装实务　　　　第1页 共1页

序号	特殊项目名称	内容、范围	计算单位	计算方法	金额（元）	备注
			合计			

表 2.3.24 计日工表

工程名称：某市公共厕所给排水　　　　标段：安装实务　　　　第1页　共1页

编号	项目名称、型号、规格	单位	暂定数量	综合单价	合价
一	人工				
	人工小计				
二	材料				
	材料小计				
三	机械				
	机械小计				
	总计				

表 2.3.25 总承包服务费清单与计价表

工程名称：某市公共厕所给排水　　　　标段：安装实务　　　　第1页　共1页

序号	项目名称及服务内容	项目费用（元）	费率（%）	金额（元）
1	总承包服务费			
	合计			

表 2.3.26 专业工程暂估价表

工程名称：某市公共厕所给排水　　　　标段：安装实务　　　　第1页　共1页

序号	工程名称	工程内容	金额（元）	备注
1				
	合计			

表 2.3.27 规费、税金项目清单与计价表

工程名称：某市公共厕所给排水　　　　标段：安装实务　　　　第1页　共1页

序号	项目名称	计算基础	费率（%）	金额（元）
1	规费			
1.1	安全文明施工费			
1.1.1	安全施工费			
1.1.2	环境保护费			
1.1.3	文明施工费			
1.1.4	临时设施费			
1.2	社会保险费			
1.3	住房公积金			
1.5	建设项目工伤保险			
1.6	优质优价费			
2	税金			
	合计			

(二)空调工程案例

【案例 2.3.2】

1. 背景资料

(1) 某学院学生服务中心首层通风空调工程图纸。

某学院学生服务中心首层通风空调工程平面图、风机盘管安装图和剖面图,如图 2.3.6—图 2.3.8 所示;风机盘管送回风管及送回风口一览表和图例及型号规格表,如表 2.3.28、表 2.3.29 所示。

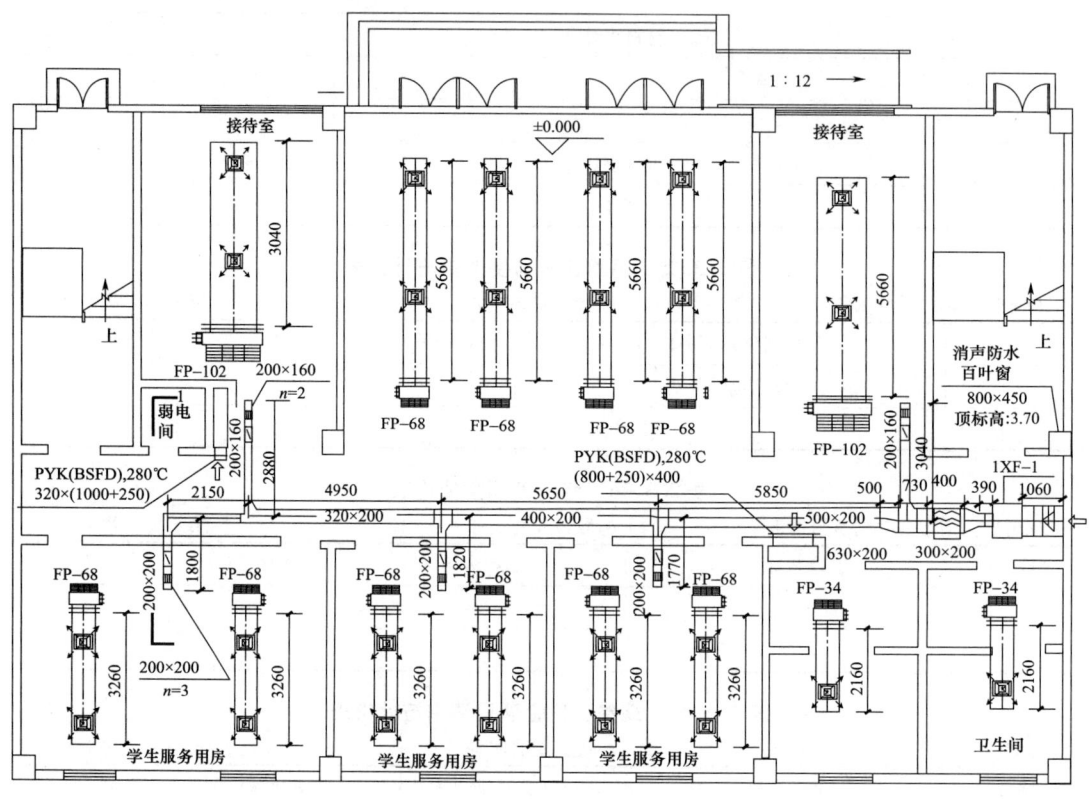

图 2.3.6 通风空调工程平面图

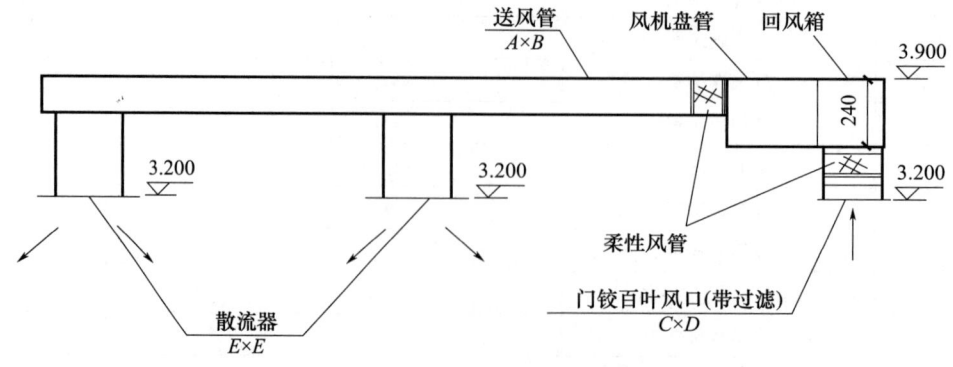

图 2.3.7 风机盘管风管安装图

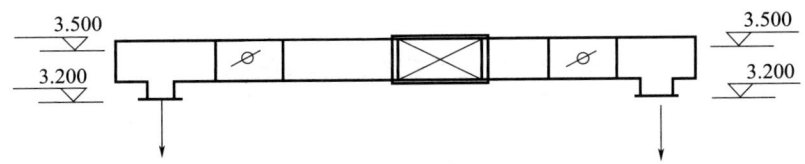

图 2.3.8　剖面图

表 2.3.28　风机盘管送回风管及送回风口一览表

序号	风机盘管型号	送风管尺寸 $A\times B$	回风口尺寸 $C\times D$	送风口尺寸 $E\times E$
1	FP-102	905mm×140mm	905mm×180mm	240×240mm
2	FP-68	685mm×140mm	685mm×180mm	240×240mm
3	FP-34	485mm×140mm	485mm×180mm	240×240mm

表 2.3.29　图例及型号规格表

序号	图例	名称	型号规格
1		风管蝶阀	钢制，$L=150$mm
2		密闭对开多叶调节阀（电动）	800mm×200mm，$L=210$mm
3		风管软接	帆布，$L=200$mm
4		方形散流器	240×240mm
5		消声器	折板式
6		风机盘管	卧式吊装
7		单层百叶风口	规格见平面图标注
8		远控多叶防火排烟口（常闭）	PYK（BSFD）280℃

（2）说明。

① 本工程采用风机盘管加新风系统，首层在吊顶内设新风机组，走廊设机械排烟系统。

② 通风空调管道采用镀锌薄钢板，法兰咬口连接。

③ 风管长度计算，以图示中心线长度为准，支管长度以支管中心线与主管中心线交接点为分界点。风管长度包括管件长度，不包括部件长度。

④ 新风机组和风机盘与风管连接处设置隔振帆布软接头。

⑤ 不计算支架、刷油、防腐和绝热工程量。

⑥ 新风机组 1XF-1 为甲供，除税单价为 8000 元/台。

⑦ 通风管道镀锌钢板厚度，查《通风与空调工程施工质量验收规范》（GB 50243—

2016），如表 2.3.30 所示。

表 2.3.30 通风管道镀锌钢板厚度表

序号	风管长边尺寸 b	镀锌钢板厚度（mm）
1	$b \leqslant 320$	0.5
2	$320 < b \leqslant 450$	0.5
3	$450 < b \leqslant 630$	0.6
4	$630 < b \leqslant 1000$	0.75

（3）清单项目编码。

根据《通用安装工程工程量计算规范》（GB 50856—2013），查得清单项目编码，如表 2.3.31 所示。

表 2.3.31 分部分项工程项目统一编码

项目编码	项目名称	项目编码	项目名称
030702001	碳钢通风管道	030703007	碳钢风口
030703019	柔性接口	030703020	消声器
030703007	百叶窗	030701003	空调器
030703001	碳钢阀门	030701004	风机盘管
030704001	通风工程检测、调试	—	—

（4）其他项目。

暂估价：风机盘管暂估除税价，FP-102 为 900 元/台，FP-68 为 800 元/台，FP-34 为 700 元/台。

2. 计算工程量

根据上述背景资料，按《通用安装工程工程量计算规范》（GB 50856—2013）中的计算规则计算本工程工程量，如表 2.3.32 所示。

表 2.3.32 清单工程量计算表

序号	项目名称	型号及规格	单位	工程量	计算过程
1	新风系统				
1.1	热镀锌钢板	800mm×450mm $\delta=0.75$mm	m^2	1.63	长度：1.06−0.21−0.2=0.65 工程量：(0.8+0.45)×2×0.65=1.625
1.2	热镀锌钢板	630mm×200mm $\delta=0.6$mm	m^2	1.96	长度：0.2+0.73+0.25=1.18 工程量：(0.63+0.2)×2×1.18=1.9588
1.3	热镀锌钢板	500mm×200mm $\delta=0.6$mm	m^2	8.54	长度：5.85+0.25=6.1 工程量：(0.5+0.2)×2×6.1=8.54
1.4	热镀锌钢板	400mm×200mm $\delta=0.5$mm	m^2	6.78	长度：5.65 工程量：(0.4+0.2)×2×5.65=6.78
1.5	热镀锌钢板	320mm×200mm $\delta=0.5$mm	m^2	5.15	长度：4.95 工程量：(0.32+0.2)×2×4.95=5.148

续表

序号	项目名称	型号及规格	单位	工程量	计算过程
1.6	热镀锌钢板	300mm×200mm $\delta=0.5$mm	m²	0.59	长度：0.39+0.2=0.59 工程量：(0.3+0.2)×2×0.59=0.59
1.7	热镀锌钢板	200mm×200mm $\delta=0.5$mm	m²	6.51	长度：2.15+1.8+1.82+1.77-0.15+(3.5-3.2-0.1)×3=7.99 工程量：(0.2+0.2)×2×8.14+0.2×0.2×3（端头堵板）=6.512
1.8	热镀锌钢板	200mm×160mm $\delta=0.5$mm	m²	4.57	长度：2.88+3.04-0.15+(3.5-3.2-0.08)×2=6.217 工程量：(0.2+0.16)×2×6.21+0.2×0.16×3（端头堵板）=4.5672
1.9	软接头	$L=200$mm	m²	0.70	800mm×450mm：(0.8+0.45)×2×0.2=0.5 300mm×200mm：(0.3+0.2)×2×0.2=0.2 合计：0.5+0.2=0.7
1.10	消声防水百叶窗	800mm×450mm	个	1	1
1.11	对开多叶调节阀	电动	个	1	1
1.12	风管蝶阀	200mm×200mm	个	3	3
1.13	风管蝶阀	200mm×160mm	个	2	2
1.14	单层百叶风口	200mm×200mm	个	3	3
1.15	单层百叶风口	200mm×200mm	个	2	2
1.16	折板式消声器	630mm×200mm	个	1	1
1.17	新风机组 1XF-1	MKS02D6 0.95kg 870mm×750mm×555mm	台	1	1
2	空调系统				
2.1	热镀锌钢板	905mm×140mm $\delta=0.75$mm	m²	21.82	长度：5.66+4.66=10.32 工程量：(0.905+0.14)×2×10.32+0.905×0.14×2（端头堵板）=21.82
2.2	热镀锌钢板	685mm×140mm $\delta=0.75$mm	m²	70.59	长度：5.66×4+3.26×6=42.20 工程量：(0.685+0.14)×2×42.2+0.685×0.14×10（端头堵板）=70.589
2.3	热镀锌钢板	485mm×140mm $\delta=0.6$mm	m²	5.54	长度：2.16×2=4.32 工程量：(0.485+0.14)×2×4.32+0.485×0.14×2（端头堵板）=5.5358
2.4	热镀锌钢板	240mm×240mm $\delta=0.5$mm	m²	15.72	长度：(3.9-3.2-0.07)×26=16.38 工程量：(0.24+0.24)×2×16.38=15.7248
2.5	热镀锌钢板	905mm×180mm $\delta=0.75$mm	m²	1.13	长度：(3.9-3.2-0.24-0.2)×2=0.52 工程量：(0.905+0.18)×2×0.52=1.1284

续表

序号	项目名称	型号及规格	单位	工程量	计算过程
2.6	热镀锌钢板	685mm×180mm $\delta=0.75$mm	m²	4.50	长度：(3.9−3.2−0.24−0.2)×10=2.6 工程量：(0.685+0.18)×2×2.6=4.698
2.7	热镀锌钢板	485mm×180mm $\delta=0.6$mm	m²	0.69	长度：(3.9−3.2−0.24−0.2)×2=0.52 工程量：(0.485+0.18)×2×0.52=0.6916
2.8	软接头	$L=200$mm	m²	9.50	905mm×140mm： (0.905+0.14)×2×0.2×2=0.836 685mm×140mm： (0.685+0.14)×2×0.2×10=3.30 485mm×140mm： (0.485+0.14)×2×0.2×2=0.50 905mm×180mm： (0.905+0.18)×2×0.2×2=0.868 685mm×180mm： (0.685+0.18)×2×0.2×10=3.46 485mm×180mm： (0.485+0.18)×2×0.2×2=0.532 合计：0.863+3.30+0.50+0.868+3.46+0.532=9.496
2.9	风机盘管	FP-102	台	2	2
2.10	风机盘管	FP-68	台	10	10
2.11	风机盘管	FP-34	台	10	2
2.12	散流器	240mm×240mm	个	26	2×2+10×2+2=26
2.13	门铰式百叶风口（带过滤）	905mm×180mm	个	2	2
2.14	门铰式百叶风口（带过滤）	685mm×180mm	个	10	10
2.15	门铰式百叶风口（带过滤）	485mm×180mm	个	2	2
3	排烟系统				
3.1	排烟风口	PYK（BSFD）280℃ 320mm×（1000+250）mm	个	1	1
3.2	排烟风口	PYK（BSFD）280℃ 400mm×（800+250）mm	个	1	1
4	通风工程检测、调试	风管工程量：156.65m²	系统	1	1

3. 编制工程量清单

根据上述背景资料，按《建设工程工程量清单计价规范》（GB 50500—2013）和《通用安装工程工程量计算规范》（GB 50856—2013）编制本工程工程量清单。

某学院学生活动中心通风空调工程

招标工程量清单

招 标 人：_____××公司_____　　　造价咨询人：_____造价咨询公司_____
　　　　　　　（单位盖章）　　　　　　　　　　　　　　（单位资质专用章）

法定代表人　　　　　　　　　　　　　　法定代表人
或其授权人：_____×××_____　　　或其授权人：_____×××_____
　　　　　　　（签字或盖章）　　　　　　　　　　　　（签字或盖章）

编制人：__×××签字，盖造价师或造价员专用章__　　复核人：__×××签字盖造价师专用章__
　　　　　（造价人员签字，盖专用章）　　　　　　　　　　（造价工程师签字，盖专用章）

编制时间：××年×月×日　　　　　　　复核时间：××年×月×日

---

4. 某学院学生活动中心通风空调工程工程概况

（1）本建筑物为某学院新校区一期项目学生会堂，地下一层，地上四层，总建筑面积23032m²，体育馆建筑高度21.4m，学生活动中心高度19m，学生会堂高度20.65m，本示例工程图纸为学生活动中心首层通风空调工程。

（2）本建筑物通风空调系统采用风机盘管加新风系统；首层在吊顶内设新风机组；走廊设机械排烟系统

5. 工程招标范围为设计图纸范围内通风空调工程，具体详见工程量清单。

6. 工程量清单编制依据

（1）《建设工程工程量清单计价规范》（GB 50500—2013）和《通用安装工程工程量计算规范》（GB 50856—2013）以及《某省住房城乡建设厅关于〈建设工程工程量清单

计价规范〉GB 50500—2013 及其 9 本工程量计价规范的贯彻意见》。

(2) 本工程设计文件。

(3) 本工程招标文件。

(4) 施工现场情况、工程特点及常规施工方案等。

(5) 其他山东省、某市相关文件或规定。

7．其他需说明的问题

(1) 施工现场情况（略）。

(2) 交通运输情况（略）。

(3) 自然地理条件（略）。

(4) 环境保护要求：满足山东省某市及当地政府对环境保护的相关要求和规定。

(5) 本工程投标报价按相关规定和要求使用表格及格式。

(6) 工程量清单中每一个项目，都需要填入综合单价及合价。

(7) 项目特征只做重点描述，详细情况见施工图纸及相关标准图集。

(8) 新风机组 1XF-1 为甲供，除税单价为 8000 元/台。

(9) 风机盘管暂估除税价，FP-102 为 900 元/台，FP-68 为 800 元/台，FP-34 为 700 元/台。

(10) 本说明未尽事宜，以计价规范、计价管理办法、计算规范、招标文件以及有关的法律、法规、建设行政主管部门颁发的文件为准。

表 2.3.33 分部分项工程和单价措施项目清单与计价表

工程名称：某学院学生活动中心通风空调工程　　　标段：　　　第 1 页 共 5 页

序号	项目编码	项目名称	项目特征描述	计量单位	工程量	金额（元）		
						综合单价	综合合价	其中暂估价
	1	新风系统						
1	030702001001	碳钢通风管道	(1) 名称：通风管道； (2) 材质：镀锌薄钢板； (3) 形状：矩形； (4) 规格：800mm×450mm； (5) 板材厚度：$\delta=0.75$mm； (6) 接口形式：法兰咬口连接	m²	1.63			
2	030702001002	碳钢通风管道	(1) 名称：通风管道； (2) 材质：镀锌薄钢板； (3) 形状：矩形； (4) 规格：630mm×200mm； (5) 板材厚度：$\delta=0.6$mm； (6) 接口形式：法兰咬口连接	m²	1.96			
3	030702001003	碳钢通风管道	(1) 名称：通风管道； (2) 材质：镀锌薄钢板； (3) 形状：矩形； (4) 规格：500mm×200mm； (5) 板材厚度：$\delta=0.6$mm； (6) 接口形式：法兰咬口连接	m²	8.54			

第二章 安装工程计量

第 2 页 共 5 页

序号	项目编码	项目名称	项目特征描述	计量单位	工程量	金额（元）		
						综合单价	综合合价	其中 暂估价
4	030702001004	碳钢通风管道	(1) 名称：通风管道； (2) 材质：镀锌薄钢板； (3) 形状：矩形； (4) 规格：400mm×200mm； (5) 板材厚度：$\delta=0.5mm$； (6) 接口形式：法兰咬口连接	m²	6.78			
5	030702001005	碳钢通风管道	(1) 名称：通风管道； (2) 材质：镀锌薄钢板； (3) 形状：矩形； (4) 规格：320mm×200mm； (5) 板材厚度：$\delta=0.5mm$； (6) 接口形式：法兰咬口连接	m²	5.15			
6	030702001006	碳钢通风管道	(1) 名称：通风管道； (2) 材质：镀锌薄钢板； (3) 形状：矩形； (4) 规格：300mm×200mm； (5) 板材厚度：$\delta=0.5mm$； (6) 接口形式：法兰咬口连接	m²	0.59			
7	030702001007	碳钢通风管道	(1) 名称：通风管道； (2) 材质：镀锌薄钢板； (3) 形状：矩形； (4) 规格：200mm×200mm； (5) 板材厚度：$\delta=0.5mm$； (6) 接口形式：法兰咬口连接	m²	6.63			
8	030702001008	碳钢通风管道	(1) 名称：通风管道； (2) 材质：镀锌薄钢板； (3) 形状：矩形； (4) 规格：200mm×160mm； (5) 板材厚度：$\delta=0.5mm$； (6) 接口形式：法兰咬口连接	m²	4.68			
9	030703019001	柔性接口	(1) 名称：软接头； (2) 规格：800mm×450mm； (3) 材质：帆布； (4) 类型：矩形	m²	0.70			
10	030703007001	百叶窗	(1) 名称：消声防水百叶窗； (2) 规格：800mm×450mm	个	1			
11	030703001001	碳钢阀门	(1) 名称：对开多叶调节阀（电动）； (2) 规格：800mm×450mm	个	1			
12	030703001002	碳钢阀门	(1) 名称：风管蝶阀； (2) 规格：200mm×200mm	个	3			

第3页 共5页

序号	项目编码	项目名称	项目特征描述	计量单位	工程量	综合单价	综合含价	其中 暂估价
13	030703001003	碳钢阀门	（1）名称：风管蝶阀； （2）规格：200mm×160mm	个	2			
14	030703007002	碳钢风口	（1）名称：单层百叶风口； （2）规格：200mm×200mm	个	3			
15	030703007003	碳钢风口	（1）名称：单层百叶风口； （2）规格：200mm×160mm	个	2			
16	030703020001	消声器	（1）名称：折板式消声器； （2）规格：630mm×200mm	个	1			
17	030701003001	空调器	（1）名称：新风机组1XF-1； （2）型号：MKS02D60.95kg； （3）规格：870mm×750mm×555mm； （4）安装形式：吊顶式	台	1			
18	030704001001	通风工程检测、调试		系统	1			
	2	空调（风机盘管）系统						
19	030702001009	碳钢通风管道	（1）名称：风机盘管管道； （2）材质：镀锌薄钢板； （3）形状：矩形； （4）规格：905mm×140mm； （5）板材厚度：$\delta=0.75$mm； （6）接口形式：法兰咬口连接	m²	21.82			
20	030702001010	碳钢通风管道	（1）名称：风机盘管管道； （2）材质：镀锌薄钢板； （3）形状：矩形； （4）规格：685mm×140mm； （5）板材厚度：$\delta=0.75$mm； （6）接口形式：法兰咬口连接	m²	70.59			
21	030702001011	碳钢通风管道	（1）名称：风机盘管管道； （2）材质：镀锌薄钢板； （3）形状：矩形； （4）规格：485mm×140mm； （5）板材厚度：$\delta=0.6$mm； （6）接口形式：法兰咬口连接	m²	5.54			
22	030702001012	碳钢通风管道	（1）名称：风机盘管管道； （2）材质：镀锌薄钢板； （3）形状：矩形； （4）规格：240mm×240mm； （5）板材厚度：$\delta=0.5$mm； （6）接口形式：法兰咬口连接	m²	15.72			

序号	项目编码	项目名称	项目特征描述	计量单位	工程量	金额（元）		
						综合单价	综合合价	其中 暂估价
23	030702001013	碳钢通风管道	(1) 名称：风机盘管管道； (2) 材质：镀锌薄钢板； (3) 形状：矩形； (4) 规格：905mm×180mm； (5) 板材厚度：$\delta=0.75$mm； (6) 接口形式：法兰咬口连接	m²	1.13			
24	030702001014	碳钢通风管道	(1) 名称：风机盘管管道； (2) 材质：镀锌薄钢板； (3) 形状：矩形； (4) 规格：685mm×180mm； (5) 板材厚度：$\delta=0.75$mm； (6) 接口形式：法兰咬口连接	m²	4.50			
25	030702001015	碳钢通风管道	(1) 名称：风机盘管管道； (2) 材质：镀锌薄钢板； (3) 形状：矩形； (4) 规格：485mm×180mm； (5) 板材厚度：$\delta=0.6$mm； (6) 接口形式：法兰咬口连接	m²	0.69			
26	030703019002	柔性接口	(1) 名称：软接口； (2) 规格：$L=200$mm； (3) 材质：帆布； (4) 类型：矩形	m²	9.50			
27	030701004001	风机盘管	(1) 名称：风机盘管； (2) 型号：FP-102； (3) 安装形式：吊顶式； (4) 支架形式、材质：减震吊架	台	2			
28	030701004002	风机盘管	(1) 名称：风机盘管； (2) 型号：FP-68； (3) 安装形式：吊顶式； (4) 支架形式、材质：减震吊架	台	10			
29	030701004003	风机盘管	(1) 名称：风机盘管； (2) 型号：FP-34； (3) 安装形式：吊顶式； (4) 支架形式、材质：减震吊架	台	2			
30	030703007004	散流器	(1) 名称：方形散流器； (2) 规格：240mm×240mm	个	26			

第 5 页　共 5 页

序号	项目编码	项目名称	项目特征描述	计量单位	工程量	金额（元）		
						综合单价	综合含价	其中 暂估价
31	030703007005	碳钢风口	（1）名称：百叶风口； （2）型号：门铰型（带过滤）； （3）规格：905mm×180mm； （4）形式：矩形	个	2			
32	030703007006	碳钢风口	（1）名称：百叶风口； （2）型号：门铰型（带过滤）； （3）规格：685mm×180mm； （4）形式：矩形	个	10			
33	030703007007	碳钢风口	（1）名称：百叶风口； （2）型号：门铰型（带过滤）； （3）规格：485mm×180mm； （4）形式：矩形	个	2			
34	030704001002	通风工程检测、调试		系统	1			
	3	排烟系统						
35	030703007008	碳钢风口	（1）名称：排烟风口； （2）型号：PYK（BSFD）280℃； （3）规格：320mm×（1000+250）mm	个	1			
36	030703007009	碳钢风口	（1）名称：排烟风口； （2）型号：PYK（BSFD）280℃； （3）规格：400mm×（800+250）mm	个	1			
37	030704001003	通风工程检测、调试		系统	1			
		分部分项合计						
38	031301017001	脚手架搭拆	脚手架搭设和拆除	项	1			
		单价措施合计						

表 2.3.34　材料暂估价一览表

工程名称：某学院学生活动中心通风空调　　　　标段：安装实务　　　　第1页　共1页

序号	材料名称、规格、型号	计量单位	单价（元）	备注
1	风机盘管 FP-102	台	900	
2	风机盘管 FP-68	台	800	
3	风机盘管 FP-34	台	700	

表 2.3.35　甲供材料价一览表

工程名称：某学院学生活动中心通风空调　　　　标段：安装实务　　　　第1页　共1页

序号	材料名称、规格、型号	计量单位	单价（元）	备注
1	新风机组 1XF－1MKS02D6 0.95kg	台	8000	甲供

注：1. 此表由招标人填写，并在备注栏说明暂估价的材料拟用在哪些清单项目上，投标人应将上述材料暂估单价计入工程量清单综合单价报价中。
　　2. 材料包括原材料、燃料、构配件等。
　　3. 如为甲供材料，应在备注栏内注明"甲供"。

表 2.3.36　措施项目清单计价汇总表

工程名称：某学院学生活动中心通风空调　　　　标段：安装实务　　　　第1页　共1页

序号	项目名称	金额（元）
1	措施项目清单计价（一）	
2	措施项目清单计价（二）	
	合计	

表 2.3.37　措施项目清单与计价表（一）

工程名称：某学院学生活动中心通风空调　　　　标段：安装实务　　　　第1页　共1页

序号	项目编码	项目名称	计算基础	费率（%）	金额（元）	备注
1	031302002001	夜间施工费				
2	031302004001	二次搬运费				
3	031302005001	冬雨期施工增加费				
4	031302006001	已完工程及设备保护费				
		合计				

表 2.3.38　措施项目清单与计价表（二）

工程名称：某学院学生活动中心通风空调　　　　标段：安装实务　　　　第1页　共1页

序号	项目编码	项目名称 项目特征	计量单位	工程数量	金额（元）		
					综合单价	合价	其中：暂估价
1	031301017001	脚手架搭拆	项	1			
		本页小计					
		合计					

表 2.3.39　其他项目清单与计价汇总表

工程名称：某学院学生活动中心通风空调　　　　标段：安装实务　　　　第1页　共1页

序号	项目名称	计量单位	金额（元）	备注
1	暂列金额	项		
2	专业工程暂估价			
3	特殊项目暂估价			
4	计日工			
5	采购保管费			
6	其他检验试验费			
7	总承包服务费			
8	其他			
	合计			

表 2.3.40　暂列金额明细表

工程名称：某学院学生活动中心通风空调　　　　标段：安装实务　　　　第1页　共1页

序号	项目名称	计量单位	暂定金额（元）	备注
1	暂列金额	项		
	合计			—

表 2.3.41　特殊项目暂估价表

工程名称：某学院学生活动中心通风空调　　　　标段：安装实务　　　　第1页　共1页

序号	特殊项目名称	内容、范围	计算单位	计算方法	金额（元）	备注
		合计				

表 2.3.42　计日工表

工程名称：某学院学生活动中心通风空调　　　　标段：安装实务　　　　第1页　共1页

编号	项目名称、型号、规格	单位	暂定数量	综合单价	合价
一	人工				
	人工小计				
二	材料				
	材料小计				
三	机械				
	机械小计				
	总计				

表 2.3.43 总承包服务费清单与计价表

工程名称：某学院学生活动中心通风空调　　　　标段：安装实务　　　　第1页 共1页

序号	项目名称及服务内容	项目费用（元）	费率（%）	金额（元）
1	总承包服务费	0	3	
	合计			

表 2.3.44 专业工程暂估价表

工程名称：某学院学生活动中心通风空调　　　　标段：安装实务　　　　第1页 共1页

序号	工程名称	工程内容	金额（元）	备注
1				
	合计			

表 2.3.45 规费、税金项目清单与计价表

工程名称：某学院学生活动中心通风空调　　　　标段：安装实务　　　　第1页 共1页

序号	项目名称	计算基础	费率（%）	金额（元）
1	规费			
1.1	安全文明施工费			
1.1.1	安全施工费	分部分项工程费＋措施项目费＋其他项目费		
1.1.2	环境保护费	分部分项工程费＋措施项目费＋其他项目费		
1.1.3	文明施工费	分部分项工程费＋措施项目费＋其他项目费		
1.1.4	临时设施费	分部分项工程费＋措施项目费＋其他项目费		
1.2	社会保险费	分部分项工程费＋措施项目费＋其他项目费		
1.3	住房公积金	分部分项工程费＋措施项目费＋其他项目费		
1.5	建设项目工伤保险	分部分项工程费＋措施项目费＋其他项目费		
1.6	优质优价费	分部分项工程费＋措施项目费＋其他项目费		
2	税金	分部分项工程费＋措施项目费＋其他项目费＋规费＋设备费－甲供材料费－甲供主材费－甲供设备费		
	合计			

(三) 工业管道工程案例

【案例 2.3.3】

1. 某管道工程有关背景资料如下：

(1) 成品油泵房管道系统施工图如图 2.3.9 所示。

(2) 假设成品油泵房的部分管道、阀门安装项目清单工程量如下：低压无缝钢 $D89×4$，长度 2.1m；$D159×5$，长度 3m；$D219×6$，长度 15m。中压无缝钢管 $D89×6$，长度 25m；$D159×8.5$，长度 18m，$D219×6$，长度 6m，其他技术条件和要求与图 2.3.9 所示一致。

(3) 工程相关分部分项工程量清单项目的统一编码见表 2.3.46。

表 2.3.46 相关项目编码表

项目编码	项目名称	项目编码	项目名称
031001002	钢管	030801001	低压碳钢管
031003001	螺纹阀门	030802001	中压碳钢管
031003002	螺纹法兰阀门	030807003	低压法兰阀门
031003003	焊接法兰阀门	030808003	中压法兰阀门

2. 问题。

(1) 按照图 2.3.9 所示内容，分别列式计算管道和阀门（其中 DN50 管道、阀门除外）安装工程项目分布分项清单工程量。

(2) 根据背景 2、3 及图 2.3.9 中所示要求，按《通用安装工程工程量计算规范》(GB 50856—2013) 的确定，分别依次编列管道、阀门安装项目（其中 DN50 管道、阀门除外）的分部分项工程量清单，并填入表 2.3.47 "分部分项工程量和单价措施项目清单与计价表"中。

3. 说明。

(1) 图中标注尺寸标高以 "m" 计，其他均以 "mm" 计。

(2) 建筑物现浇混凝土墙厚按 "300mm" 计，柱截面均为 600mm×600mm，设备基础平面尺寸均为 700mm×700mm。

(3) 管道均采用 20#碳钢无缝钢管，管件均采用碳钢成品压制常件。成品油泵吸入管道系统介质工作压力为 1.2MPa，采用电弧焊焊接，截止阀为 J41H-16，配平焊碳钢法兰。成品油泵排出管道系统介质工作压力为 2.4MPa，采用氩电联焊焊接；截止阀 J41H-40，止回阀为 J41H-40，配碳钢对焊法兰。成品油泵进出口法兰超出设备基础长度均按 120mm。

(4) 管道系统中，法兰连接处焊缝采用超声波探伤，管道焊缝采用 X 射线探伤。

(5) 管道系统安装就位，进行水压强度试验合格后，采用干燥空气进行吹扫。

(6) 未尽事宜均应符合相关工程建设技术标准规范要求。

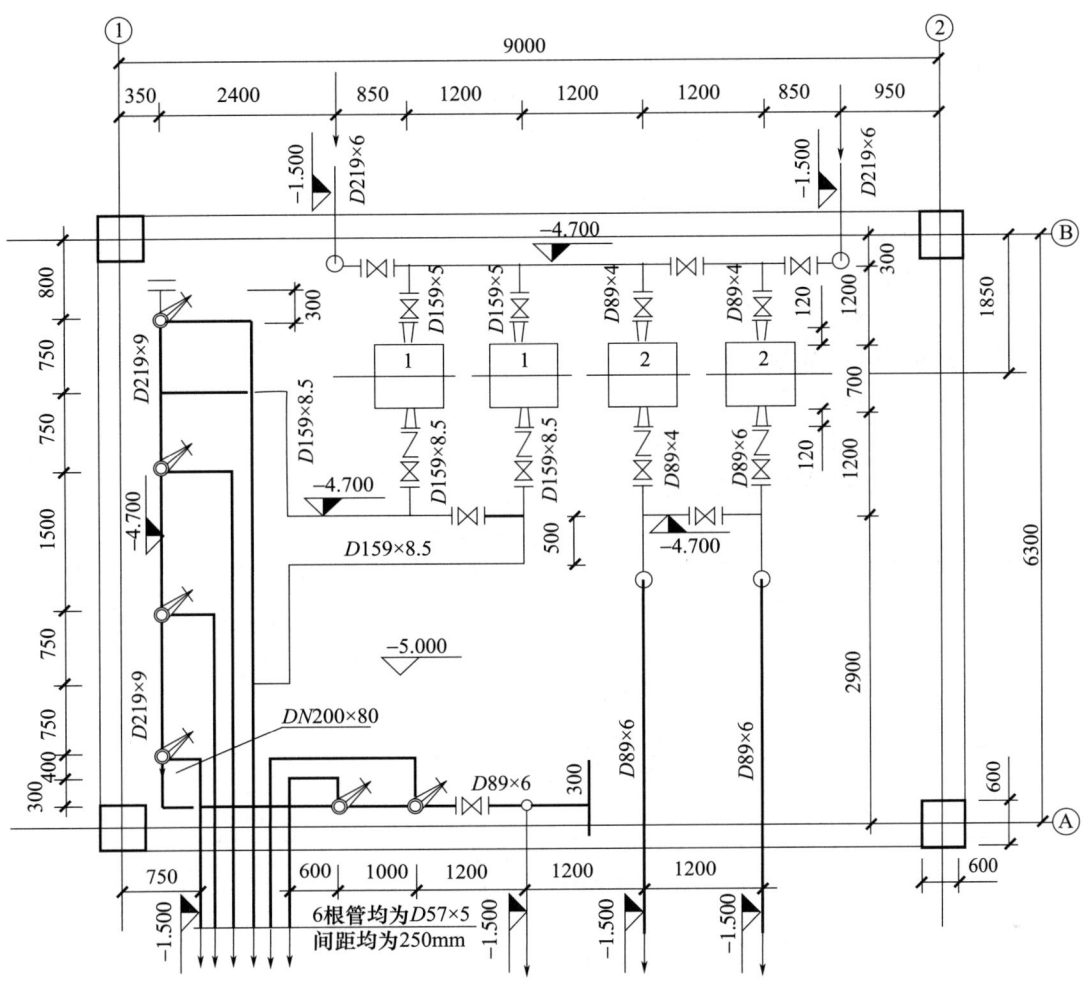

图 2.3.9 成品油泵房管道系统施工图

表 2.3.44 设备材料表

序号	名称及规格型号	单位	数量
1	油泵 $H=40\text{m}$，$Q=20\text{m}^3/\text{h}$	台	2
2	油泵 $H=40\text{m}$，$Q=10\text{m}^3/\text{h}$	台	2

4. 问题。

列式计算成品油泵房管道系统中的管道和阀门安装项目的分部分项工程量清单。

解答：

(1) 低压管路。

$D219\times6$：二楼进户及立管 $[1.5+0.3+0.3+(4.7-1.5)]\times2=10.6$ (m)。

一楼水平管母管 $1.2\times3+0.85\times2=5.3$ (m)。

合计：$10.6+5.3=15.9$ (m)。

$D159\times5$：二根，泵前 $(1.2-0.12)\times2=2.16$ (m)。

$D89\times4$：二根，泵前 $(1.2-0.12)\times2=2.16$ (m)。

(2) 中压管路。

$D219\times6$：一根母管 $1.5+0.75\times4+0.4+0.3=5.2$（m）。

$D159\times8.5$：$(1.2-0.12)\times2+(1.2+0.85+2.4)\times2+(1.5+0.75\times2)=14.06$（m）。

$D89\times6$：$(0.75-0.35)+0.25\times5+0.6+1+1.2+(4.7-1.5)+0.3+0.3+1.5=9.75$（m）。

(3) 低压阀门：压力<1.6MPa。

J41H-16：DN200，2 个；DN150，2 个；DN80，2 个。

(4) 中压阀门：压力处于 1.6MPa～6.4MPa。

J41H-40：DN150，3 个；DN80，4 个。

H41H-40：DN150，2 个；DN80，2 个。

分部分项工程量清单见表 2.3.47。

表 2.3.47　分部分项工程量清单

序号	项目编码	项目名称	项目特征	计价单位	工程量	金额（元）		
						综合单价	合计	其中：暂列金额
1	030801001001	低压碳钢管	无缝钢管 $D219\times6$ 电弧焊 液压试验 空气吹扫	m	15.9			
2	030801001002	低压碳钢管	无缝钢管 $D159\times5$ 电弧焊 液压试验 空气吹扫	m	2.16			
3	030801001003	低压碳钢管	无缝钢管 $D89\times4$ 电弧焊 液压试验 空气吹扫	m	2.16			
4	030802001001	中压碳钢管	无缝钢管 $D219\times9$ 电弧焊 液压试验 空气吹扫	m	5.2			
5	030802001002	中压碳钢管	无缝钢管 $D159\times8.5$ 电弧焊 液压试验 空气吹扫	m	14.06			

续表

序号	项目编码	项目名称	项目特征	计价单位	工程量	金额（元）		
						综合单价	合计	其中：暂列金额
6	030802001003	中压碳钢管	无缝钢管 $D89\times6$ 电弧焊 液压试验 空气吹扫	m	9.75			
7	030807003001	低压法兰阀门	截止阀法兰连接 J41H-16 DN200	个	2			
8	030807003001	低压法兰阀门	截止阀法兰连接 J41H-16 DN150	个	2			
9	030807003001	低压法兰阀门	截止阀法兰连接 J41H-16 DN80	个	2			
10	030808003001	中压法兰阀门	截止阀法兰连接 J41H-40 DN150	个	3			
11	030808003002	中压法兰阀门	截止阀法兰连接 J41H-40 DN80	个	4			
12	030808003003	中压法兰阀门	截止阀法兰连接 H41H-40 DN150	个	2			
13	030808003004	中压法兰阀门	截止阀法兰连接 H41H-40 DN80	个	2			

（四）消防工程案例

【案例 2.3.4】

1. 工程背景资料

（1）某学院学生活动中心首层消防工程图纸。

某学院学生服务中心首层自喷工程平面图和系统图，如图 2.3.10、图 2.3.11 所示；图例及型号规格表，如表 2.3.48 所示。

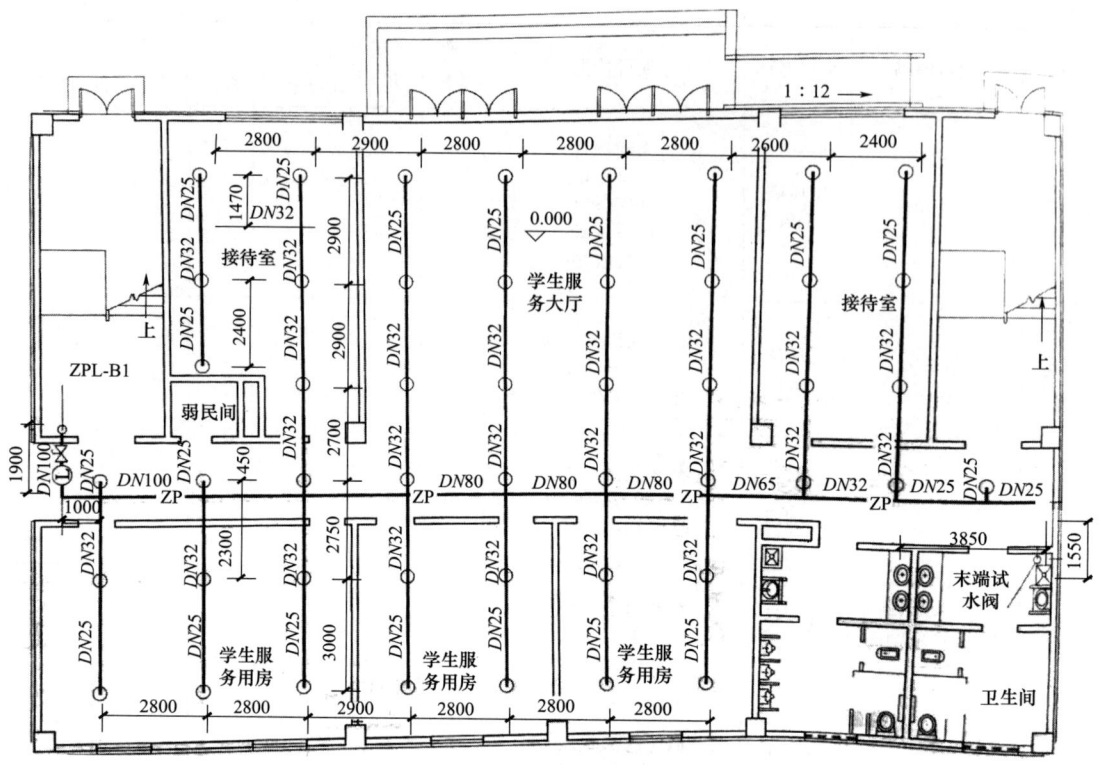

图 2.3.10 自喷工程平面图（单位：mm）

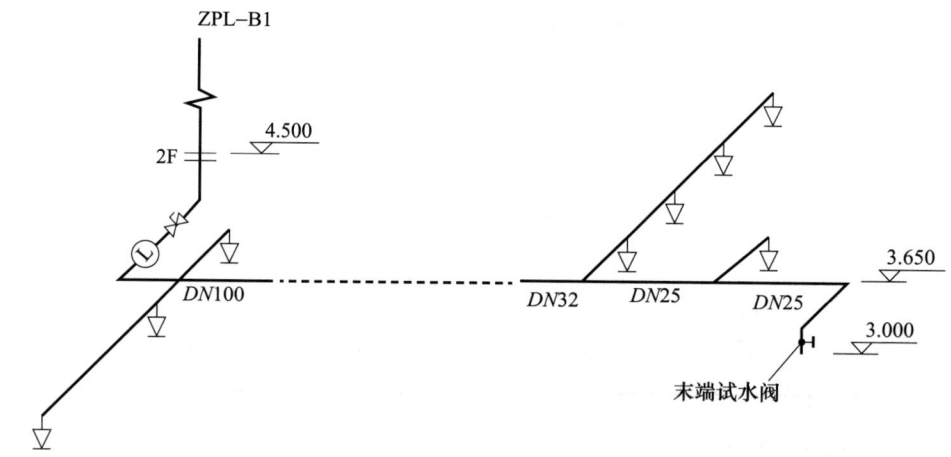

图 2.3.11 自喷工程系统图

表 2.3.48 图例及型号规格表

序号	图例	名称	型号规格
1	— ZP — ○ ZPL- 平面　 XHL- 系统	自喷水平管及立管	热镀锌钢管

续表

序号	图例	名称	型号规格
2	○ 平面　▽ 系统	喷淋头	玻璃球直立闭式下垂喷淋头 ZSTX15/68
3	⋈	信号蝶阀	ZSFD-100-16Z
4	—Ⓛ—	水流指示器	ZSJZ100·F
5	—⌐—	截止阀（末端试水阀）	J11W·16T

(2) 说明。

① 本示例工程为自动喷水灭火系统（以下简称自喷），层高为 4.5m，ZPL-B1 用水引自相邻建筑物自喷系统。

② 自喷管道采用热镀锌钢管，DN 小于 100 螺纹连接，DN 大于或等于 100 沟槽连接。

③ 自喷水平管沿梁底走，标高为 3.65m，管径见平面图；水平管和喷头之间的短立管底标高至吊顶 3.4m，管径为 DN25。

④ 自喷管道在交付使用前须做冲洗和调试。

⑤ 管道变径点在三通或四通分支处。

(3) 清单项目编码。

根据《通用安装工程工程量计算规范》（GB 50856—2013），查得清单项目编码，如表 2.3.49。

表 2.3.49　分部分项工程项目统一编码

项目编码	项目名称	项目编码	项目名称
030901001	水喷淋钢管	031003003	焊接法兰阀门
030901003	水喷淋喷头	031003001	螺纹阀门
030901006	水流指示器	030905002	水灭火控制装置调试

(4) 其他项目。

① 暂列金额：工程量偏差和设计变更为 10000.00 元。

② 暂估价：喷淋头暂估除税价 8.62 元/个。

2. 计算工程量

根据上述背景资料，按《通用安装工程工程量计算规范》（GB 50856—2013）中的计算规则计算本工程工程量，如表 2.3.50 所示。

表 2.3.50 清单工程量计价表

序号	项目名称	型号及规格	单位	工程量	计算过程
1	热镀锌钢管	DN100	m	11.4	1.9+1+2.8×2+2.9=11.4
2	热镀锌钢管	DN80	m	8.40	2.8×3=8.40
3	热镀锌钢管	DN65	m	2.60	—
4	热镀锌钢管	DN32	m	66.51	2.4+(2.9+2.7+2.75)×5+(2.9+2.7+0.45)×2+(2.9−1.47)×2+2.8+2.3×2=66.51
5	热镀锌钢管	DN25	m	63.14	(3.85+1.55+2.9×6+3×7+0.45×3+1.47×2+2.4)（水平）+(3.65−3)（试水阀立管）+(3.65−3.4)×48（喷头短立管）=63.14
6	水喷淋喷头	ZXTX15/68	个	48	48
7	水流指示器	DN80	个	1	1
8	信号蝶阀	DN80	个	1	1
9	截止阀	DN25	个	1	1
10	水灭火控制装置调试		点	1	1

3. 编制工程量清单

根据上述背景资料，按《建设工程工程量清单计价规范》（GB 50500—2013）和《通用安装工程工程量计算规范》（GB 50856—2013）编制本工程工程量清单。

<u>　　某学院学生活动中心消防工程　　</u>工程

招标工程量清单

招标人：<u>　　××公司　　</u>　　　　造价咨询人：<u>　造价咨询公司　</u>
　　　　（单位盖章）　　　　　　　　　　　（单位资质专用章）

法定代表人　　　　　　　　　　　　法定代表人
或其授权人：<u>　　×××　　</u>　　　或其授权人：<u>　　×××　　</u>
　　　　（签字或盖章）　　　　　　　　　（签字或盖章）

编制人：<u>×××签字，盖造价师或造价员专用章</u>　复核人：<u>×××签字盖造价师专用章</u>
　　　（造价人员签字，盖专用章）　　　　　　（造价工程师签字，盖专用章）

编制时间：<u>××年×月×日</u>　　　　　复核时间：<u>××年×月×日</u>

项目名称：某学院学生活动中心消防工程

1. 工程概况

本建筑物为某学院新校区一期项目学生会堂，地下一层，地上四层，总建筑面积 23032m²，体育馆建筑高度 21.4m，学生活动中心高度 19m，学生会堂高度 20.65m，本示例工程图纸为学生活动中心首层消防工程

2. 工程招标范围为设计图纸范围内消防工程，具体详见工程量清单。

3. 工程量清单编制依据

（1）《建设工程工程量清单计价规范》（GB 50500—2013）和《通用安装工程工程量计算规范》（GB 50856—2013）以及《某省住房城乡建设厅关于〈建设工程工程量清单计价规范〉GB 50500—2013 及其 9 本工程量计算规范的贯彻意见》。

（2）本工程设计文件。

（3）本工程招标文件。

（4）施工现场情况、工程特点及常规施工方案等。

（5）其他山东省、某市相关文件或规定。

4. 其他需说明的问题

（1）施工现场情况（略）。

（2）交通运输情况（略）。

（3）自然地理条件（略）。

（4）环境保护要求：满足山东省某市及当地政府对环境保护的相关要求和规定。

（5）本工程投标报价按相关规定和要求使用表格及格式。

（6）本说明未尽事宜，以计价规范、计价管理办法、计算规范、招标文件以及有关的法律、法规、建设行政主管部门颁发的文件为准。

表 2.3.51 分部分项工程量清单与计价表

工程名称：某学院学生活动中心消防工程　　　　　标段：安装实务

序号	项目编码	项目名称 项目特征	计量单位	工程数量	金额（元）		
					综合单价	综合合价	其中 暂估价
1	030901001001	水喷淋钢管 1. 安装部位：室内； 2. 材质、规格：热镀锌钢管 DN100； 3. 连接形式：沟槽连接	m	11.4			
2	030901001002	水喷淋钢管 1. 安装部位：室内； 2. 材质、规格：热镀锌钢管 DN80； 3. 连接形式：螺纹连接	m	8.4			
3	030901001003	水喷淋钢管 1. 安装部位：室内； 2. 材质、规格：热镀锌钢管 DN65； 3. 连接形式：螺纹连接	m	2.6			

续表

序号	项目编码	项目名称 项目特征	计量单位	工程数量	金额（元）		
					综合单价	综合合价	其中 暂估价
4	030901001004	水喷淋钢管 1. 安装部位：室内； 2. 材质、规格：热镀锌钢管 DN32； 3. 连接形式：螺纹连接	m	66.51			
5	030901001005	水喷淋钢管 1. 安装部位：室内； 2. 材质、规格：热镀锌钢管 DN25； 3. 连接形式：螺纹连接	m	63.14			
6	030901003001	水喷淋（雾）喷头 1. 安装部位：无吊顶； 2. 材质、型号、规格：ZXTX15/68； 3. 连接形式：螺纹连接	个	48			
7	030901006001	水流指示器 1. 规格、型号：DN80； 2. 连接形式：螺纹连接	个	1			
8	031003001001	螺纹阀门 1. 类型：信号蝶阀； 2. 材质：铜； 3. 规格、压力等级：DN80； 4. 连接形式：螺纹连接	个	1			
9	031003001002	螺纹阀门 1. 类型：截止阀； 2. 材质：铜； 3. 规格、压力等级：DN25； 4. 连接形式：螺纹连接	个	1			
10	030905002001	水灭火控制装置调试	点	1			
		本页小计					
		合计					

表 2.3.52　材料暂估价一览表

工程名称：某学院学生活动中心消防工程　　　　标段：安装实务　　　　第 1 页　共 1 页

序号	材料名称、规格、型号	计量单位	单价（元）	备注
1	喷头 DN15	个	8.62	

表 2.3.53　甲供材料价一览表

工程名称：某学院学生活动中心消防工程　　　　标段：安装实务　　　　第 1 页　共 1 页

序号	材料名称、规格、型号	计量单位	单价（元）	备注

注：1. 此表由招标人填写，并在备注栏说明暂估价的材料拟用在哪些清单项目上，投标人应将上述材料暂估单价计入工程清单综合单价报价中。
　　2. 材料包括原材料、燃料、构配件等。
　　3. 如为甲供材料，应在备注栏内注明"甲供"。

第二章 安装工程计量

表 2.3.54 措施项目清单计价汇总表

工程名称：某学院学生活动中心消防工程　　　　标段：安装实务　　　　第1页 共1页

序号	项目名称	金额（元）
1	措施项目清单计价（一）	
2	措施项目清单计价（二）	
	合计	

表 2.3.55 措施项目清单与计价表（一）

工程名称：某学院学生活动中心消防工程　　　　标段：安装实务　　　　第1页 共1页

序号	项目编码	项目名称	计算基础	费率（%）	金额（元）	备注
1	031302002001	夜间施工费				
2	031302004001	二次搬运费				
3	031302005001	冬雨期施工增加费				
4	031302006001	已完工程及设备保护费				
		合计				

表 2.3.56 措施项目清单与计价表（二）

工程名称：某学院学生活动中心消防工程　　　　标段：安装实务　　　　第1页 共1页

序号	项目编码	项目名称 项目特征	计量单位	工程数量	金额（元）		
					综合单价	合价	其中：暂估价
1	031301017001	脚手架搭拆	项	1			
		本页小计					
		合计					

表 2.3.57 其他项目清单与计价汇总表

工程名称：某学院学生活动中心消防工程　　　　标段：安装实务　　　　第1页 共1页

序号	项目名称	计量单位	金额（元）	备注
1	暂列金额	项	10000	
2	专业工程暂估价			
3	特殊项目暂估价			
4	计日工			
5	采购保管费			
6	其他检验试验费			
7	总承包服务费			
8	其他			
	合计		10000	

表 2.3.58 暂列金额明细表

工程名称：某学院学生活动中心消防工程　　　　标段：安装实务　　　　第1页 共1页

序号	项目名称	计量单位	暂定金额（元）	备注
1	暂列金额	项	10000	
	合计		10000	

表 2.3.59　特殊项目暂估价表

工程名称：某学院学生活动中心消防工程　　　　标段：安装实务　　　　第 1 页　共 1 页

序号	特殊项目名称	内容、范围	计算单位	计算方法	金额（元）	备注
	合计					

表 2.3.60　计日工表

工程名称：某学院学生活动中心消防工程　　　　标段：安装实务　　　　第 1 页　共 1 页

编号	项目名称、型号、规格	单位	暂定数量	综合单价	合价
一	人工				
	人工小计				
二	材料				
	材料小计				
三	机械				
	机械小计				
	总计				

表 2.3.61　总承包服务费清单与计价表

工程名称：某学院学生活动中心消防工程　　　　标段：安装实务　　　　第 1 页　共 1 页

序号	项目名称及服务内容	项目费用（元）	费率（%）	金额（元）
1	总承包服务费	0	3	
	合计			

表 2.3.62　专业工程暂估价表

工程名称：某学院学生活动中心消防工程　　　　标段：安装实务　　　　第 1 页　共 1 页

序号	工程名称	工程内容	金额（元）	备注
1				
	合计			

表 2.3.63　规费、税金项目清单与计价表

工程名称：某学院学生活动中心消防工程　　　　标段：安装实务　　　　第 1 页　共 1 页

序号	项目名称	计算基础	费率（%）	金额（元）
1	规费			
1.1	安全文明施工费			
1.1.1	安全施工费	分部分项工程费+措施项目费+其他项目费		
1.1.2	环境保护费	分部分项工程费+措施项目费+其他项目费		

续表

序号	项目名称	计算基础	费率（%）	金额（元）
1.1.3	文明施工费	分部分项工程费＋措施项目费＋其他项目费		
1.1.4	临时设施费	分部分项工程费＋措施项目费＋其他项目费		
1.2	社会保险费	分部分项工程费＋措施项目费＋其他项目费		
1.3	住房公积金	分部分项工程费＋措施项目费＋其他项目费		
1.5	建设项目工伤保险	分部分项工程费＋措施项目费＋其他项目费		
1.6	优质优价费	分部分项工程费＋措施项目费＋其他项目费		
2	税金	分部分项工程费＋措施项目费＋其他项目费＋规费＋设备费－甲供材料费－甲供主材费－甲供设备费		
	合计			

（五）电气工程案例

案例【2.3.5】

1. 工程背景资料

（1）图 2.3.12 为某配电房电气平面图，图 2.3.13 为配电箱系统和设备材料图。该建筑为单层平屋面砖、混凝土结构，建筑物室内净高为 4.00m。

图中括号内数字表示线路水平长度，配管进入地面或顶板内深度均按 0.05m，穿管规格：BV2.5 导线穿 3～5 根均采用刚性阻燃管 PC20，其余按系统图。

（2）相关分部分项工程量清单项目编码及项目名称见表 2.3.64。

表 2.3.64　相关项目编码表

项目编码	项目名称	项目编码	项目名称
030404017	配电箱	030411001	配管
030404018	插座箱	030411004	配线
030404034	照明开关	030412005	荧光灯
030404031	小电器	030412001	普通灯具

2. 问题：

按照背景资料和图 2.3.12 及图 2.3.13 和表 2.3.65 所示内容，根据《建设工程工程量清单计价规范》（GB 50500—2013）和《通用安装工程工程量计算规范》（GB 50856—2013）的规定，计算各分部分项工程量，并将配管（PC20、PC40）和配线（BV2.5、BV16）的工程量计算式与结果写在答题卡指定位置；计算各分部分项工程的综合单价与合价,编制完成答题卡表 2.3.66 "分部分项工程和单价措施项目清单与计价表"(答题时不考虑总照明配电箱的进线管道和电缆,不考虑开关盒和灯头盒)(计算结果保留两位小数)。

表 2.3.65 设备材料表

序号	图例	材料/设备名称	型号规格	单位	备注
1		总照明配电箱 AL	非标定制,600(宽)×800(高)×200(深)	台	嵌入式,安装高度底边离地 1.5m
2		插座箱 AX	PZ30,300300(宽)×300(高)×120(深)	台	嵌入式,安装高度底边离地 0.5m
3		吸顶灯	HYG7001,1×32W,D350	套	吸顶安装
4		双管荧光灯自带蓄电池	HYG218-2C,2×28W	套	应急时间不小于 120min,吸顶安装
5		单管荧光灯自带蓄电池	HYG118-2C,1×28W	套	应急时间不小于 120min,吸顶安装
6		四联单控暗开关	AP86K41-10,250V/10A	个	安装高度离地 1.3m

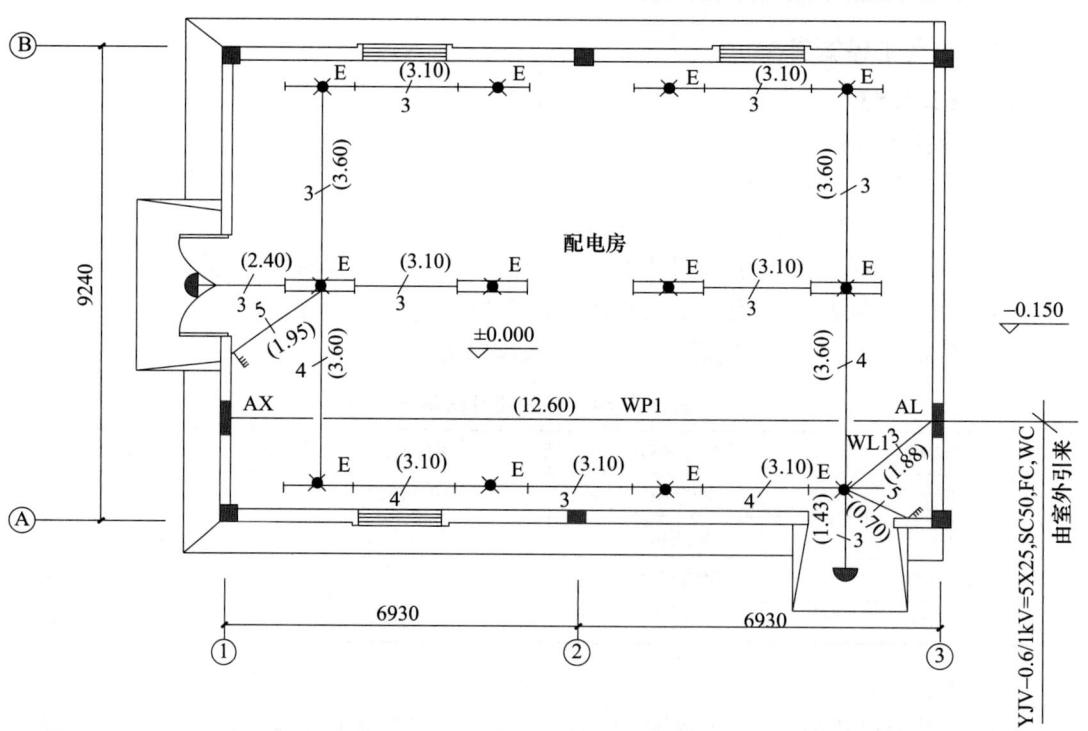

图 2.3.12 某配电房电气平面图

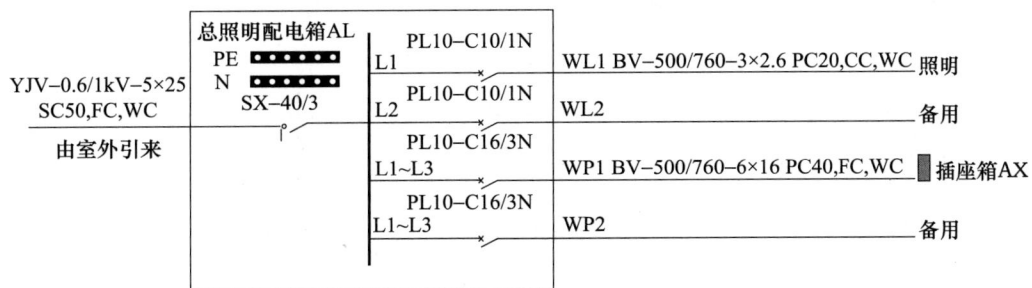

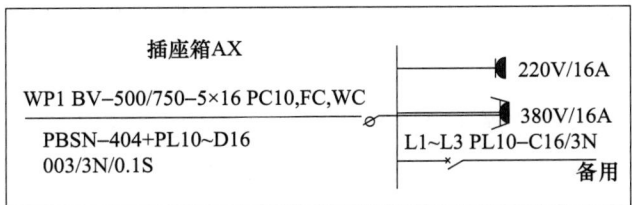

图 2.3.13 配电箱系统和设备材料图

解答：

(1) PC20 暗配工程量计算：

水平：1.88＋0.7＋1.43＋3.6×4＋3.1×7＋2.4＋1.95＝4.46（m）；

竖直：(4＋0.05－1.5－0.8)＋(4＋0.05－1.3)×2＝7.25（m）；

合计：44.46＋7.25＝51.71（m）。

(2) PC40 暗配工程量计算：

水平：12.60m；

竖直：(1.5＋0.05)＋(0.5＋0.05)＝2.10（m）；

合计：12.60＋2.10＝14.70（m）。

(3) 管内穿线 BV2.5mm² 工程量计算：

三线，水平：(1.88＋1.43＋3.6×2＋3.1×5＋2.4)×3＝85.23（m）；

竖直：(4＋0.05－1.5－0.8)×3＝5.25（m）；

预留：(0.6＋0.8)×3＝4.20（m）；

小计：85.23＋5.25＋4.20＝94.68（m）；

四线，水平：(3.6×2＋3.1×2)×4＝53.60（m）；

五线，水平：0.7＋1.95)×5＝13.25（m）；

竖直：(4＋0.05－1.3)×2×5＝27.50（m）；

小计：13.25＋27.50＝40.75（m）；

合计：94.68＋53.60＋40.75＝189.03（m）。

(4) 管内穿线 BV16mm² 工程量计算：

水平：12.6×5＝63.00（m）；

竖直：[(1.5＋0.05)＋(0.5＋0.05)]×5＝10.50（m）；

预留：[(0.6＋0.8)＋(0.3＋0.3)]×5＝10.00（m）；

合计：63＋10.5＋10＝83.50（m）。

(5) 分部分项工程和单价措施项目清单与计价表。

表 2.3.66　分部分项工程和单价措施项目清单与计价表

工程名称：配电房　　　　　　　　　　　　　　　　　　　　　　　标段：电气工程

序号	项目编码	项目名称	项目特征描述	计量单位	工程量	金额（元）		
						综合单价	合价	暂估价
1	030404017001	配电箱	（1）总照明配电箱 AL； （2）非定制，600mm×800mm×300mm（宽×高×厚）； （3）嵌入式安装，底边距地 1.5m； （4）无端子外部接线 2.5mm² 3 个； （5）压铜接线端子 16mm² 5 个	台	1.00			
2	030404018001	插座箱	（1）插座箱 AX； （2）300mm×300mm×120mm（宽×高×厚）； （3）嵌入式安装，底边距地 0.5m	台	1.00			
3	030404034001	照明开关	（1）四联单控暗开关 250V/10A； （2）底边距地 1.3m 安装	个	2.00			
4	030411001001	配管	刚性阻燃管 PC20 砖，混凝土结构暗配 CC、WC	m	51.71			
5	030411001002	配管	刚性阻燃管 PC40 砖，混凝土结构暗配 FC、WC	m	14.70			
6	030411004001	配线	管内穿线 BV2.5mm²	m	189.03			
7	030411004002	配线	管内穿线 BV16mm²	m	83.50			
8	030412001001	普通灯具	吸顶灯 1×32W	套	2.00			
9	030412005001	荧光灯	（1）单管荧光灯，自带蓄电池 1×28W； （2）应急时间不小 120min，吸顶安装	套	8.00			
10	030412005002	荧光灯	（1）双管荧光灯，自带蓄电池 2×28W； （2）应急时间不小于 120min，吸顶安装	套	4.00			
		合计						

第四节　计算机辅助工程量计算方法

一、计算机辅助工程量计算思路

工程量计算软件在工程造价的控制和确定中，起着举足轻重的作用，而工程造价的确定和控制对整个工程项目而言是非常关键的。在工程造价的控制和确定中，工程量计算是工程计价工作的前提,也是编制工程招标投标文件的基础工作,约占整个工作量的50%~70%。工程量计算的快慢和精确程度会直接影响到整个工程计价工作的速度和质量,而安装专业中的工程量计算,更是以其设备材料种类多、计算项目杂、计算数据量大、计算规则细、汇总要求多样等复杂性,大大增加了工作难度。使用软件计算工程量将是必然的趋势,也是广大造价人员的现实需求。

工程量计算软件是指在造价过程中,根据工程图纸,通过绘制或导入图形,定义构件属性的方法,按照软件内置的工程量计算规则计算工程用量、技术措施等的计算机软件。工程量计算软件自动算量的思路大致分为以下几个方面:建立工程→建立楼层→建立轴网→建立构件设备信息并绘制构件→汇总计算→复核→查看报表并输出数据至工程计价软件中。

二、计算机辅助工程量计算方法

1)工程设置

打开图形算量软件,选择新建向导。

2)新建工程

进入新建工程界面,进行工程设置。工程的名称、计算规则、定额库、清单库和做法模式的输入和选择,进行工程信息的设置,填写建筑层数、室内外标高等具体工程信息,起到工程标识的作用。

3)楼层设置

根据工程图纸的楼层信息,建立楼层,进行楼层信息设置。

4)轴网管理

根据工程图纸输入轴网,可在绘图区从构件列表中选择新建正交轴网,根据图纸尺寸依次输入数据。

5)建立构件设备信息并绘制构件

一张楼层的平面图中,往往会涉及到多个系统,例如给排水平面图中可能会有喷淋、给水、排水等系统;电气平面图中,某个配电箱引出的各电气回路;通风平面图中有送风、回风、防排烟等系统。安装工程的工程量计算,可首先设置系统编号,通过设置系统编号,可以得到按某个系统计算的工程量;也可以按系统在图中查看、查找已经计算过的构件。

通过设置单一构件或构件组,以一种构件为主构件,组合多个构件,一次描画能计算出多个工程量。先进的智能算量软件利用相应功能,对图纸上的主要设备材料和管道、管线能够实现全图或区域的自动识别,包括图形、图块、管道、管线等识别方式,达到快速计量。

6)报表输出

在某构件某层或整个工程绘制完毕后,需要查看工程量时必须先进行"汇总计算";当修改了某个构件的属性或修改了某个图元后,需要查看修改后的工程量,也需要进行汇总计算。汇总计算相当于手算过程中用计算器计算手工列式的过程,软件的汇总计算往往在很短的时间完成,大大提高了工程量计算的效率,并且精确度很高。

汇总计算后,可进行报表预览。构件汇总报表包括工程量汇总表、工程量计算书、工程量明细表等主要报表类别。

三、BIM技术在安装工程中的应用

（一）相关技术内容

1）技术特点

随着BIM技术的普及，其在机电管线综合技术应用方面的优势比较突出。丰富的模型信息库，与多种软件方便的数据交换接口，成熟、便捷的可视化应用软件等，比传统的管线综合技术有了较大的提升。

2）深化设计及设计优化

机电工程施工中，许多工程的设计图纸由于诸多原因，设计深度往往满足不了施工的需要，施工前尚需进行深化设计。机电系统各种管线错综复杂，管路走向密集交错，若在施工中发生碰撞情况，则会出现拆除返工现象，甚至会导致设计方案的重新修改，不仅浪费材料、延误工期，还会增加项目成本。基于BIM技术的管线综合技术可将建筑、结构、机电等专业模型整合，可以很方便地进行深化设计，再根据建筑专业要求及净高要求将综合模型导入相关软件进行机电专业和建筑、结构专业的碰撞检查，根据碰撞报告结果对管线进行调整、避让建筑结构。机电专业的碰撞检测，是在根据"机电管线排布方案"建模的基础上对设备和管线进行综合布置并调整，从而在工程开始施工前发现问题，通过深化设计及设计优化，使问题在施工前得以解决（图2.4.1）。

图2.4.1 地下车库BIM模型与现场实际对比

3）多专业施工工序协调

暖通、给排水、消防、强弱电等各专业由于受施工现场、专业协调、技术差异等因素的影响，不可避免地存在很多局部的、隐性的专业交叉问题，各专业在建筑某些平面、立面位置上产生交叉、重叠，无法按施工图作业或施工顺序倒置，造成返工，这些问题中有些是无法通过经验判断来及时发现并解决的（图2.4.2）。利用BIM技术的可视化、参数化、智能化特性，进行多专业碰撞检查、净高控制检查和精确预留预埋检查，或者利用基于BIM技术的4D施工管理，对施工工序过程进行模拟，对各专业进行事先协调，可以很容易地发现和解决碰撞点，减少因不同专业沟通不畅而产生的技术错误，大大减少返工，节约施工成本。

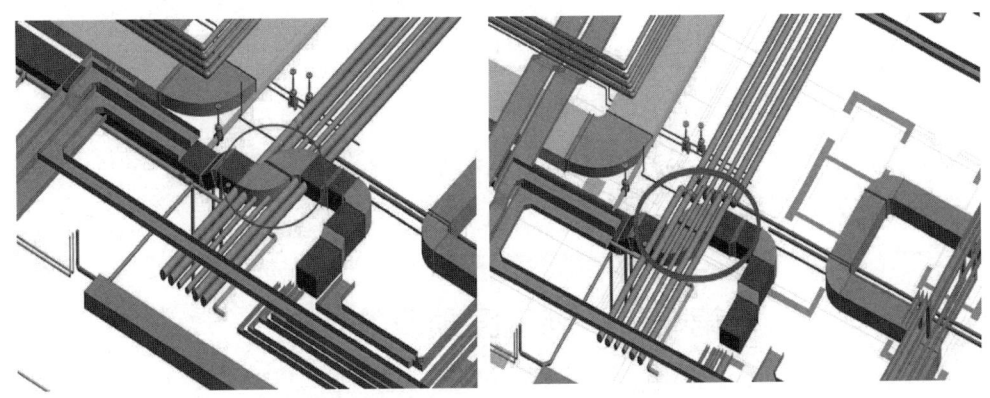

图 2.4.2　管线碰撞检查及标高修改

4）施工模拟

利用 BIM 施工模拟技术，使得复杂的机电施工过程，变得简单、可视、易懂。

BIM 4D 虚拟建造形象直观、动态模拟施工阶段过程和重要环节施工工艺，将多种施工及工艺方案的可实施性进行比较，为最终方案优选决策提供支持。采用动态跟踪可视化施工组织设计（4D 虚拟建造）的实施情况，对于设备、材料到货情况进行预警，同时通过进度管理，将现场实际进度完成情况反馈回"BIM 信息模型管理系统"中，与计划进行对比、分析及纠偏，实现施工进度控制管理。

形象、直观、动态模拟施工阶段过程和重要环节施工工艺，将多种施工及工艺方案的可实施性进行比较，为最终方案优选决策提供支持。基于 BIM 技术对施工进度可实现精确计划、跟踪和控制，动态地分配各种施工资源和场地，实时跟踪工程项目的实际进度，并通过计划进度与实际进度进行比较，及时分析偏差对工期的影响程度以及产生的原因，从而采取有效措施，实现对项目进度的控制。

5）BIM 综合管线的实施流程

设计交底及图纸会审→了解合同技术要求、征询业主意见→确定 BIM 深化设计内容及深度→制定 BIM 出图细则和出图标准、各专业管线优化原则→制定 BIM 详细的深化设计图纸送审及出图计划→机电初步 BIM 深化设计图提交→机电初步 BIM 深化设计图总包审核、协调、修改→图纸送监理、业主审核→机电综合管线平剖面图、机电预留预埋图、设备基础图、吊顶综合平面图绘制→图纸送监理、业主审核→BIM 深化设计交底→现场施工→竣工图制作。

（二）技术指标

综合管线布置与施工技术应符合现行国家及行业标准《建筑给水排水设计标准》（GB 50015—2019）、《工业建筑供暖通风与空气调节设计规范》（GB 50019—2015）、《建筑通风和排烟系统用防火阀门》（GB 15930—2007）、《自动喷水灭火系统设计规范》（GB 50084—2017）、《建筑给水排水及采暖工程施工质量验收规范》（GB 50242—2002）、《通风与空调工程施工质量验收规范》（GB 50243—2016）、《电气装置安装工程 低压电器施工及验收规范》（GB 50254—2014）、《给水排水管道工程施工及验收规范》（GB 50268—2008）、《智能建筑工程施工规范》（GB 50606—2010）、《消防给水及消火栓系统技术规范》（GB 50974—2014）、《综合布线系统工程设计规范》（GB 50311—2016）。

第三章 工程计价

第一节 施工图预算的编制

一、施工图预算的概念及内容

（一）施工图预算的概念

施工图预算是在施工图设计完成后，工程开工前，根据已批准的施工图纸、现行的预算定额、费用定额和地区人工、材料、设备与机械台班等资源价格，在施工方案或施工组织设计已确定的前提下，按照规定的计算程序计算人工费、材料费、机械费、管理费、利润、规费和税金，确定工程造价的技术经济文件。施工图预算包括单位工程施工图预算、单项工程施工图预算、建设项目总预算。本节主要介绍单位工程施工图预算。

（二）单位工程施工图预算的编制内容

单位工程施工图预算是单项工程施工图预算的组成部分，是依据单位工程施工图设计文件、现行预算定额以及人工、材料和施工机具台班价格等，按照规定的计价方法编制的工程造价文件。其编制的成果一般包括：预算书封面、编制说明、取费程序表、单位工程预（结）算表、工程量计算表、工料分析及汇总表等。

二、工料单价法编制施工图预算

在施工图预算编制中，通常采用的单价有工料单价、综合单价及全费用单价，在编制施工图预算时，一般采用工料单价法编制，然后再计取管理费、利润、规费和税金。所以，本节主要介绍工料单价法编制施工图预算，综合单价法编制施工图预算与工料单价法原理一致，区别在于单价综合的费用不同。

（一）工料单价法的概念

工料单价法又称定额单价法或预算单价法，就是采用地区统一预算定额价目表中的各分项工程或措施项目工料预算单价（基价）乘以相应的工程量，求和后得到包括人工费、材料费和施工机械使用费在内的单位工程人、材、机费用，然后按统一的规定计算管理费、利润、规费和税金，将上述费用汇总后得到该单位工程的施工图价。工料单价法计算的建筑安装工程造价公式如下：

$$建筑安装工程预算造价 = \sum (子目工程量 \times 子目工料单价) + 企业管理费 + 利润 + 规费 + 税金 \tag{3.1.1}$$

（二）工料单价法的步骤

工料单价法编制施工图预算的基本步骤如图 3.1.1 所示。

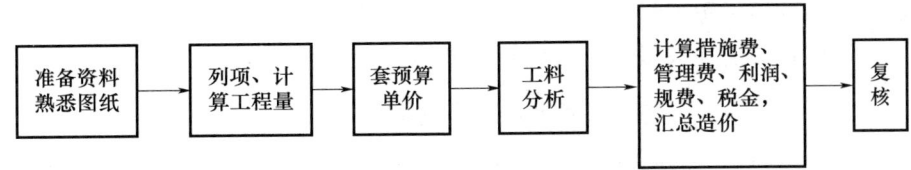

图 3.1.1 工料单价法编制施工图预算流程图

（1）编制前的准备工作。施工图预算是确定施工预算造价的文件，编制施工图预算的过程是具体确定建筑安装工程预算造价的过程。编制施工图预算，不仅要严格遵守国家计价政策、法规，严格按图纸计量，而且还要考虑施工现场条件因素，是一项复杂而细致的工作，是一项政策性和技术性都很强的工作。因此，必须事前做好充分准备，方能编制出高水平的施工图预算。准备工作主要包括两大方面：一是组织准备；二是资料的收集和现场情况的调查。

（2）熟悉图纸和预算定额。图纸是编制施工图预算的基本依据，必须充分地熟悉图纸，方能编制好预算。熟悉图纸不但要弄清图纸的内容，而且要对图纸进行审核：图纸间相关尺寸是否有误；设备与材料表上的规格、数量是否与图示相符；详图、说明、尺寸和其他符号是否正确等。若发现错误应及时纠正。

另外，要全面熟悉图纸，包括采用的平面图、立面图、剖面图、大样图、标准图以及设计更改通知（或类似文件），这些都是图纸的组成部分，不可遗漏。通过对图纸的熟悉，要了解工程的性质、系统的组成，设备和材料的规格型号和品种，以及有无新材料、新工艺的采用。

预算定额是编制施工图预算的计价标准，对其适用范围、工程量计算规则及定额系数等都要充分了解，做到心中有数，这样才能使预算编制准确、迅速。

（3）了解施工组织设计和施工现场情况。编制施工图预算前，应了解施工组织设计中影响工程造价的有关内容。例如，各分部分项工程的施工方法，土方工程中余土外运使用的工具、运距，施工平面图对建筑材料、构件等堆放点到施工操作地点的距离等等，以便能正确计算工程量和正确套用或确定某些分项工程的基价。这对于正确计算工程造价，提高施工图预算质量，具有重要意义。

（4）划分工程项目和计算工程量。

① 划分工程项目。划分的工程项目必须和定额规定的项目一致，这样才能正确地套用定额。不能重复列项计算，也不能漏项少算。

② 计算并整理工程量。必须按定额规定的工程量计算规则进行计算，该扣除部分要扣除，不该扣除的部分不能扣除。当按照工程项目将工程量全部计算完以后，要对工程项目和工程量进行整理，即合并同类项和按序排列，给套用定额、计算直接工程费和进行工料分析打下基础。

（5）套预算单价（定额基价）。即将定额子项中的基价填于预算表单价栏内，并将单价乘以工程量得出合价，将结果填入合价栏。

（6）工料分析。工料分析即按分项工程项目，依据定额或单位估价表，计算人工和各种材料的实物耗量，并将主要材料汇总成表。工料分析的方法是：首先从定额项目表中分别将各分项工程消耗的每项材料和人工的定额消耗量查出；再分别乘以该工程项目的工程量，得到分项工程工料消耗量，最后将各分项工程工料消耗量加以汇总，得出单位工程人工、材料的消耗数量。工料分析表的格式可参照表3.1.1。

表 3.1.1 工料分析表

项目名称： 编号：

序号	定额编号	工程名称	单位	工程量	人工（工日）	主要材料			其他材料
						材料1	材料2	……	

编制人： 审核人：

（7）计算主材费（未计价材料费）并调整工料价差。因为许多定额项目基价为不完全价格，即未包括主材费用在内。计算所在地定额基价费（基价合计）之后，还应计算出主材费，以便计算工程造价。

（8）按费用定额取费。即按有关规定计取措施费，以及按当地费用定额的取费规定计取管理费、利润、规费、税金等。

（9）计算汇总工程造价。将人工费、材料费、机械费、管理费、利润、规费和税金相加即为工程预算造价。

（10）填写封面、编制说明。封面应写明工程编号、工程名称、预算总造价和单方造价等，编制说明，将封面、编制说明、预算费用汇总表、材料汇总表、工程预算分析表，按顺序编排并装订成册，便完成了单位施工图预算的编制工作。

三、实物量法编制施工图预算

（一）实物量法概念

用实物量法编制单位工程施工图预算，就是根据施工图计算的各分项工程量及措施项目工程量分别乘以地区预算定额中人工、材料、施工机械台班的定额消耗量，分类汇总得出该单位工程所需的全部人工、材料、施工机械台班消耗数量，然后再乘以当时当地人工工日单价、各种材料单价、施工机械台班单价，求出相应的人工费、材料费、机械使用费，再加上管理费、利润、规费和税金等费用的方法。

实物量法的优点是能比较及时地将反映各种材料、人工、机械的当时当地市场单价计入预算价格，不需调价，反映当时当地的工程价格水平。实物量法与定额单价的本质区别在于采用的价格不一致，前者可以根据企业水平采用市场价格作为标准，后者以地区统一预算定额上价目表提供的工程单价为标准，其工、料、机消耗标准是一致的。

（二）实物量法步骤

实物法编制施工图预算的基本步骤如图3.1.2所示。

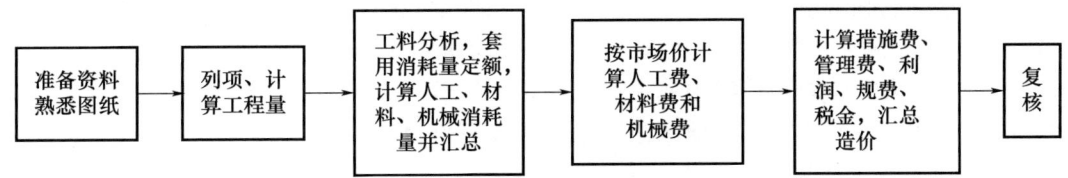

图3.1.2 实物法编制施工图预算流程图

(1) 编制前的准备工作。具体工作内容同预算单价法相应步骤的内容,但此时要全面收集各种人工、材料、机械台班的当时当地的市场价格,应包括不同品种、规格的材料预算单价;不同工种、等级的人工工日单价;不同种类、型号的施工机械台班单价等。要求获得的各种价格应全面、真实、可靠。

(2) 熟悉图纸和预算定额。

(3) 了解施工组织设计和施工现场情况。

(4) 划分工程项目和计算工程量。

(5) 套用定额消耗量,计算人工、材料、机械台班消耗量。根据地区定额中人工、材料、施工机械台班的定额消耗量,乘以各分项工程的工程量,分别计算出各分项工程所需的各类人工工日数量、各类材料消耗数量和各类施工机械台班数量。统计汇总后得到单位工程所需的各种人工、材料和机械的实物消耗总量。

(6) 计算并汇总单位工程的人工费、材料费和施工机械台班费。在计算出各分部分项工程的各类人工工日数量、材料消耗数量和施工机械台班数量后,先按类别相加汇总求出该单位工程所需的各种人工、材料、施工机械台班的消耗数量,再分别乘以根据当时当地工程造价管理部门定期发布的或企业根据市场价格确定的人工工资单价、材料预算价格、施工机械台班单价,即可求出单位工程的人工费、材料费、机械使用费,汇总即可计算出单位工程直接工程费。计算公式为:

单位工程人、材、机费用=∑(工程量×定额人工消耗量×市场工日单价)+
∑(工程量×定额材料消耗量×市场材料单价)+
∑(工程量×定额机械台班消耗量×市场机械台班单价)

(3.1.2)

(7) 计算其他各项费用,汇总工程造价。

第二节 预算定额

一、预算定额分类和适用范围

(一) 预算定额的概念和作用

1. 预算定额概念

预算定额是在正常的施工条件下,完成一定计量单位合格分项工程和结构构件所需消耗的人工、材料、施工机具台班数量及其相应费用标准。

预算定额和消耗量定额在内涵上还是有一定区别的。消耗量定额是由建设行政主管部门根据合理的施工组织设计，按照正常施工条件制定的，生产一个规定计量单位工程合格产品所需人工、材料、机械台班的社会平均消耗量标准。消耗量定额体现了工程计价中"量价分离"的原则；而预算定额一般是"量价合一"的，既有消耗量指标又有费用标准。当然，一般来讲，各地区消耗量定额配有价目表使用。

2. 预算定额的作用

预算定额是工程建设中的一项重要的技术经济文件，是编制施工图预算的主要依据，是确定和控制工程造价的基础。具体作用体现在以下几个方面：

（1）预算定额是编制施工图预算、确定建筑安装工程造价的基础。施工图设计一经确定，工程预算造价就取决于预算定额水平和人工、材料及机具台班的价格。预算定额起着控制劳动消耗、材料消耗和机具台班使用的作用，进而起着控制建筑产品价格的作用。

（2）预算定额是编制施工组织设计的依据。施工组织设计的重要任务之一，是确定施工中所需人力、物力的供求量，并做出最佳安排。施工单位在缺乏本企业的施工定额的情况下，根据预算定额，亦能够比较精确地计算出施工中各项资源的需要量，为有计划地组织材料采购和预制件加工、劳动力和施工机具的调配，提供了可靠的计算依据。

（3）预算定额是工程结算的依据。工程结算是建设单位和施工单位按照工程进度对已完成的分部分项工程实现货币支付的行为。按进度支付工程款，需要根据预算定额将已完分项工程的造价算出。单位工程验收后，再按竣工工程量、预算定额和施工合同规定进行结算，以保证建设单位建设资金的合理使用和施工单位的经济收入。

（4）预算定额是施工单位进行经济活动分析的依据。预算定额规定的物化劳动和劳动消耗指标，是施工单位在生产经营中允许消耗的最高标准。施工单位必须以预算定额作为评价企业工作的重要标准，作为努力实现的目标。施工单位可根据预算定额对施工中的人工、材料、机具的消耗情况进行具体的分析，以便找出并克服低功效、高消耗的薄弱环节，提高竞争能力。只有在施工中尽量降低劳动消耗，采用新技术提高劳动者素质，提高劳动生产率，才能取得较好的经济效益。

（5）预算定额是编制概算定额的基础。概算定额是在预算定额基础上综合扩大编制的。利用预算定额作为编制依据，不但可以节省编制工作的大量人力、物力和时间，收到事半功倍的效果，还可以使概算定额在水平上与预算定额保持一致，以免造成执行中的不一致。

（6）预算定额是合理编制最高投标限价、投标报价的基础。在深化改革中，预算定额的指令性作用将日益削弱，而对施工单位按照工程个别成本报价的指导性作用仍然存在，因此预算定额作为编制最高投标限价的依据和施工企业报价的基础性作用仍将存在，这也是由于预算定额本身的科学性和指导性决定的。

（二）预算定额的分类及适用范围

1. 按专业性质分类及适用范围

预算定额按专业划分可以分为建筑工程预算定额和安装工程预算定额。建筑工程定额按专业对象分为建筑工程预算定额、市政工程预算定额、铁路工程预算定额、公路工程预算定额、房屋修缮工程预算定额及矿山井巷预算定额等；安装工程定额按专业对象分为电气设备安装工程预算定额、机械设备安装工程预算定额、通信设备安装工程预算定额、化学工业设备安装工程预算定额、工业管道安装工程预算定额、工艺金属结构安装工程预算定额及热力设备安装工程预算定额等。建筑工程预算定额和安装工程预算定额适用于相应专业的新建、扩建和改建工程。

2. 按管理权限和执行范围分类及适用范围

按管理权限和执行范围分，有全国统一定额、行业统一定额、地区统一定额和企业定额等。全国统一定额由国务院建设行政主管部门组织制定发布，可作为编制地区定额的依据，如《房屋建筑与装饰工程消耗量定额》（TY01-31）、《通用安装工程消耗量定额》（TY02-31）。行业统一定额由国务院行业主管部门制定发布，如《公路工程预算定额》（JTG/T B06-02）。地区统一定额由省、自治区、直辖市建设行政主管部门制定发布，可以作为该地区建设工程项目计价的依据，如《山东省安装工程消耗量定额》（SD 02-31）。企业定额是由建筑施工企业根据本企业的施工技术水平和管理水平，以及各地区有关工程造价计算的规定编制的，供本企业使用的定额。其中，全国和各省统一编制颁布执行的预算定额称为基础定额，具体地区使用的预算定额也称为地区单位估价表。

3. 按物资要素区分

按生产要素分，有劳动消耗定额、机械台班消耗定额和材料消耗定额。它们相互依存形成一个整体，各自不具有独立性。

二、安装工程预算定额的使用

（一）预算定额手册的主要内容

预算定额手册一般包括文字说明、工程量计算规则、定额项目表及有关附录等。

1. 文字说明

文字说明包括总说明、册说明和各章说明。总说明主要说明定额的编制依据、适用范围、各类消耗量的组成、有关规定及说明。册说明主要说明适用范围、编制依据、取费规定、施工方法、施工条件、计算方法及有关规定和说明。各章说明是定额中的重要内容，主要说明本章的施工方法、消耗标准的调整、有关规定及说明。

2. 工程量计算规则

消耗量定额中的工程量计算规则综合考虑了施工方法、施工工艺和施工质量要求，计算出的工程量一般要考虑施工中的余量，与定额项目的消耗量指标相互配套使用。

3. 定额项目表

定额项目表是消耗量定额的核心内容，包括工作内容、定额编号、定额项目名称、定额计量单位及消耗量指标。工作内容是说明完成定额项目所包括的施工内容；定额编号为三节编号，如台式及仪表机床（设备质量在0.3t以内）的定额编号为1-1-1。

定额的消耗量指标一般包括人工消耗量、材料消耗量、机械台班消耗量，还有的列出了定额的基价。《通用安装工程消耗量定额》（TY02-31）仅列出了消耗量指标，体现了"量价分离"的改革思路。

（1）人工消耗定额，反映了完成某一分项工程的单位产品所耗用的各工种的工日数，可用综合工日表示，也可以按用工等级表示。

（2）材料消耗定额，规定了完成某一分项工程的单位产品所耗用或摊销的各种主要材料、半成品、配件或周转材料的数量。定额中的材料包括施工中消耗的主要材料、辅助材料、周转材料和其他材料。其中,主要材料(简称主材)在消耗量定额中均以"( )"表示。以"(—)"表示的,是指主要材料数量需按设计要求和工程量计算规则计算(含损耗量)。

(3)机械台班消耗定额,规定了完成某一分项工程的单位产品所耗用的各种施工机械台班的数量。

(4)预算定额基价,一般都列有单位产品基价,它反映了某一分项工程单位产品的预算价格。

$$预算定额基价=人工费+材料费+机械使用费 \qquad (3.2.1)$$

为了加强工程造价动态管理实行量价分离,全国统一预算定额不再列有单位产品基价,各地方定额或行业定额编制有相应的价目表和人工、材料、机械台班等要素价格。住房城乡建设部颁发的《通用安装工程消耗量定额》(TY02-31)是统一全国房屋建筑与装饰工程预算工程量计算规则项目划分、计量单位的依据,也是编制各地区定额或地区单位估价表、确定工程造价、编制概算定额及投资估算指标的依据,也可以作为制订企业定额和投标报价的基础。

表3.2.1为某地区安装工程消耗量定额中定额项目"室内给水镀锌钢管螺纹连接"定额项目表。

表3.2.1 某地区安装工程消耗量定额举例(室内给水镀锌钢管螺纹连接)

工作内容:调直、切管、套丝、组对、连接,管道及管件安装,丝口刷漆,水压试验及水冲洗。

计量单位:10m

	定额编号		10-1-12	10-1-13	10-1-14	10-1-15	10-1-16	10-1-17
	项目名称		公称直径(mm以内)					
			15	20	25	32	40	50
	名称	单位	消耗量					
人工	综合工日	工日	1.662	1.739	2.091	2.261	2.309	2.479
材料	镀锌钢管	m	(9.910)	(9.910)	(9.910)	(9.910)	(10.20)	(10.20)
	给水室内镀锌钢管螺纹管件	个	(14.490)	(12.100)	(11.400)	(9.830)	(7.860)	(6.610)
	锯条(各种规格)	根	0.778	0.792	0.815	0.821	0.834	0.839
	尼龙砂轮片 φ400	片	0.033	0.035	0.086	0.117	0.120	0.125
	机油	kg	0.158	0.170	0.203	0.206	0.209	0.213
	聚四氟乙烯生料带宽20	m	10.980	13.040	15.500	16.020	16.190	16.580
	镀锌低碳钢丝 φ2.8—4.0	kg	0.040	0.045	0.068	0.075	0.079	0.083
	破布	kg	0.080	0.090	0.150	0.167	0.187	0.213
	热轧厚钢板 δ8.0—15.0	kg	0.030	0.032	0.034	0.037	0.039	0.042
	氧气	m³	0.003	0.003	0.003	0.006	0.006	0.006
	乙炔气	kg	0.001	0.001	0.001	0.002	0.002	0.002
	低碳钢焊条 J422φ3.2	kg	0.002	0.002	0.002	0.002	0.002	0.002
	水	m³	0.008	0.014	0.023	0.040	0.053	0.088
	橡胶板 δ1~3	kg	0.007	0.008	0.008	0.009	0.010	0.010

续表

定额编号		10-1-12	10-1-13	10-1-14	10-1-15	10-1-16	10-1-17
材料	六角螺栓 kg	0.004	0.004	0.004	0.006	0.005	0.005
	螺纹阀门 DN20 个	0.004	0.004	0.005	0.005	0.005	0.005
	焊接钢管 DN20 M	0.013	0.014	0.015	0.016	0.016	0.017
	橡胶软管 DN20 M	0.006	0.006	0.007	0.007	0.007	0.008
	弹簧压力表 Y-100 0~1.6MPa 块	0.002	0.002	0.002	0.002	0.002	0.003
	压力表弯管 DN15 个	0.002	0.002	0.002	0.002	0.002	0.003
	其他材料费 %	2.000	2.000	2.000	2.000	2.000	2.000
机械	载重汽车 5t 台班	—	—	—	—	—	0.003
	汽车式起重机 8t 台班	—	—	—	—	—	0.003
	砂轮切割机 φ400 台班	0.008	0.010	0.022	0.026	0.028	0.030
	管子切断套丝机 159mm 台班	0.067	0.079	0.196	0.261	0.284	0.293
	电焊机（综合）台班	0.001	0.001	0.001	0.001	0.002	0.002
	试压泵 3MPa 台班	0.001	0.001	0.001	0.002	0.002	0.002
	电动单级离心清水泵 100mm 台班	0.001	0.001	0.001	0.001	0.001	0.001

从该消耗量定额表中，可以清楚地知道，安装 10m 螺纹连接的 DN25 的室内给水镀锌钢管，需要消耗人工 2.091 个工日；消耗主要材料（9.910m 的 DN25 的镀锌钢管和 11.4 个室内镀锌钢管螺纹管件）、辅助材料（如 0.815 根锯条、0.086 片尼龙砂轮片、0.203kg 机油等）；机械台班消耗量有五项，分别是 0.022 个台班的 φ400 的砂轮切割机、0.196 个台班的套丝机、0.001 个台班的电焊机、0.001 个台班的试压泵和 0.001 个台班的电动单级离心清洗泵。消耗量定额的其他项目，组成形式都是如此。

管道主材的消耗量按如下公式计算：

每 10m 管道主材用量 =（10m-10m 管道中管件、阀门、附件所占长度）×（1+损耗率）

(3.2.2)

4. 附录

附录部分附在预算定额的最后，一般包括材料损耗率表等内容。如《通用安装工程消耗量定额》TY02-31 第四册电气设备安装工程的附录包括主要材料损耗率表和装饰灯具安装工程（示意图集）。

（二）单位估价表

单位估价表是以货币形式确定定额计量单位分部分项工程或结构构件费用的文件，是根据消耗量定额所确定的人工、材料和机械台班消耗数量乘以人工工资单价、材料单价和机械台班单价汇总而成。换言之，全国或地区统一的消耗量定额，如果套用某个工程或某个地区的建筑安装工人日工资单价、材料单价和施工机械台班单价，就形成了个别工程综合单价表或地区单位估价表。

单位估价表的内容及分类单位估价表的内容由两部分组成：一是相应消耗量定额规定的人工、材料、机械数量；二是与上述三种"量"相适应的人工工资单价、材料单价和机械台班单价。

(三) 安装工程价目表

安装工程价目表是以安装工程消耗量定额的各类消耗量为依据，计入现行的人工、材料、施工机械或仪器仪表台班单价后，形成的与安装工程消耗量定额相对应的工料单价表。价目表中的内容、工程适用范围、章节项目名称、定额编号、计量单位及未计价计料消耗量均与安装工程消耗量定额对应一致。使用时应按照安装工程消耗量定额中的各册说明、各章说明、工作内容的相应规定执行。

1. 定额人工工资单价的确定

定额的人工工资单价，是指一个建筑安装工人在一个工作日内，在预算中应计入的全部人工费。其计算公式如下：

$$定额人工工资单价 = 计时工资或计件工资 + 奖金 + 津贴、补贴 + 加班加点工资 + 特殊情况下支付的工资 \tag{3.2.3}$$

2. 定额材料（设备）预算单价的确定

定额的材料（设备）预算单价，是指材料（包括构件、成品及半成品等）从其来源地（或交货地点）到达施工工地仓库的出库价格，其计算公式如下：

$$材料（设备）单价 = \{[材料（设备）原价 + 运杂费] \times (1 + 材料运输损耗率)\} \times (1 + 采购保管费率) \tag{3.2.4}$$

3. 定额施工机具使用费（简称为机械费）单价的确定

定额施工机具使用费（简称为机械费）是指施工作业所发生的施工机械、施工仪器仪表的使用费或其租赁费。其计算公式如下：

$$定额施工机具使用费（简称为机械费） = 施工机械台班单价（折旧费 + 检修费 + 维护费 + 安拆费及场外运费 + 人工费 + 燃料动力费 + 其他费）+ 施工仪器仪表台班单价（折旧费 + 维护费 + 校验费 + 动力费） \tag{3.2.5}$$

4. 安装工程预算定额单价的组成

预算定额单价是预算定额中子目三项消耗量（人工、材料及机械）在定额编制中心地区的货币形态表现。其表达式如下：

$$预算分项工程的定额单价 = 人工费 + 材料费 + 机械费 \tag{3.2.6}$$

式中

$$人工费 = \sum（定额人工消耗量 \times 人工工资单价） \tag{3.2.7}$$

$$材料费 = \sum（定额材料消耗量 \times 材料预算单价） \tag{3.2.8}$$

$$机械费 = \sum（定额机械与施工仪器仪表台班消耗量 \times 施工机械费单价） \tag{3.2.9}$$

说明：上式材料费中的定额材料消耗量，是指辅助材料消耗量，不包括主要材料，主要材料费应另行计算。安装工程是按照一定的方法和设计图纸的规定，把设备放置并固定在一定地方的工作，或是将材料、元件经过加工并安置、装配而形成有价值功能的产品的一种工作。在计算安装所需费用时，设备安装只能计算安装费，其购置费另行计算，而材料经过现场加工并安装成产品时，不但要计算安装费，还要计算其消耗的材料价值。在定额的制定中，将消耗的辅助或次要材料价值，计入定额单价中。而构成工程实体的主要材料，因全国各地价格差异较大，如果也进入统一基价，势必增加材料价差调整难度。所以定额单价中，未计算它的价值，其价值由定额执行地区按照当地材料单价进行计算，然后计入工程造价。

主要材料数量的计算：

$$某项主要材料数量＝工程量×某项主要材料定额消耗量 \quad (3.2.10)$$
$$某项主要材料费＝某项主要材料数量×市场单价 \quad (3.2.11)$$

下面以前面表 3.2.2 所示的室内给水镀锌钢管螺纹连接消耗量定额项目表为例，了解一下与其配套的"室内给水镀锌钢管螺纹连接价目表"，见表 3.2.2 所示。

表 3.2.2　价目表内容及形式举例（室内给水镀锌钢管螺纹连接）　　单位：元

定额编号	项目名称	定额单位	增值税（简易计税）				增值税（一般计税）			
			单价（含税）	人工费	材料费（含税）	机械费（含税）	单价（除税）	人工费	材料费（除税）	机械费（除税）
10-1-12	公称直径 15mm 以内	10m	242.19	171.19	68.98	2.02	231.97	171.19	58.96	1.82
10-1-13	公称直径 20mm 以内	10m	263.07	179.12	81.57	2.38	250.98	179.12	69.72	2.14
10-1-14	公称直径 25mm 以内	10m	318.78	215.37	97.79	5.62	304.01	215.37	83.59	5.05
10-1-15	公称直径 32mm 以内	10m	341.82	232.88	101.57	7.37	326.34	232.88	86.83	6.63
10-1-16	公称直径 40mm 以内	10m	348.81	237.83	102.91	8.07	333.07	237.83	87.98	7.26
10-1-17	公称直径 50mm 以内	10m	372.92	255.34	105.77	11.81	356.45	255.34	90.45	10.66
10-1-18	公称直径 65mm 以内	10m	396.43	269.14	114.28	13.01	378.65	269.14	97.75	11.76
10-1-19	公称直径 80mm 以内	10m	420.73	281.81	122.96	15.96	401.44	281.81	105.20	14.43
10-1-20	公称直径 100mm 以内	10m	419.77	321.98	133.63	24.16	458.28	321.98	114.40	21.90
10-1-21	公称直径 125mm 以内	10m	522.22	357.10	134.23	30.89	500.10	357.10	115.01	27.99
10-1-22	公称直径 150mm 以内	10m	591.90	397.27	137.11	57.52	568.01	397.27	117.58	53.16

（四）预算定额的使用

正确使用预算定额（相关的价目表或单位估价表），首先要学习定额各部分说明、附注和附录，对说明中有关编制原则、适用范围、已考虑因素或未考虑因素、有关问题的说明和使用方法等都要熟悉掌握。其次，对常用项目包括的工作内容、计量单位和定额项目隐含的工艺做法要理解其含义。第三，精通工程量计算规则与方法。要正确理解设计文件要求和施工做法是否和定额一致，只有对设计文件和施工要求有深刻的了解，才能正确使用预算定额，防止错套、重套和漏套。

1. 预算定额的直接套用

当工程项目的设计要求、做法说明、技术特征和施工方法等与定额内容完全相符，可以直接套用预算定额。套用预算定额时应注意以下几点：

（1）根据施工图纸、设计说明、标准做法说明，选择预算定额项目；

（2）对每个分项工程的内容、技术特征、施工方法进行仔细核对，确定与之相对应的预算定额项目；

（3）每个分项工程的名称、工作内容、计量单位应与定额项目一致（单位不一致注意工程量的处理）。

【例 3.2.1】某工程设计矩形镀锌薄钢板（$\delta＝1.2mm$）风管规格为 300mm×350mm，长度为 8.18m，咬口连接。试说明如何套用定额。

解：根据山东省《安装工程消耗量定额》第七分册通风空调工程的定额设置，矩形风管长边 350mm≤630mm，可以直接套用定额 7-2-7 镀锌薄钢板矩形风管（δ＝1.2mm 以内咬口）长边长≤630mm 子目。

【例3.2.2】某电缆敷设工程，采用电缆沟铺砂盖砖直埋，并列敷设 5 根 VV29（4×50）电力电缆，如图 3.2.1 所示，变电所配电柜至室内部分电缆穿 SC50 钢管做保护，共5m长。室外电缆敷设共100m长，中间穿过热力管沟，在配电间有10m穿SC50钢管保护。试列出预算项目和工程量，查出对应的定额编号。

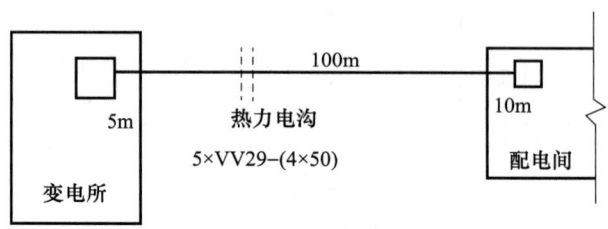

图 3.2.1 电缆敷设示意

解：（1）列出预算项目。

电缆敷设工程分为电缆沟挖填土方量、电缆敷设、电缆沟铺砂盖砖、保护管敷设、电缆终端头制作等项。

（2）计算工程量。

① 电缆沟挖填土方量工程量：

（0.45＋0.153×4）×100＋（0.06×5＋0.3×2）×0.9×15＝117.68（m³）

② 电缆沟铺砂盖砖工程量：100m。

每增加一根工程量：100×4＝400（m）。

③ 按图中计算电缆敷设工程量，并考虑电缆在各处预留长度，查预留长度系数表得系数分别为：进建筑物 2.0m；变电所进线、出线 1.5m；电缆进入沟内 1.5m；高压开关柜及低压配电箱 2.0m；电力电缆终端头 1.5m。

电缆埋地敷设工程量：

L＝（100＋2.0×2＋1.5×2＋1.5×2＋2.0×2＋1.5×2）×（1＋2.5％）＝599.65（m）

④ 电缆保护管 SC50 工程量：（5＋10＋1.0×2）×5＝85（m）。

⑤ 电缆穿保护管敷设工程量：85m。

⑥ 电力电缆户内热缩铜芯终端头制作、安装（1kV 以下，截面面积10mm² 以下）：10 个。

计算结果及定额套用见表 3.2.3。

表 3.2.3 某电缆敷设工程工程量汇总及定额套用表

序号	定额编号	工程项目	单位	数量
1	4-9-1	电缆沟挖填土方	m³	117.68
2	4-9-23	电缆沟铺砂盖砖	m	100
3	4-9-24	每增加一根	m	400
4	4-9-32	电缆保护管敷设（钢管长度 100～150mm 以内）	m	85

续表

序号	定额编号	工程项目	单位	数量
5	4-9-124	电力电缆埋地敷设（电缆截面面积120mm²以内）	m	599.65
6	4-9-134	电力电缆穿管敷设（电缆截面面积120mm²以下）	m	85
7	4-9-243	电力电缆终端头制作、安装（1kV以内户内热缩式）	个	10

2. 预算定额的换算

当工程做法要求与定额内容不完全相符合，而定额又规定允许调整换算的项目，应根据不同情况进行调整换算。预算定额在编制时，对那些设计和施工中变化多，影响工程量和价差较大的项目，定额均留有余地，允许根据实际情况进行调整和换算。调整换算必须按定额规定进行。经换算的定额项目，应在其定额编号后加注"换"字，以示区别。

预算定额的调整换算可以分为系数换算、用量换算、增减费用换算、材料单价换算等。

（1）系数换算。

在预算定额中，由于施工条件和方法不同，某些项目可以乘以系数进行换算。换算系数分定额系数和工程量系数。定额系数是指人工、材料、机械等乘系数；工程量系数是用在计算工程量上。

例如，某地区《安装工程消耗量定额》第四册《电气设备安装工程》中，第一章变压器安装工程（030401）的定额说明规定：干式变压器如果带有保护外罩时，人工和机械乘以系数1.1。再例如，某地区《安装工程消耗量定额》第四册《电气设备安装工程》中，第十一章10kV及以下架空配电线路工程（030410）的定额说明规定：横担安装是按单杆考虑的，若双杆横担安装，定额乘以2.0的系数。元宝横担安装按照相应铁横担安装人工乘以系数1.5。

（2）用量换算。

在预算定额中，定额与实际消耗量不同时，允许调整消耗数量。如龙骨不同可以换算等等。换时需要考虑损耗量。因定额中已考虑了损耗，与定额比较也必须考虑损耗，才有可比性。其换算公式为：

$$换算后的用量＝工程量×（定额用量±人工、材料、机械用量） \quad (3.2.12)$$

3. 消耗量定额的补充

当设计图纸中的项目，在定额中没有的，可以作临时性的补充。补充的方法一般有两种：

（1）定额代换法。即利用性质相似，材料大致相同，施工方法又很接近的定额项目，将类似项目分解套用或考虑（估算）一定系数调整使用。此种方法一定要在实践中注意观察和测定，合理确定系数，保证定额的精确性，也为以后新编定额项目做准备。

（2）定额编制法。材料用量按图纸的构造做法及相应的计算公式计算，并加入规定的损耗率。人工及机械台班使用量，可按劳动定额、机械台班使用定额计算，材料用量按实际确定或经有关技术和定额人员讨论确定，然后乘以人工日工资单价、材料预算价格和机械台班单价，即得到补充定额基价。

4. 工料机分析及价差调整

(1) 工料机分析。工料机分析就是依据预算定额中的各类人工、各种材料、机械的消耗量,计算分析出单位工程中的相同的人工、材料、机械的消耗量,即将单位工程的各分项工程的工程量乘以相应的人工、材料、机械定额消耗量,然后将相同消耗量相加,即为该单位工程人工、材料、机械的消耗量,其计算公式为:

单位工程某种人工、材料、机械消耗量 = $\sum$(各分项工程工程量×定额消耗量)

(4.2.13)

(2) 工料机价差的调整。预算定额基价中的人工费、材料费、机械使用费是根据编制定额所在地区当时的预算价格确定的,而人工、材料、机械的实际价格随着时间的变化会发生变化,计算工程造价时,实际价格与预算价格就会存在差额。所以,为了使工程造价更符合实际造价,就要对工料机价差进行调整。

第三节　安装工程费用定额

一、费用定额的概念与组成

(一) 费用定额的概念

费用定额是规定各有关工程费用的取费标准,包括取费的基础和取费的费率。一般以某个或多个自变量为计算基础,反映各项费用的百分率。主要包括措施费费用定额、管理费费用定额、规费费用定额等。

(二) 费用定额的组成

1. 措施费费用定额

措施费是指为完成工程项目施工,发生于该工程施工准备和施工过程中的技术、生活、安全、环境保护等方面的项目而发生的费用。措施费费用定额主要是指的通过取费来计取的措施项目的取费标准如夜间施工费、二次搬运费、冬雨期施工增加费、已完工程及设备保护费等费率。对于诸如脚手架费、钢筋混凝土模板及支架费等可以采用同分部分项工程费用同样的方法计算得到。

2. 企业管理费费用定额

企业管理费是指建筑安装企业组织施工生产和经营管理所需费用。企业管理费费用定额由施工企业根据自己的经营管理水平和市场竞争情况等因素综合确定。

3. 规费费用定额

规费是政府和有关权力部门规定必须缴纳的费用,包括社会保障费、住房公积金、工伤保险、工程排污费等。规费费用定额由国家或地区相关政府主管部门测定和发布。

二、安装工程类别划分

根据安装工程专业特点,分为民用安装工程、工业安装工程两类。

1. 民用安装工程

民用安装工程是指直接用于满足人们物质和文化生活需要的非生产性安装工程。包括电气、给排水、采暖、燃气、通风空调、消防、建筑智能、通信工程，以及民用换热站、锅炉房、泵站、变电站等。

2. 工业安装工程

工业安装工程是指从事物质生产和直接为物质生产服务的安装工程。包括：机械设备、热力设备、静置设备与工艺金属结构、工业管道工程，以及以上工程附属的电气、仪表、刷油、防腐蚀、绝热等工程。

三、工程取费费率

接下来以山东省《建设工程费用项目组成及计算规则》为例说明工程取费费率。《建设工程费用项目组成及计算规则》中规定了企业管理费、利润、措施费及规费的取定费率，以供在计价中参考使用。

（一）措施费费率

1. 一般计税法下安装工程措施费费率（表 3.3.1）

表 3.3.1 一般计税法下安装工程措施费费率　　　　单位：%

费用名称 专业名称	夜间施工费	二次搬运费	冬雨季施工增加费	已完工程及设备保护费
民用安装工程	2.50	2.10	2.80	1.20
工业安装工程	3.10	2.70	3.90	1.70

2. 简易计税法下建设工程措施费费率（表 3.3.2）

表 3.3.2 简易计税法下安装工程措施费费率　　　　单位：%

费用名称 专业名称	夜间施工费	二次搬运费	冬雨季施工增加费	已完工程及设备保护费
民用安装工程	2.66	2.28	3.04	1.32
工业安装工程	3.30	2.93	4.23	1.87

3. 措施费中的人工费含量（表 3.3.3）

表 3.3.3 措施费中的人工费含量　　　　单位：%

| 费用名称
专业名称 | 费用名称 | | | |
	夜间施工费	二次搬运费	冬雨季施工增加费	已完工程及设备保护费
安装工程	50	40		25

（二）企业管理费、利润

1. 一般计税法下安装工程企业管理费、利润费率（表 3.3.4）

表 3.3.4　一般计税法下安装工程企业管理费、利润费率　　　　单位:%

费用名称 专业名称	企业管理费	利润
民用安装工程	55	32
工业安装工程	51	32

注:企业管理费费率中,不包括总承包服务费费率。

2. 简易计税法下安装工程企业管理费、利润费率(表3.3.5)

表 3.3.5　简易计税法下安装工程企业管理费、利润费率　　　　单位:%

费用名称 专业名称	企业管理费	利润
民用安装工程	54.19	32
工业安装工程	50.13	32

注:企业管理费费率中,不包括总承包服务费费率。

3. 总承包服务费、采购保管费(表3.3.6)

表 3.3.6　总承包服务费、采购保管费费率　　　　单位:%

费用名称	费率	
总承包服务费	3	
采购保管费	材料	2.5
	设备	1

(三) 规费费率

1. 一般计税法下规费费率(表3.3.7)

表 3.3.7　一般计税法下规费费率　　　　单位:%

专业名称 费用名称	安装工程	
	民用安装工程	工业安装工程
安全文明施工费	4.98	4.38
其中:1. 安全施工费	2.34	1.74
2. 环境保护费	0.29	
3. 文明施工费	0.59	
4. 临时设施费	1.76	
社会保险费	1.52	
住房公积金		
工程排污费	按工程所在地设区市相关规定计算	
建设项目工伤保险		

2. 简易计税法下规费费率（表3.3.8）

表3.3.8　简易计税法下规费费率　　　　　　　　　　单位：%

专业名称	安装工程	
费用名称	民用安装工程	工业安装工程
安全文明施工费	4.86	4.31
其中：1. 安全施工费	2.16	1.61
2. 环境保护费	0.30	
3. 文明施工费	0.60	
4. 临时设施费	1.80	
社会保险费	1.40	
住房公积金	按工程所在地设区市相关规定计算	
工程排污费		
建设项目工伤保险		

（四）税率（表3.3.9）

表3.3.9　税率　　　　　　　　　　单位：%

费用名称	税率
增值税	9
增值税（简易计税）	3

注：甲供材料、甲供设备不作为计税基础。

四、工程造价计算程序

（一）适用于定额计价的计价程序

安装工程费用定额计价计算程序见表3.3.10。

表3.3.10　安装工程定额计价计算基础说明

序号	费用名称	计算方法
一	分部分项工程费	∑｛［定额∑（工日消耗量×人工单价）+∑（材料消耗量×材料单价）+∑（机械台班消耗量×台班单价）］×分部分项工程量｝
	计费基础JD1	详见计费基础说明（表3.3.12）
二	措施项目费	2.1+2.2
	2.1 单价措施费	∑｛［定额∑（工日消耗量×人工单价）+∑（材料消耗量×材料单价）+∑（机械台班消耗量×台班单价）］×单价措施项目工程量｝
	2.2 总价措施费	JD1×相应费率
	计费基础JD2	详见计费基础说明（表3.3.12）

续表

序号	费用名称	计算方法
三	其他项目费	3.1+3.3+……+3.8
	3.1 暂列金额	可按分部分项工程费的10%～15%估列
	3.2 专业工程暂估价	按规定估价
	3.3 特殊项目暂估价	按规定估价
	3.4 计日工	按计价规范规定计算
	3.5 采购保管费	按相应规定计算
	3.6 其他检验试验费	按相应规定计算
	3.7 总承包服务费	专业工程暂估价（甲供材）×费率
	3.8 其他	—
四	企业管理费	($JD1+JD2$)×管理费费率
五	利润	($JD1+JD2$)×利润率
六	规费	4.1+4.2+4.3+4.4+4.5
	4.1 安全文明施工费	（一+二+三+四+五）×费率
	4.2 社会保险费	（一+二+三+四+五）×费率
	4.3 住房公积金	按工程所在地设区市相关规定计算
	4.4 工程排污费	按工程所在地设区市相关规定计算
	4.5 建设项目工伤保险	按工程所在地设区市相关规定计算
七	设备费	Σ（设备单价×设备工程量）
八	税金	（一+二+三+四+五+六+七）×税率
九	工程费用合计	一+二+三+四+五+六+七+八

（二）工程量清单计价计算程序

安装工程工程量清单计价计算程序见表3.3.11。

表3.3.11 安装工程工程量清单计价计算程序

序号	费用名称	计算方法
一	分部分项工程费	Σ（分部分项工程量）
	分部分项工程综合单价	＝1.1+1.2+1.3+1.4+1.5
	1.1 人工费	每计量单位Σ（工日消耗量×人工单价）
	1.2 材料费	每计量单位Σ（材料消耗量×材料单价）
	1.3 施工机械使用费	每计量单位Σ（机械台班消耗量×台班单价）
	1.4 企业管理费	$JQ1$×管理费费率
	1.5 利润	$JQ1$×利润率
	计费基础 $JQ1$	详见计费基础说明（表3.3.12）

续表

序号	费用名称	计算方法
二	措施项目费	2.1+2.2
	2.1 单价措施费	$\sum\{[$每计量单位$\sum$（工日消耗量×人工单价）$+\sum$（材料消耗量×材料单价）$+\sum$（机械台班消耗量×台班单价）$+JQ2\times$（管理费费率+利润率）$]\times$单价措施项目工程量$\}$
	计费基础 $JQ2$	详见计费基础说明（表3.3.12）
	2.2 总价措施费	$\{\sum(JQ1\times$分部分项工程量）×措施费费率+（$JQ1\times$分部分项工程量）×省发措施费费率×$H\times$（管理费费率+利润率）$\}$
三	其他项目费	3.1+3.3+……+3.8
	3.1 暂列金额	可按分部分项工程费的10%~15%估列
	3.2 专业工程暂估价	按规定估价
	3.3 特殊项目暂估价	按规定估价
	3.4 计日工	按计价规范规定计算
	3.5 采购保管费	按相应规定计算
	3.6 其他检验试验费	按相应规定计算
	3.7 总承包服务费	专业工程暂估价（甲供材）×费率
	3.8 其他	—
四	规费	4.1+4.2+4.3+4.4+4.5
	4.1 安全文明施工费	（一+二+三）×费率
	4.2 社会保险费	（一+二+三）×费率
	4.3 住房公积金	按工程所在地设区市相关规定计算
	4.4 工程排污费	按工程所在地设区市相关规定计算
	4.5 建设项目工伤保险	按工程所在地设区市相关规定计算
五	设备费	$\sum$（设备单价×设备工程量）
六	税金	（一+二+三+四+五）×税率
七	工程费用合计	一+二+三+四+五+六

（三）计费基础说明

各专业工程计费基础的计算方法，见表3.3.12。

表 3.3.12　安装工程工程量清单计价计算基础说明

计费基础		计算方法
定额计价	$JD1$	分部分项工程的省价人工费之和
		$\sum[$分部分项工程定额$\sum$（工日消耗量×省人工单价）×分部分项工程量$]$
	$JD2$	单价措施项目的省价人工费之和+总价措施费中的省价人工费之和
		$\sum[$单价措施项目定额$\sum$（工日消耗量×省人工单价）×单价措施项目工程量$]+\sum(JD1\times$省发措施费费率×H）
	H	总价措施费中人工费含量（%）

续表

计费基础		计算方法
工程量清单计价	JQ1	分部分项工程每计量单位的省价人工费之和
		分部分项工程每计量单位（工日消耗量×省人工单价）
	JQ2	单价措施项目每计量单位的省价人工费之和
		单价措施项目每计量单位∑（工日消耗量×省人工单价）
	H	总价措施费中人工费含量（%）

第四节 最高投标限价的编制方法

一、最高投标限价的编制规定

（一）不同计税方法下的造价计算

1. 一般计税方法下的工程造价计算

在一般计税方法下，进项税额的取得与否直接与最终纳税额度有关。进项业务增值税进项税额不在成本、费用科目核算，销项税额亦不包括在主营业务收入中。应纳税额为"变值"，不仅与销项税额相关，而且与本项目的进项税额相关。

当采用一般计税方法时，建筑业增值税税率为9%。计算公式为：

$$增值税 = 税前造价 \times 9\% \tag{3.4.1}$$

税前造价为人工费、材料费、施工机具使用费、企业管理费、利润和规费之和，各费用项目均以不包含增值税可抵扣进项税额的价格计算。该公式计算出的增值税是销项税额，并不是应纳增值税额。

2. 简易计税方法下的工程造价计算

简易计税方法的应纳税额，是指按照销售额和增值税征收率计算的增值税额，不得抵扣进项税额。应纳税额计算公式：

$$应纳税额 = 销售额 \times 征收率 \tag{3.4.2}$$

当采用简易计税方法时，建筑业增值税税率为3%。计算公式：

$$增值税 = 税前造价 \times 3\% \tag{3.4.3}$$

税前造价为人工费、材料费、施工机具使用费、企业管理费、利润和规费之和，各费用项目均以包含增值税进项税额的含税价格计算。该公式计算出的增值税是应纳增值税额。

（二）最高投标限价的编制规定

1. 最高投标限价的编制依据

最高投标限价的编制依据是指在编制最高投标限价时需要进行工程量计量、价格确认、工程计价的有关参数、率值的确定等工作时所需的基础性资料，主要包括：

（1）现行国家标准《建设工程工程量清单计价规范》（GB 50500—2013）与专业工程计量规范。

（2）国家或省级、行业建设主管部门颁发的计价定额和计价办法。

(3) 建设工程设计文件及相关资料。
(4) 拟定的招标文件及招标工程量清单。
(5) 与建设项目相关的标准、规范、技术资料。
(6) 施工现场情况、工程特点及常规施工方案。
(7) 工程造价管理机构发布的工程造价信息，但工程造价信息没有发布的，参照市场价。
(8) 其他的相关资料。

最高投标限价不仅是投标的最高限价，还可以作为评标的重要依据，必须科学，应选择针对本工程特点通常采用的常规施工方案计价，可参考定额水平或定额中考虑的施工工艺和方法进行确定；价格水平主要依据造价管理机构发布的为准，没有发布的可参照有合理依据取得的市场价。

2. 最高投标限价编制的有关规定

(1) 国有资金投资的工程建设项目应实行工程量清单招标，招标人应编制最高投标限价。

(2) 最高投标限价应由具有编制能力的招标人或受其委托、具有相应资质的工程造价咨询人编制。工程造价咨询人不得同时接受招标人和投标人对同一工程的最高投标限价和投标报价的编制。

(3) 最高投标限价应当依据工程量清单、工程计价有关规定和市场价格信息等编制。最高投标限价应在招标文件中公布，对所编制的最高投标限价不得进行上调或下浮。招标人应当在招标时公布最高投标限价的总价，以及各单位工程的分部分项工程费、措施项目费、其他项目费、规费和税金，各分部分项工程的综合单价等细目是否公布应遵守有关管理部门规定或由招标人自行决定。

(4) 最高投标限价超过批准的设计概算时，招标人应将其报原设计概算审批部门审核。

(5) 投标人经复核认为招标人公布的最高投标限价未按照《建设工程工程量清单计价规范》(GB 50500—2013) 的规定进行编制的，应在最高投标限价公布后 5 天内向招标投标监督机构和工程造价管理机构投诉。工程造价管理机构受理投诉后，应立即对最高投标限价进行复查，组织投诉人、被投诉人或其委托的最高投标限价编制人等单位人员对投诉问题逐一核对。工程造价管理机构应当在受理投诉的 10 天内完成复查，特殊情况下可适当延长，并作出书面结论通知投诉人、被投诉人及负责该工程招投标监督的招投标管理机构。当最高投标限价复查结论与原公布的最高投标限价误差大于±3%时，应责成招标人改正。当重新公布最高投标限价时，若重新公布之日起至原投标截止期不足 15d 的应延长投标截止期。

(6) 招标人应将最高投标限价及有关资料报送工程所在地或有该工程管辖权的行业管理部门工程造价管理机构备查。

二、最高投标限价的编制方法

(一) 最高投标限价的计价程序

建设工程的最高投标限价反映的是单位工程费用，各单位工程费用是由分部分项工程费、措施项目费、其他项目费、规费和税金组成。

(二) 分部分项工程费的编制

分部分项工程费应根据招标文件中的分部分项工程量清单及有关要求，按《建设工程工程量清单计价规范》(GB 50500—2013) 有关规定确定综合单价计价。

1. 综合单价的组价过程

最高投标限价的分部分项工程费应由各单位工程的招标工程量清单中给定的工程量乘以其相应综合单价汇总而成。综合单价应按照招标人发布的分部分项工程量清单的项目名称、工程量、项目特征描述，依据工程所在地区颁发的计价定额和人工、材料、机械台班价格信息等进行组价确定。首先，依据提供的工程量清单和施工图纸，按照工程所在地区颁发的计价定额的规定，确定所组价的定额项目名称，并计算出相应的工程量；其次，依据工程造价政策规定或工程造价信息确定其人工、材料、机械台班单价；同时，在考虑风险因素确定管理费率和利润率的基础上，按规定程序计算出所组价定额项目的合价，见公式 (3.4.4)，然后将若干项所组价的定额项目合价相加除以工程量清单项目工程量，便得到工程量清单项目综合单价，见公式 (3.4.5)，对于未计价材料费（包括暂估单价的材料费）应计入综合单价。

$$
\begin{aligned}
\text{定额项目合价} = \text{定额项目工程量} \times [&\Sigma(\text{定额人工消耗量} \times \text{人工单价}) + \\
&\Sigma(\text{定额材料消耗量} \times \text{材料单价}) + \Sigma(\text{定额机械台班消耗量} \times \\
&\text{机械台班单价}) + \text{价差}(\text{基价或人工、材料、施工机具使用费用}) + \\
&\text{管理费和利润}]
\end{aligned} \quad (3.4.4)
$$

$$
\text{工程量清单综合单价} = \frac{\Sigma \text{定额项目合价} + \text{未计价材料}}{\text{工程量清单项目工程量}} \quad (3.4.5)
$$

2. 综合单价中的风险因素

最高投标限价的综合单价中应包括招标文件中要求投标人所承担的风险内容及其范围（幅度）产生的风险费用。

(1) 对于技术难度较大和管理复杂的项目，可考虑一定的风险费用，并纳入到综合单价中。

(2) 对于工程设备、材料价格的市场风险，应依据招标文件的规定，工程所在地或行业工程造价管理机构的有关规定，以及市场价格趋势考虑一定率值的风险费用，纳入到综合单价中。

(3) 法律、法规、规章和政策变化的风险和人工单价等风险费用不应纳入综合单价。

【案例 3.4.1】 本案例在第二章案例基础上，增加如下背景资料：

1. 该工程的相关定额，主材单价及损耗率见表 3.4.1。

表 3.4.1 主材单价及损耗率

定额编号	项目名称	定额单位	安装基价（元）			主材	
			人工费	材料费	机械费	单价	损耗率
4-2-76	成套插座箱安装嵌入式半周长≤1.0m	台	102.30	34.40	0	500.00 元/台	
4-2-77	成套配电箱安装嵌入式半周长≤1.5m	台	131.50	37.90	0	4000.00 元/台	

第三章 工程计价

续表

定额编号	项目名称	定额单位	安装基价（元） 人工费	材料费	机械费	主材 单价	损耗率
4-1-14	无端子外部接线导线截面≤2.5mm²	个	1.20	1.44	0		
4-4-26	压铜接线端子导线截面≤16mm²	10m	2.50	3.87	0		
4-12-133	砖、混凝土结构暗配刚性阻燃管PC20	10m	54.00	5.20	0	2.00 元/米	6
4-12-137	砖、混凝土结构暗配刚性阻燃管PC40	10m	66.60	14.30	0	5.00 元/米	6
4-13-5	管内穿照明线铜芯导线截面≤2.5mm²	10m	8.10	1.50	0	1.80 元/米	16
4-13-28	管内穿动力线铜芯导线截面≤16mm²	套	8.10	1.80	0	11.50 元/米	5
4-14-2	吸顶灯具安装灯罩周长≤1100mm	套	13.80	1.90	0	100.00 元/套	1
4-14-204	荧光灯具安装吸顶式单管	套	13.90	1.50	0	120.00 元/套	1
4-14-205	荧光灯具安装吸顶式双管	个	17.50	1.50	0	180.00 元/套	1
4-14-380	四联单控暗开关安装	个	7.00	0.80	0	15.00 元/个	2

注：表内费用均不包含增值税可抵扣进项税额。

2. 该工程的人工费单价（综合普工、一般技工和高级技工）为100元/工日，管理费和利润分别按人工费的40%和20%计算。

问题如下。

1. 按照背景资料，计算各分部分项工程量单价与合价，编制完成表3.4.2"分部分项工程和单价措施项目清单与计价表"（不考虑总照明配电箱的进线管道与电缆，不考虑开关盒和灯头盒）。

2. 设定该工程"总照明配电箱AL"的清单工程量为1台，其余条件均不变，根据背景材料中的相关数据，编制完成答题卡表3.4.3"综合单价分析表"。（计算结果保留两位小数）

答案如下。

问题1答案：

表3.4.2 分部分项工程和单价措施项目清单与计价表

工程名称：配电房　　　　　　　　　　　　　　　　　　　　　　　　　　标段：电气工程

序号	项目编码	项目名称	项目特征描述	计量单位	工程量	金额（元） 综合单价	合价	暂估价
1	030404017001	配电箱	(1) 总照明配电箱AL； (2) 非定制，600mm×800mm×300mm（宽×高×厚）； (3) 嵌入式安装，底边距地1.5m； (4) 无端子外部接线 2.5mm² 3个； (5) 压铜接线端子 16mm² 5个	台	1.00	4297.73	4297.73	
2	030404018001	插座箱	(1) 插座箱AX； (2) 300mm×300mm×120mm（宽×高×厚）； (3) 嵌入式安装，底边距地0.5m	台	1.00	698.08	698.08	

续表

序号	项目编码	项目名称	项目特征描述	计量单位	工程量	金额（元）		
						综合单价	合价	暂估价
3	030404034001	照明开关	（1）四联单控暗开关 250V/10A； （2）底边距地 1.3m 安装	个	2.00	27.30	54.60	
4	030411001001	配管	刚性阻燃管 PC20 砖，混凝土结构暗配 CC、WC	m	51.71	11.28	583.29	
5	030411001002	配管	刚性阻燃管 PC40 砖，混凝土结构暗配 FC、WC	m	14.70	17.39	255.63	
6	030411004001	配线	管内穿线 BV2.5mm²	m	189.03	3.53	667.28	
7	030411004002	配线	管内穿线 BV16mm²	m	83.50	13.55	1131.43	
8	030412001001	普通灯具	吸顶灯 1×32W	套	2.00	124.98	249.96	
9	030412005001	荧光灯	（1）单管荧光灯，自带蓄电池 1×28W； （2）应急时间不小 120min，吸顶安装	套	8.00	144.94	1159.52	
10	030412005002	荧光灯	（1）双管荧光灯，自带蓄电池 2×28W； （2）应急时间不小于 120min，吸顶安装	套	4.00	211.30	845.20	
		合计					9942.72	

问题2答案：

表3.4.3 综合单价分析表

工程名称：配电房　　　　　　　　　　　　　　　　　　　　　　　　　　　　　标段：电气工程

项目编码	030404017001	项目名称	总照明配电箱 AL	计量单位	台	工程量	1.00

清单综合单价组成明细

定额编号	定额名称	定额单位	数量	单价				合价			
				人工费	材料费	机械费	管理费和利润	人工费	材料费	机械费	管理费和利润
4-2-77	成套配电箱安装嵌入式半周长≤1.5m	台	1.00	131.50	37.90	0	78.90	131.50	37.90	0	78.90
4-1-14	无端子外部接线导线截面≤2.5mm²	个	3.00	1.20	1.44	0	0.72	3.60	4.32	0	2.16
4-4-26	压铜接线端子导线截面≤16mm²	个	2.00	2.50	3.87	0	1.50	12.50	19.35	0	7.50
人工日工资单价				小计				147.60	61.57	0	88.56
100 元/工日				未计价材料费				4000.00			

续表

项目编码	030404017001	项目名称	总照明配电箱 AL	计量单位	台	工程量	1.00
清单项目综合单价							4297.73

	主要材料名称、规格、型号	单位	数量	单价	合价	暂估单价（元）	暂估合价（元）
材料费明细	总照明配电箱 AL	台	1.00	4000.00	4000.00		
	其他材料费			—	61.57		
	材料费小计			—	4061.57		—

（三）措施项目费的编制

（1）措施项目费中的安全文明施工费应当按照国家或省级、行业建设主管部门的规定标准计价，该部分不得作为竞争性费用。

（2）措施项目应按招标文件中提供的措施项目清单确定，措施项目分为以"量"计算和以"项"计算两种。对于可计量的措施项目，以"量"计算即按其工程量用与分部分项工程工程量清单单价相同的方式确定综合单价；对于不可计量的措施项目，则以"项"为单位，采用费率法按有关规定综合取定，采用费率法时需确定某项费用的计费基数及其费率，结果应是包括除规费、税金以外的全部费用，计算公式为：

$$\text{以"项"计算的措施项目清单费} = \text{措施项目计费基数} \times \text{费率} \quad (3.4.6)$$

（四）其他项目费的编制

（1）暂列金额。暂列金额由招标人根据工程特点、设计深度、工期长短，按有关计价规定进行估算。

（2）暂估价。暂估价中的材料单价应按照工程造价管理机构发布的工程造价信息中的材料单价计算，工程造价信息未发布的材料单价，其单价参考市场价格估算；暂估价中的专业工程暂估价应分不同专业，按有关计价规定估算。

（3）计日工。在编制最高投标限价时，对计日工表中的材料应按工程造价管理机构发布的工程造价信息中的材料单价计算，工程造价信息未发布单价的材料，其价格应按市场调查确定的单价计算。

（4）总承包服务费。总承包服务费应按照省级或行业建设主管部门的规定，并充分考虑招标文件中明确的总承包服务的内容计算。在计算时可参考以下标准：

① 招标人仅要求对分包的专业工程进行总承包管理和协调时，按分包的专业工程估算造价的1.5%计算；

② 招标人要求对分包的专业工程进行总承包管理和协调，并同时要求提供配合服务时，根据招标文件中列出的配合服务内容和提出的要求，按分包的专业工程估算造价的3%~5%计算；

③ 招标人自行供应材料的，按招标人供应材料价值的1%计算。

（五）规费和税金的编制

规费和税金必须按国家或省级、行业建设主管部门的规定计算，对于税金的计算需要注意适用的计税方法。一般计税方法和简易计税方法对组价的影响在于：

(1) 一般计税方法下，要素价格均为不含进项税的裸价，并且将税金附加费综合到管理费中一并计取；

(2) 简易计税方法下，要素价格均为含有进项税的含税价格，采用含进项税的税前造价乘以3%的增收率即为所缴增值税，然后再计算增值税附加；

(3) 对甲供材的处理。增值税制下，甲供材本身的价值不计入工程造价，不参与计税。

$$税金＝（人工费＋材料费＋施工机具使用费＋企业管理费＋利润＋规费）×税率 \qquad (3.4.7)$$

（六）最高投标限价编制的注意问题

(1) 采用的材料价格应是工程造价管理机构通过工程造价信息发布的材料价格，工程造价信息未发布材料单价的材料，其材料价格应通过市场调查确定。另外，未采用工程造价管理机构发布的工程造价信息时，需在招标文件或答疑补充文件中对最高投标限价采用的与造价信息不一致的市场价格予以说明，采用的市场价格则应通过调查、分析确定，有可靠的信息来源。

(2) 施工机械设备的选型直接关系到综合单价水平，应根据工程项目特点和施工条件，本着经济实用、先进高效的原则确定。

(3) 应该正确、全面地使用行业和地方的计价定额与相关文件。

(4) 不可竞争的措施项目（安全文明施工费）和规费、税金等费用的计算均属于强制性条款，编制最高投标限价时应按国家有关规定计算。

(5) 不同工程项目、不同施工单位会有不同的施工组织方法，所发生的措施费也会有所不同，因此，对于竞争性的措施费用的确定，招标人应首先编制常规的施工组织设计或施工方案，然后依据经专家论证确认后再进行合理确定措施项目与费用。尤其是危险性较大的分部分项工程，更应注重安全专项施工方案的可行性，以确保合理的费用。

(6) 应注意与招标文件的关联度和契合度。编制最高投标限价时往往不考虑招标文件中有关合同条款对工程造价的影响，存在招标文件与最高投标限价相脱节的现象，合同条件中的质量要求、付款条件、进度要求等因素对工程造价的影响不能很好地体现出来，以至于投标人考虑也不充分，造成项目实施阶段的造价纠纷。

（七）最高投标限价编制案例

某国有投资的安装工程，采用清单计价方式，价格根据本工程招标文件有关基期价格约定，进行增值税下最高投标限价编制。计价步骤如下：

第一步，确定计税方法。根据财税部门对工程服务项目具体适用计税方法的规定（财税〔2016〕36号和〔2017〕58号），结合工程服务项目的类别及招标文件要求，准确选择适用一般计税方法或简易计税方法。

第二步，组价和取费。根据招标工程量清单的项目特征描述，执行适用的预算定额子目及调整后取费费率标准，进行分部分项工程综合单价、措施项目等的准确组价，并计算汇总得到人工、材料（设备）、施工机具等单位工程汇总表。

第三步，询价和调价。首先将工程信息价格载入，进行第一步换价处理；将第一步换价处理后的汇总表中缺少对应价格信息的材料、机械等要素的预算定额基期价格,通过市场询价以不含可抵扣进项税额的当期市场预算价格替换,进行第二步换价处理。

第四步,计税与计价汇总。税金按10%增值税税率或3%的征收率计算,完成工程造价计算。

适用一般计税方法计税的工程造价中各费用项目计算方法如下:

(1) 人工费:工日单价按当地有关部门发布的人工工日单价计算。当前政策环境下,营改增前后计算方法一致。

(2) 材料费:材料(设备)单价有除税市场信息价的计入除税市场信息价。信息价中缺项材料通过市场询价计入不含可抵扣增值税进项税的市场价格。若为含税市场价格,根据财税部门规定选择适用的增值税税率(或征收率),并结合供货单位(应税人)的具体身份,所能开具增值税专用发票实际情况,根据"价税分离"计价规则对其市场价格进行除税处理。

$$除税价格=含税价格/(1+税率/征收率) \quad (3.4.8)$$

3. 施工机械使用费:施工机械台班单价按除税市场信息价的计入。信息价中缺项机械台班单价通过市场询价计入不含可抵扣增值税进项税的市场价格。施工机械台班单价可按租赁台班单价计价。

【案例 3.4.2】 根据招标文件和常规施工方案,按以下数据及要求编制某安装工程的最高投标限价。该安装工程计算出的各分部分项工程人材机费用合计为 6000 万元,其中人工费占 10%;单价措施项目中仅有脚手架项目,脚手架搭拆的人材机费用 48 万元,其中人工费占 25%;总价措施项目费中的安全文明施工费用(包括安全施工费、文明施工费、环境保护费、临时设施费)根据当地工程造价管理机构发布的规定按分部分项工程人工费的 20% 计取,夜间施工费、二次搬运费、冬雨期施工增加费、已完工程及设备保护费等其他总价措施项目费用合计按分部分项工程人工费的 12% 计取,其中人工费占 40%。

企业管理费、利润分别按人工费的 60%、40% 计。

暂列金额 200 万元,专业工程暂估价 500 万元(总承包服务费按分包价值的 3% 计取),不考虑计日工费用。

规费按分部分项工程和措施项目费中全部人工费的 20% 计取。

上述费用均不包含增值税可抵扣进项税额。增值税税率按 10% 计取。

问题:计算出该安装工程的最高投标限价。将各项费用的计算结果填入"单位工程最高投标限价汇总表"中,见表 3.4.4,其计算过程写在表的下面。

表 3.4.4 单位工程最高投标限价汇总表

序号	汇总内容	金额(万元)	其中:暂估价(万元)
1	分部分项工程		
1.1	(略)		
	其中:人工费		
2	措施项目		

续表

序号	汇总内容	金额（万元）	其中：暂估价（万元）
2.1	其中：安全文明施工费		
2.2	其中：脚手架搭拆费		
2.2.1	其中：人工费		
3	其他项目		
3.1	其中：暂列金额		
3.2	其中：专业工程暂估价		
3.3	其中：计日工		
3.4	其中：总包服务费		
4	规费		
5	税金		
最高投标限价合计＝1＋2＋3＋4＋5			

答案：将各项费用的计算结果，填入单位工程最高投标限价汇总表中，得出表3.4.5。其计算过程见表3.4.5下面内容。

表3.4.5 单位工程最高投标限价汇总表

序号	汇总内容	金额（万元）	其中：暂估价（万元）
1	分部分项工程	6600.00	
1.1	（略）		
	其中：人工费	600.00	
2	措施项目	328.80	
2.1	其中：安全文明施工费	168.00	
2.2	其中：脚手架搭拆费	60.00	
2.2.1	其中：人工费	12.00	
3	其他项目	715.00	
3.1	其中：暂列金额	200.00	
3.2	其中：专业工程暂估价	500.00	
3.3	其中：计日工		
3.4	其中：总包服务费	15.00	
4	规费	137.76	
5	税金	778.16	
最高投标限价合计＝1＋2＋3＋4＋5		8558.92	

各项费用的计算过程（计算式）：

1. 分部分项工程费合计＝6000.00＋6000.00×10％×（40％＋60％）＝6600.00（万元）。

其中人工费＝6000.00×10％＝600.00（万元）。

2. 措施项目清单费：

脚手架搭拆费＝48.00+48.00×25％×（40％+60％）＝60.00（万元）。

安全文明施工费＝600.00×20％+600.00×20％×40％×（40％+60％）＝168.00（万元）。

其他措施项目费＝600.00×12％+600.00×12％×40％×（40％+60％）＝100.80（万元）。

措施项目费合计＝60.00+168.00+100.80＝328.80（万元）。

其中人工费＝48×25％+（600.00×20％+600.00×12％）×40％＝88.80（万元）。

3. 其他项目费＝200.00+500.00+500.00×3％＝715.00（万元）。

4. 规费＝（600.00+88.80）×20％＝137.76（万元）。

5. 税金＝（6600.00+328.80+715.00+137.76）×10％＝778.16（万元）。

6. 最高投标限价合计＝6600.00+328.80+715.00+137.76+778.16＝8558.92（万元）。

【案例 3.4.3】 给排水工程案例

1. 本案例在第二章给排水案例基础上，增加如下背景资料：

（1）山东省安装工程消耗量定额（2016 版）。

（2）人工单价：根据山东省住房城乡建设厅《关于调整建设工程人工单价及各专业定额价目表的通知》（鲁建标字〔2020〕24 号），山东省某市人工工资指导价为：133 元/工日。

（3）未计价材料价格：根据山东省某市当期造价信息和市场情况定价。

（4）总价措施项目费率：夜间施工费费率 2.5％，二次搬运费费率 2.1％，冬雨期施工费费率 2.8％，已完成工程及设备保护费费率 1.2％。

（5）其他项目费：暂列金额为 500.00 元。

（6）费率：根据一般计税方法税金税率为 9％。

2. 最高投标限价报表

最高投标限价

招　标　人：＿＿＿××公司＿＿＿

（单位盖章）

造价咨询人：＿＿××造价咨询公司＿＿

（单位盖章）

××年×月×日

某市公共厕所给排水工程

最高投标限价

招标控制价（小写）：　　　35871.45 元
　　　　　（大写）：　　叁万伍仟捌佰柒拾壹元肆角伍分

招标人：_____　　　　　　工程造价咨询人：_____
　　　（单位盖章）　　　　　　　　　　　　　　　（单位盖章）

法定代表人　　　　　　　　　　　　　法定代表人
或其授权人：_____　　　　或其授权人：_____
　　　（签字或盖章）　　　　　　　　　　　　　（签字或盖章）

编制人：_____　　　　　　复核人：_____
（造价人员签字盖专用章）　　　　　　（造价工程师签字盖专用章）

编制时间：　　　　　　　　　　　　　复核时间：

表 3.4.6 单位工程最高投标限价汇总表

工程名称:某市公共厕所给排水　　　　标段:安装实务　　　　第1页　共1页

序号	项目名称	金额(元)	其中:材料暂估价(元)
一	分部分项工程费	28975.96	
1.1	给水	5764.86	
1.2	排水	23211.1	
二	措施项目费	997.3	
2.1	单价措施项目	351.44	
2.2	总价措施项目	645.86	
三	其他项目费	500	
3.1	暂列金额	500	
3.2	专业工程暂估价		
3.3	特殊项目暂估价		
3.4	计日工		
3.5	采购保管费		
3.6	其他检验试验费		
3.7	总承包服务费		
3.8	其他		
四	规费	2436.33	
五	设备费		
六	税金	2961.86	
单位工程费用合计=一+二+三+四+五+六		35871.45	

表 3.4.7 分部分项工程量清单与计价表

工程名称:某市公共厕所给排水　　　　标段:安装实务　　　　第1页　共2页

序号	项目编码	项目名称 项目特征	计量单位	工程数量	金额(元)		
					综合单价	合价	其中:暂估价
		给水				5764.86	
1	031001007001	复合管 1. 安装部位:室内; 2. 介质:给水; 3. 材质、规格:钢塑复合管 De50; 4. 连接形式:丝接; 5. 压力试验及吹、洗设计要求:水压试验、水冲洗、消毒	m	8.9	123.58	1099.86	

续表

序号	项目编码	项目名称 项目特征	计量单位	工程数量	金额（元）		
					综合单价	合价	其中：暂估价
2	031001007002	复合管 1. 安装部位：室内； 2. 介质：给水； 3. 材质、规格：钢塑复合管 De40； 4. 连接形式：丝接； 5. 压力试验及吹、洗设计要求：水压试验、水冲洗、消毒	m	12.8	111.4	1425.92	
3	031001007003	复合管 1. 安装部位：室内； 2. 介质：给水； 3. 材质、规格：钢塑复合管 De32； 4. 连接形式：丝接； 5. 压力试验及吹、洗设计要求：水压试验、水冲洗、消毒	m	25.54	97.24	2483.51	
4	031001007004	复合管 1. 安装部位：室内； 2. 介质：给水； 3. 材质、规格：钢塑复合管 De20； 4. 连接形式：丝接； 5. 压力试验及吹、洗设计要求：水压试验、水冲洗、消毒	m	3.35	66.97	224.35	
5	031002001001	管道支架 1. 材质：角钢∟40×4； 2. 管架形式：非保温管架	kg	2.5	31.24	78.1	
6	031002003001	套管 1. 名称、类型：穿基础刚性防水套管； 2. 规格：DN65	个	1	201.78	201.78	
7	031003001001	螺纹阀门 1. 类型：截止阀 J11W—16； 2. 材质：铜； 3. 规格：DN40； 4. 连接形式：丝接	个	1	251.34	251.34	
		排水				23211.1	
8	031001006001	塑料管 1. 安装部位：室内； 2. 介质：排水； 3. 材质、规格：De160； 4. 连接形式：黏接	m	5.87	127.71	749.66	
		本页小计				6514.52	

表 3.4.8 分部分项工程量清单与计价表

工程名称：某市公共厕所给排水　　　　标段：安装实务　　　　第1页　共1页

序号	项目编码	项目名称 项目特征	计量单位	工程数量	金额（元）		
					综合单价	合价	其中：暂估价
9	031001006002	塑料管 1. 安装部位：室内； 2. 介质：排水； 3. 材质、规格：De110； 4. 连接形式：黏接	m	43.48	88.88	3864.5	
10	031001006003	塑料管 1. 安装部位：室内； 2. 介质：排水； 3. 材质、规格：De75； 4. 连接形式：黏接	m	29.81	60.21	1794.86	
11	031002003002	套管 1. 名称、类型：穿基础刚性防水套管； 2. 规格：DN250	个	1	522.35	522.35	
12	031002003003	套管 1. 名称、类型：穿基础刚性防水套管； 2. 规格：DN200	个	1	483.16	483.16	
13	031004003001	洗脸盆 陶瓷	组	6	655.86	3935.16	
14	031004003002	洗脸盆 陶瓷	组	1	538.28	538.28	
15	031004006001	大便器 陶瓷	组	1	1149.58	1149.58	
16	031004006002	大便器 陶瓷	组	9	655.67	5901.03	
17	031004007001	小便器 陶瓷	组	5	691.15	3455.75	
18	031004008001	其他成品卫生器具 陶瓷	组	1	651.77	651.77	
19	031004014001	给、排水附（配）件 1. 高水封塑料地漏； 2. 型号、规格：DN75	个	3	55	165	
		本页小计				22461.44	
		合计				28975.96	

表 3.4.9　措施项目清单综合单价分析表

工程名称：某市公共厕所给排水　　　　　　标段：安装实务　　　　　　第1页　共1页

序号	项目编码	项目名称	计量单位	工程量	综合单价组成（元）					综合单价（元）
					人工费	材料费	机械费	计费基础	管理费和利润	
1	031301017001	脚手架搭拆	项		93.47	173.59		96.99	84.38	351.44

表 3.4.10　材料暂估价一览表

工程名称：某市公共厕所给排水　　　　　　标段：安装实务　　　　　　第1页　共1页

序号	材料名称、规格、型号	计量单位	单价（元）	备注

表 3.4.11　甲供材料价一览表

工程名称：某市公共厕所给排水　　　　　　标段：安装实务　　　　　　第1页　共1页

序号	材料名称、规格、型号	计量单位	单价（元）	备注

注：1. 此表由招标人填写，并在备注栏说明暂估价的材料拟用在哪些清单项目上，投标人应将上述材料暂估单价计入工程量清单综合单价报价中。
　　2. 材料包括原材料、燃料、构配件等。
　　3. 如为甲供材料，应在备注栏内注明"甲供"。

表 3.4.12　措施项目清单计价汇总表

工程名称：某市公共厕所给排水　　　　　　标段：安装实务　　　　　　第1页　共1页

序号	项目名称	金额（元）
1	措施项目清单计价（一）	645.86
2	措施项目清单计价（二）	351.44
	合计	997.3

表 3.4.13　措施项目清单与计价表（一）

工程名称：某市公共厕所给排水　　　　　　标段：安装实务　　　　　　第1页　共1页

序号	项目编码	项目名称	计算基础	费率（%）	金额（元）	备注
1	031302002001	夜间施工费	省人工费	2.5	198.83	
2	031302004001	二次搬运费	省人工费	2.1	156.88	
3	031302005001	冬雨季施工增加费	省人工费	2.8	209.18	
4	031302006001	已完工程及设备保护费	省人工费	1.2	80.97	
		合计			645.86	

表 3.4.14　措施项目清单与计价表（二）

工程名称：某市公共厕所给排水　　　　　　标段：安装实务　　　　　　第1页　共1页

序号	项目编码	项目名称 项目特征	计量单位	工程数量	金额（元）		
					综合单价	合价	其中：暂估价
1	031301017001	脚手架搭拆	项	1	351.44	351.44	
		本页小计				351.44	
		合计				351.44	

表 3.4.15 其他项目清单与计价汇总表

工程名称：某市公共厕所给排水　　　　标段：安装实务　　　　第1页　共1页

序号	项目名称	计量单位	金额（元）	备注
1	暂列金额	项	500	
2	专业工程暂估价			
3	特殊项目暂估价			
4	计日工			
5	采购保管费			
6	其他检验试验费			
7	总承包服务费			
8	其他			
	合计		500	

表 3.4.16 暂列金额明细表

工程名称：某市公共厕所给排水　　　　标段：安装实务　　　　第1页　共1页

序号	项目名称	计量单位	暂定金额（元）	备注
1	暂列金额	项	500	一般可按分部分项工程费的10%～15%估列
	合计		500	

表 3.4.17 特殊项目暂估价表

工程名称：某市公共厕所给排水　　　　标段：安装实务　　　　第1页　共1页

序号	特殊项目名称	内容、范围	计算单位	计算方法	金额（元）	备注
	合计					

表 3.4.18 计日工表

工程名称：某市公共厕所给排水　　　　标段：安装实务　　　　第1页　共1页

编号	项目名称、型号、规格	单位	暂定数量	综合单价	合价
一	人工				
	人工小计				
二	材料				
	材料小计				
三	机械				
	机械小计				
	总计				

表 3.4.19　总承包服务费清单与计价表

工程名称：某市公共厕所给排水　　　　标段：安装实务　　　　第1页　共1页

序号	项目名称及服务内容	项目费用（元）	费率（%）	金额（元）
1	总承包服务费	0	3	
	合计			

表 3.4.20　专业工程暂估价表

工程名称：某市公共厕所给排水　　　　标段：安装实务　　　　第1页　共1页

序号	工程名称	工程内容	金额（元）	备注
1				
	合计			

表 3.4.21　规费、税金项目清单与计价表

工程名称：某市公共厕所给排水　　　　标段：安装实务　　　　第1页　共1页

序号	项目名称	计算基础	费率（%）	金额（元）
1	规费			2436.33
1.1	安全文明施工费			1874.1
1.1.1	安全施工费	分部分项工程费＋措施项目费＋其他项目费	3.51	1069.61
1.1.2	环境保护费	分部分项工程费＋措施项目费＋其他项目费	0.29	88.37
1.1.3	文明施工费	分部分项工程费＋措施项目费＋其他项目费	0.59	179.79
1.1.4	临时设施费	分部分项工程费＋措施项目费＋其他项目费	1.76	536.33
1.2	社会保险费	分部分项工程费＋措施项目费＋其他项目费	1.52	463.19
1.3	住房公积金	分部分项工程费＋措施项目费＋其他项目费	0.22	67.04
1.5	建设项目工伤保险	分部分项工程费＋措施项目费＋其他项目费	0.105	32
1.6	优质优价费	分部分项工程费＋措施项目费＋其他项目费	0	
2	税金	分部分项工程费＋措施项目费＋其他项目费＋规费＋设备费－甲供材料费－甲供主材费－甲供设备费	9	2961.86
	合计			5398.19

【案例 3.4.4】空调工程案例

1. 本案例在第二章空调基础上，增加如下背景资料：

（1）山东省安装工程消耗量定额（2016 版）。

(2) 人工单价：根据山东省住房城乡建设厅《关于调整建设工程人工单价及各专业定额价目表的通知》（鲁建标字〔2020〕24号），山东省某市人工工资指导价为：133元/工日。

(3) 未计价材料价格：根据山东省某市当期造价信息和市场情况定价。材料暂估：风机盘管FP－102，900元；风机盘管FP－68，800元；风机盘管FP－34，700元；甲供材料：新风机组1XF－1MKS02D6，8000元。

(4) 总价措施项目费率：夜间施工费费率2.5%，二次搬运费费率2.1%，冬雨期施工费费率2.8%，已完成工程及设备保护费费率1.2%，。

(5) 其他项目费：无。

(6) 费率：根据一般计税方法税金税率为9%。

2. 最高投标限价报表示例

某学院学生活动中心通风空调工程

最高投标限价

招标控制价（小写）：　　　　115558.97元　　　　

（大写）：　　壹拾壹万伍仟伍佰伍拾捌元玖角柒分　　

招标人：＿＿＿＿＿＿＿＿　　　　工程造价咨询人：＿＿＿＿＿＿＿＿

（单位盖章）　　　　　　　　　　　　（单位盖章）

法定代表人
或其授权人：＿＿＿＿＿＿　　　　法定代表人
或其授权人：＿＿＿＿＿＿

（签字或盖章）　　　　　　　　　　　（签字或盖章）

编制人：＿＿＿＿＿＿　　　　　　　复核人：＿＿＿＿＿＿

（造价人员签字盖专用章）　　　　　（造价工程师签字盖专用章）

编制时间：　　　　　　　　　　　　复核时间：

表 3.4.22 单位工程最高投标限价汇总表

工程名称：某学院学生活动中心通风空调　　　　标段：安装实务　　　　第1页 共1页

序号	项目名称	金额（元）	其中：材料暂估价（元）
一	分部分项工程费	94077.84	11200
1.1	新风系统	22810.02	
1.2	空调（风机盘管）系统	69467.48	11200
1.3	排烟系统	1800.34	
二	措施项目费	4702.62	
2.1	单价措施项目	1426.26	
2.2	总价措施项目	3276.36	
三	其他项目费		
3.1	暂列金额		
3.2	专业工程暂估价		
3.3	特殊项目暂估价		
3.4	计日工		
3.5	采购保管费		
3.6	其他检验试验费		
3.7	总承包服务费		
3.8	其他		
四	规费	7897.49	
五	设备费		
六	税金	8881.02	
单位工程费用合计＝一＋二＋三＋四＋五＋六		115558.97	11200

表 3.4.23 分部分项工程量清单与计价表

工程名称：某学院学生活动中心通风空调　　　　标段：安装实务　　　　第1页 共5页

序号	项目编码	项目名称 项目特征	计量单位	工程数量	综合单价	合价	其中：暂估价
		新风系统				22810.02	
1	030702001001	碳钢通风管道 1. 名称：通风管道； 2. 材质：镀锌薄钢板； 3. 形状：矩形； 4. 规格：800mm×450mm； 5. 板材厚度：δ＝0.75mm； 6. 接口形式：法兰咬口连接	m²	1.63	184.31	300.43	

续表

序号	项目编码	项目名称 项目特征	计量单位	工程数量	金额（元）		
					综合单价	合价	其中：暂估价
2	030702001002	碳钢通风管道 1. 名称：通风管道； 2. 材质：镀锌薄钢板； 3. 形状：矩形； 4. 规格：630mm×200mm； 5. 板材厚度：$\delta=0.6$mm； 6. 接口形式：法兰咬口连接	m²	1.96	210.34	412.27	
3	030702001003	碳钢通风管道 1. 名称：通风管道； 2. 材质：镀锌薄钢板； 3. 形状：矩形； 4. 规格：500mm×200mm； 5. 板材厚度：$\delta=0.6$mm； 6. 接口形式：法兰咬口连接	m²	8.54	210.34	1796.3	
4	030702001004	碳钢通风管道 1. 名称：通风管道； 2. 材质：镀锌薄钢板； 3. 形状：矩形； 4. 规格：400mm×200mm； 5. 板材厚度：$\delta=0.5$mm； 6. 接口形式：法兰咬口连接	m²	6.78	208.76	1415.39	
5	030702001005	碳钢通风管道 1. 名称：通风管道； 2. 材质：镀锌薄钢板； 3. 形状：矩形； 4. 规格：320mm×200mm； 5. 板材厚度：$\delta=0.5$mm； 6. 接口形式：法兰咬口连接	m²	5.15	270.26	1391.84	
6	030702001006	碳钢通风管道 1. 名称：通风管道； 2. 材质：镀锌薄钢板； 3. 形状：矩形； 4. 规格：300mm×200mm； 5. 板材厚度：$\delta=0.5$mm； 6. 接口形式：法兰咬口连接	m²	0.59	270.24	159.44	
		本页小计				5475.67	

表 3.4.24 分部分项工程量清单与计价表

工程名称：某学院学生活动中心通风空调　　　标段：安装实务　　　第2页 共5页

序号	项目编码	项目名称 项目特征	计量单位	工程数量	综合单价	合价	其中：暂估价
7	030702001007	碳钢通风管道 1. 名称：通风管道； 2. 材质：镀锌薄钢板； 3. 形状：矩形； 4. 规格：200mm×200mm； 5. 板材厚度：δ=0.5mm； 6. 接口形式：法兰咬口连接	m²	6.63	270.26	1791.82	
8	030702001008	碳钢通风管道 1. 名称：通风管道； 2. 材质：镀锌薄钢板； 3. 形状：矩形； 4. 规格：200mm×160mm； 5. 板材厚度：δ=0.5mm； 6. 接口形式：法兰咬口连接	m²	4.68	270.26	1264.82	
9	030703019001	柔性接口 1. 名称：软接头； 2. 规格 800mm×450mm； 3. 材质：帆布； 4. 类型：矩形	m²	0.7	1908.12	1335.68	
10	030703007001	百叶窗 1. 名称：消声防水百叶窗； 2. 规格：800mm×450mm	个	1	264.56	264.56	
11	030703001001	碳钢阀门 1. 名称：对开多叶调节阀（电动）； 2. 规格：800mm×450mm	个	1	898.08	898.08	
12	030703001002	碳钢阀门 1. 名称：风管蝶阀； 2 规格：200mm×200mm	个	3	182.35	547.05	
13	030703001003	碳钢阀门 1. 名称：风管蝶阀； 2 规格：200mm×160mm	个	2	172.61	345.22	
14	030703007002	碳钢风口 1. 名称：单层百叶风口； 2. 规格：200mm×200mm	个	3	84.52	253.56	
15	030703007003	碳钢风口 1. 名称：单层百叶风口； 2. 规格：200mm×160mm	个	2	82.75	165.5	
16	030703020001	消声器 1. 名称：折板式消声器； 2. 规格：630mm×200mm	个	1	1710.15	1710.15	
17	030701003001	空调器 1. 名称：新风机组1XF—1； 2. 型号：MKS02D60.95kg； 3. 规格：870mm×750mm×555mm； 4. 安装形式：吊顶式	台	1	8304.12	8304.12	

续表

序号	项目编码	项目名称 项目特征	计量单位	工程数量	金额（元）		
					综合单价	合价	其中：暂估价
18	030704001001	通风工程检测、调试	系统	1	453.79	453.79	
	2	空调（风机盘管）系统				69467.48	11200
		本页小计				17334.35	

表 3.4.25 分部分项工程量清单与计价表

工程名称：某学院学生活动中心通风空调　　　　　标段：安装实务　　　　　第 3 页　共 5 页

序号	项目编码	项目名称 项目特征	计量单位	工程数量	金额（元）		
					综合单价	合价	其中：暂估价
19	030702001009	碳钢通风管道 1. 名称：风机盘管管道； 2. 材质：镀锌薄钢板； 3. 形状：矩形； 4. 规格：905mm×140mm； 5. 板材厚度：$\delta=0.75$mm； 6. 接口形式：法兰咬口连接	m²	21.82	184.33	4022.08	
20	030702001010	碳钢通风管道 1. 名称：风机盘管管道； 2. 材质：镀锌薄钢板； 3. 形状：矩形； 4. 规格：685mm×140mm； 5. 板材厚度：$\delta=0.75$mm； 6. 接口形式：法兰咬口连接	m²	70.59	184.33	13011.85	
21	030702001011	碳钢通风管道 1. 名称：风机盘管管道； 2. 材质：镀锌薄钢板； 3. 形状：矩形； 4. 规格：485mm×140mm； 5. 板材厚度：$\delta=0.6$mm； 6. 接口形式：法兰咬口连接	m²	5.54	210.34	1165.28	
22	030702001012	碳钢通风管道 1. 名称：风机盘管管道； 2. 材质：镀锌薄钢板； 3. 形状：矩形； 4. 规格：240mm×240mm； 5. 板材厚度：$\delta=0.5$mm； 6. 接口形式：法兰咬口连接	m²	15.72	270.26	4248.49	
23	030702001013	碳钢通风管道 1. 名称：风机盘管管道； 2. 材质：镀锌薄钢板； 3. 形状：矩形； 4. 规格：905mm×180mm； 5. 板材厚度：$\delta=0.75$mm； 6. 接口形式：法兰咬口连接	m²	1.13	184.31	208.27	

续表

序号	项目编码	项目名称 项目特征	计量单位	工程数量	金额（元）		
					综合单价	合价	其中：暂估价
24	030702001014	碳钢通风管道 1. 名称：风机盘管管道； 2. 材质：镀锌薄钢板； 3. 形状：矩形； 4. 规格：685mm×180mm； 5. 板材厚度：$\delta=0.75$mm； 6. 接口形式：法兰咬口连接	m²	4.5	184.33	829.49	
25	030702001015	碳钢通风管道 1. 名称：风机盘管管道； 2. 材质：镀锌薄钢板； 3. 形状：矩形； 4. 规格：485mm×180mm； 5. 板材厚度：$\delta=0.6$mm； 6. 接口形式：法兰咬口连接	m²	0.69	210.33	145.13	
		本页小计				23630.59	

表 3.4.26　分部分项工程量清单与计价表

工程名称：某学院学生活动中心通风空调　　　　标段：安装实务　　　　第 4 页 共 5 页

序号	项目编码	项目名称 项目特征	计量单位	工程数量	金额（元）		
					综合单价	合价	其中：暂估价
26	030703019002	柔性接口 1. 名称：软接口； 2. 规格：$L=200$mm； 3. 材质：帆布； 4. 类型：矩形	m²	9.5	1908.11	18127.05	
27	030701004001	风机盘管 1. 名称：风机盘管； 2. 型号：FP-102； 3. 安装形式：吊顶式； 4. 支架形式、材质：减震吊架	台	2	1337.29	2674.58	1800
28	030701004002	风机盘管 1. 名称：风机盘管； 2. 型号：FP-68； 3. 安装形式：吊顶式； 4. 支架形式、材质：减震吊架	台	10	1237.29	12372.9	8000
29	030701004003	风机盘管 1. 名称：风机盘管； 2. 型号：FP-34； 3. 安装形式：吊顶式； 4. 支架形式、材质：减震吊架	台	2	1137.29	2274.58	1400
30	030703007004	散流器 1. 名称：方形散流器； 2. 规格：240mm×240mm	个	26	175.28	4557.28	

续表

序号	项目编码	项目名称 项目特征	计量单位	工程数量	金额（元）		
					综合单价	合价	其中：暂估价
31	030703007005	碳钢风口 1. 名称：百叶风口； 2. 型号：门铰型（带过滤）； 3. 规格：905mm×180mm； 4. 形式：矩形	个	2	327.39	654.78	
32	030703007006	碳钢风口 1. 名称：百叶风口； 2. 型号：门铰型（带过滤）； 3. 规格：685mm×180mm； 4. 形式：矩形	个	10	272.82	2728.2	
33	030703007007	碳钢风口 1. 名称：百叶风口； 2. 型号：门铰型（带过滤）； 3. 规格：485mm×180mm； 4. 形式：矩形	个	2	240.07	480.14	
34	030704001002	通风工程检测、调试	系统	1	1967.38	1967.38	
	3	排烟系统				1800.34	
35	030703007008	碳钢风口 1. 名称：排烟风口； 2. 型号：PYK（BSFD）280"C； 3. 规格：320mm×(1000+250)mm	个	1	888.2	888.2	
36	030703007009	碳钢风口 1. 名称：排烟风口； 2. 型号：PYK（BSFD）280"C； 3. 规格：400mm×(800+250)mm	个	1	897.05	897.05	
		本页小计				47622.14	11200

表3.4.27 分部分项工程量清单与计价表

工程名称：某学院学生活动中心通风空调　　　　标段：安装实务　　　　第5页　共5页

序号	项目编码	项目名称 项目特征	计量单位	工程数量	金额（元）		
					综合单价	合价	其中：暂估价
37	030704001003	通风工程检测、调试	系统	1	15.09	15.09	
		本页小计				15.09	
		合计				94077.84	11200

表3.4.28 措施项目清单综合单价分析表

工程名称：某学院学生活动中心通风空调　　　　标段：安装实务　　　　第1页　共1页

序号	项目编码	项目名称	计量单位	工程量	综合单价组成（元）					综合单价（元）
					人工费	材料费	机械费	计费基础	管理费和利润	
1	031301017001	脚手架搭拆	项		379.34	704.49		393.6	342.43	1426.26

表 3.4.29 材料暂估价一览表

工程名称：某学院学生活动中心通风空调　　标段：安装实务　　第1页 共1页

序号	材料名称、规格、型号	计量单位	单价（元）	备注
1	风机盘管 FP-102 风机盘管 FP-68 风机盘管 FP-34 新风机组 1XF－1MKS02D60.95kg	台	900	
2	风机盘管 FP-68	台	800	
3	风机盘管 FP-34	台	700	

表 3.4.30 甲供材料价一览表

工程名称：某学院学生活动中心通风空调　　标段：安装实务　　第1页 共1页

序号	材料名称、规格、型号	计量单位	单价（元）	备注
1	新风机组 1XF-1MKS02D60.95kg	台	8000	甲供

注：1. 此表由招标人填写，并在备注栏说明暂估价的材料拟用在哪些清单项目上，投标人应将上述材料暂估单价计入工程量清单综合单价报价中。
　　2. 材料包括原材料、燃料、构配件等。
　　3. 如为甲供材料，应在备注栏内注明"甲供"。

表 3.4.31 措施项目清单计价汇总表

工程名称：某学院学生活动中心通风空调　　标段：安装实务　　第1页 共1页

序号	项目名称	金额（元）
1	措施项目清单计价（一）	3276.36
2	措施项目清单计价（二）	1426.26
	合计	4702.62

表 3.4.32 措施项目清单与计价表（一）

工程名称：某学院学生活动中心通风空调　　标段：安装实务　　第1页 共1页

序号	项目编码	项目名称	计算基础	费率（%）	金额（元）	备注
1	031302002001	夜间施工费	省人工费	2.5	1008.61	
2	031302004001	二次搬运费	省人工费	2.1	795.86	
3	031302005001	冬雨期施工增加费	省人工费	2.8	1061.14	
4	031302006001	已完工程及设备保护费	省人工费	1.2	410.75	
		合计			3276.36	

表 3.4.33 措施项目清单与计价表（二）

工程名称：某学院学生活动中心通风空调　　标段：安装实务　　第1页 共1页

序号	项目编码	项目名称 项目特征	计量单位	工程数量	金额（元）		
					综合单价	合价	其中：暂估价
1	031301017001	脚手架搭拆	项	1	1426.26	1426.26	
		本页小计				1426.26	
		合计				1426.26	

表 3.4.34 其他项目清单与计价汇总表

工程名称：某学院学生活动中心通风空调　　　　标段：安装实务　　　　第1页　共1页

序号	项目名称	计量单位	金额（元）	备注
1	暂列金额	项		
2	专业工程暂估价		—	
3	特殊项目暂估价			
4	计日工			
5	采购保管费			
6	其他检验试验费			
7	总承包服务费			
8	其他			
	合计			—

表 3.4.35 暂列金额明细表

工程名称：某学院学生活动中心通风空调　　　　标段：安装实务　　　　第1页　共1页

序号	项目名称	计量单位	暂定金额（元）	备注
1	暂列金额	项		
	合计			—

表 3.4.36 特殊项目暂估价表

工程名称：某学院学生活动中心通风空调　　　　标段：安装实务　　　　第1页　共1页

序号	特殊项目名称	内容、范围	计算单位	计算方法	金额（元）	备注
		合计				

表 3.4.37 计日工表

工程名称：某学院学生活动中心通风空调　　　　标段：安装实务　　　　第1页　共1页

编号	项目名称、型号、规格	单位	暂定数量	综合单价	合价
一	人工				
	人工小计				
二	材料				
	材料小计				
三	机械				
	机械小计				
	总计				

表 3.4.38　总承包服务费清单与计价表

工程名称：某学院学生活动中心通风空调　　　标段：安装实务　　　第 1 页　共 1 页

序号	项目名称及服务内容	项目费用（元）	费率（%）	金额（元）
1	总承包服务费	0	3	
	合计			

表 3.4.39　专业工程暂估价表

工程名称：某学院学生活动中心通风空调　　　标段：安装实务　　　第 1 页　共 1 页

序号	工程名称	工程内容	金额（元）	备注
1				
	合计			

表 3.4.40　规费、税金项目清单与计价表

工程名称：某学院学生活动中心通风空调　　　标段：安装实务　　　第 1 页　共 1 页

序号	项目名称	计算基础	费率（%）	金额（元）
1	规费			7897.49
1.1	安全文明施工费			6074.99
1.1.1	安全施工费	分部分项工程费＋措施项目费＋其他项目费	3.51	3467.19
1.1.2	环境保护费	分部分项工程费＋措施项目费＋其他项目费	0.29	286.46
1.1.3	文明施工费	分部分项工程费＋措施项目费＋其他项目费	0.59	582.8
1.1.4	临时设施费	分部分项工程费＋措施项目费＋其他项目费	1.76	1738.54
1.2	社会保险费	分部分项工程费＋措施项目费＋其他项目费	1.52	1501.46
1.3	住房公积金	分部分项工程费＋措施项目费＋其他项目费	0.22	217.32
1.5	建设项目工伤保险	分部分项工程费＋措施项目费＋其他项目费	0.105	103.72
1.6	优质优价费	分部分项工程费＋措施项目费＋其他项目费	0	
2	税金	分部分项工程费＋措施项目费＋其他项目费＋规费＋设备费－甲供材料费－甲供主材费－甲供设备费	9	8881.02
	合计			16778.51

【案例 3.4.5】 消防工程案例

1. 本案例在第二章消防案例基础上，增加如下背景资料：

（1）山东省安装工程消耗量定额（2016 版）。

(2) 人工单价：根据山东省住房城乡建设厅《关于调整建设工程人工单价及各专业定额价目表的通知》（鲁建标字〔2020〕24号），山东省某市人工工资指导价为：133元/工日。

(3) 未计价材料价格：根据山东省某市当期造价信息和市场情况定价。材料暂估：DN15喷头，8.62/个。

(4) 总价措施项目费率：夜间施工费费率2.5%，二次搬运费费率2.1%，冬雨期施工费费率2.8%，已完成工程及设备保护费费率1.2%。

(5) 其他项目费：无。

(6) 费率：根据一般计税方法税金税率为9%。

2. 最高投标限价报表示例

某学院学生活动中心消防工程工程

最高投标限价

招标控制价（小写）： 31126.37元

（大写）： 叁万壹仟壹佰贰拾陆元叁角柒分

招标人：＿＿＿＿＿＿＿＿＿＿
（单位盖章）

工程造价咨询人：＿＿＿＿＿＿
（单位盖章）

法定代表人
或其授权人：＿＿＿＿＿＿
（签字或盖章）

法定代表人
或其授权人：＿＿＿＿＿＿
（签字或盖章）

编制人：＿＿＿＿＿＿＿＿
（造价人员签字盖专用章）

复核人：＿＿＿＿＿＿＿＿
（造价工程师签字盖专用章）

编制时间：

复核时间：

表 3.4.41　单位工程最高投标限价汇总表

工程名称：某学院学生活动中心消防工程　　　　标段：安装实务　　　　第 1 页　共 1 页

序号	项目名称	金额（元）	其中：材料暂估价（元）
一	分部分项工程费	15372.15	417.9
二	措施项目费	1070.11	
2.1	单价措施项目	377.1	
2.2	总价措施项目	693.01	
三	其他项目费	10000	
3.1	暂列金额	10000	
3.2	专业工程暂估价		
3.3	特殊项目暂估价		
3.4	计日工		
3.5	采购保管费		
3.6	其他检验试验费		
3.7	总承包服务费		
3.8	其他		
四	规费	2114.04	
五	设备费		
六	税金	2570.07	
单位工程费用合计＝一＋二＋三＋四＋五＋六		31126.37	417.9

表 3.4.42　分部分项工程量清单与计价表

工程名称：某学院学生活动中心消防工程　　　　标段：安装实务　　　　第 1 页　共 1 页

序号	项目编码	项目名称 项目特征	计量单位	工程数量	金额（元）		
					综合单价	合价	其中：暂估价
1	030901001001	水喷淋钢管 1. 安装部位：室内； 2. 材质、规格：热镀锌钢管 DN100； 3. 连接形式：沟槽连接	m	11.4	171.49	1954.99	
2	030901001002	水喷淋钢管 1. 安装部位：室内； 2. 材质、规格：热镀锌钢管 DN80； 3. 连接形式：螺纹连接	m	8.4	137.3	1153.32	
3	030901001003	水喷淋钢管 1. 安装部位：室内； 2. 材质、规格：热镀锌钢管 DN65； 3. 连接形式：螺纹连接	m	2.6	124.44	323.54	

续表

序号	项目编码	项目名称 项目特征	计量单位	工程数量	金额（元）		
					综合单价	合价	其中：暂估价
4	030901001004	水喷淋钢管 1. 安装部位：室内； 2. 材质、规格：热镀锌钢管 DN32； 3. 连接形式：螺纹连接	m	66.51	78.44	5217.04	
5	030901001005	水喷淋钢管 1. 安装部位：室内； 2. 材质、规格：热镀锌钢管 DN25； 3. 连接形式：螺纹连接	m	63.14	59	3725.26	
6	030901003001	水喷淋（雾）喷头 1. 安装部位：无吊顶； 2. 材质、型号、规格：ZXTX15/68； 3. 连接形式：螺纹连接	个	48	38.57	1851.36	417.9
7	030901006001	水流指示器 1. 规格、型号：DN80； 2. 连接形式：螺纹连接	个	1	316.91	316.91	
8	031003001001	螺纹阀门 1. 类型：信号蝶阀； 2. 材质：铜； 3. 规格、压力等级：DN80； 4. 连接形式：螺纹连接	个	1	236.69	236.69	
9	031003001002	螺纹阀门 1. 类型：截止阀； 2. 材质：铜； 3. 规格、压力等级：DN25； 4. 连接形式：螺纹连接	个	1	60.2	60.2	
10	030905002001	水灭火控制装置调试	点	1	532.84	532.84	
		本页小计				15372.15	417.9
		合计				15372.15	417.9

表 3.4.42 措施项目清单综合单价分析表

工程名称：某学院学生活动中心消防工程　　　　　　标段：安装实务　　　　　　第1页　共1页

序号	项目编码	项目名称	计量单位	工程量	综合单价组成（元）					综合单价（元）
					人工费	材料费	机械费	计费基础	管理费和利润	
1	031301017001	脚手架搭拆	项		100.3	186.27		104.06	90.53	377.1

表 3.4.43 材料暂估价一览表

工程名称：某学院学生活动中心消防工程　　　　标段：安装实务　　　　第1页 共1页

序号	材料名称、规格、型号	计量单位	单价（元）	备注
1	喷头 DN15	个	8.62	

表 3.4.44 甲供材料价一览表

工程名称：某学院学生活动中心消防工程　　　　标段：安装实务　　　　第1页 共1页

序号	材料名称、规格、型号	计量单位	单价（元）	备注

注：1. 此表由招标人填写，并在备注栏说明暂估价的材料拟用在哪些清单项目上，投标人应将上述材料暂估单价计入工程量清单综合单价报价中。
2. 材料包括原材料、燃料、构配件等。
3. 如为甲供材料，应在备注栏内注明"甲供"。

表 3.4.45 措施项目清单计价汇总表

工程名称：某学院学生活动中心消防工程　　　　标段：安装实务　　　　第1页 共1页

序号	项目名称	金额（元）
1	措施项目清单计价（一）	693.01
2	措施项目清单计价（二）	377.1
	合计	1070.11

表 3.4.46 措施项目清单与计价表（一）

工程名称：某学院学生活动中心消防工程　　　　标段：安装实务　　　　第1页 共1页

序号	项目编码	项目名称	计算基础	费率（%）	金额（元）	备注
1	031302002001	夜间施工费	省人工费	2.5	213.35	
2	031302004001	二次搬运费	省人工费	2.1	168.33	
3	031302005001	冬雨期施工增加费	省人工费	2.8	224.45	
4	031302006001	已完工程及设备保护费	省人工费	1.2	86.88	
		合计			693.01	

表 3.4.47 措施项目清单与计价表（二）

工程名称：某学院学生活动中心消防工程　　　　标段：安装实务　　　　第1页 共1页

序号	项目编码	项目名称 项目特征	计量单位	工程数量	金额（元）		
					综合单价	合价	其中：暂估价
1	031301017001	脚手架搭拆	项	1	377.1	377.1	
		本页小计				377.1	
		合计				377.1	

表 3.4.48 其他项目清单与计价汇总表

工程名称：某学院学生活动中心消防工程　　　　标段：安装实务　　　　第1页 共1页

序号	项目名称	计量单位	金额（元）	备注
1	暂列金额	项	10000	
2	专业工程暂估价		—	

续表

序号	项目名称	计量单位	金额（元）	备注
3	特殊项目暂估价			
4	计日工			
5	采购保管费			
6	其他检验试验费			
7	总承包服务费			
8	其他			
	合计		10000	

表 3.4.49 暂列金额明细表

工程名称：某学院学生活动中心消防工程　　　　标段：安装实务　　　　第1页 共1页

序号	项目名称	计量单位	暂定金额（元）	备注
1	暂列金额	项	10000	一般可按分部分项工程费的10%～15%估列
	合计		10000	

表 3.4.50 特殊项目暂估价表

工程名称：某学院学生活动中心消防工程　　　　标段：安装实务　　　　第1页 共1页

序号	特殊项目名称	内容、范围	计算单位	计算方法	金额（元）	备注
	合计					

表 3.4.51 计日工表

工程名称：某学院学生活动中心消防工程　　　　标段：安装实务　　　　第1页 共1页

编号	项目名称、型号、规格	单位	暂定数量	综合单价	合价
一	人工				
	人工小计				
二	材料				
	材料小计				
三	机械				
	机械小计				
	总计				

表 3.4.52 总承包服务费清单与计价表

工程名称：某学院学生活动中心消防工程　　　　标段：安装实务　　　　第1页 共1页

序号	项目名称及服务内容	项目费用（元）	费率（%）	金额（元）
1	总承包服务费	0	3	
	合计			

表 3.4.53 专业工程暂估价表

工程名称：某学院学生活动中心消防工程　　　　标段：安装实务　　　　第1页 共1页

序号	工程名称	工程内容	金额（元）	备注
1				
	合计			

表 3.4.54 规费、税金项目清单与计价表

工程名称：某学院学生活动中心消防工程　　　　标段：安装实务　　　　第1页 共1页

序号	项目名称	计算基础	费率（%）	金额（元）
1	规费			2114.04
1.1	安全文明施工费			1626.19
1.1.1	安全施工费	分部分项工程费＋措施项目费＋其他项目费	3.51	928.12
1.1.2	环境保护费	分部分项工程费＋措施项目费＋其他项目费	0.29	76.68
1.1.3	文明施工费	分部分项工程费＋措施项目费＋其他项目费	0.59	156.01
1.1.4	临时设施费	分部分项工程费＋措施项目费＋其他项目费	1.76	465.38
1.2	社会保险费	分部分项工程费＋措施项目费＋其他项目费	1.52	401.92
1.3	住房公积金	分部分项工程费＋措施项目费＋其他项目费	0.22	58.17
1.5	建设项目工伤保险	分部分项工程费＋措施项目费＋其他项目费	0.105	27.76
1.6	优质优价费	分部分项工程费＋措施项目费＋其他项目费	0	
2	税金	分部分项工程费＋措施项目费＋其他项目费＋规费＋设备费－甲供材料费－甲供主材费－甲供设备费	9	2570.07
	合计			4684.11

第五节　工程投标报价的编制方法

一、投标报价的编制原则

投标报价是投标人希望达成工程承包交易的期望价格，不能高于最高投标限价。作为投标报价计算的必要条件，应预先确定施工方案和施工进度，此外，投标报价计算还必须考虑合同约定的风险范围，并与采用的合同形式相协调。

（一）投标报价的编制原则

报价是投标的关键性工作，报价是否合理不仅直接关系到投标的成败，还关系到中标后企业的盈亏。投标报价的编制原则如下：

（1）投标报价由投标人自主确定，但必须执行《建设工程工程量清单计价规范》（GB 50500—2013）的强制性规定。投标报价应由投标人或受其委托、具有相应资质的工程造价咨询人员编制。

（2）投标人的投标报价不得低于工程成本。《招标投标法实施条例》第五十一条第五款明确规定，投标报价低于成本时评标委员会应当否决其投标。

（3）投标报价要以招标文件中设定的发承包双方责任划分，作为考虑投标报价费用项目和费用计算的基础，发承包双方的责任划分不同，会导致合同风险不同的分摊，从而导致投标人选择不同的报价；根据工程发承包模式考虑投标报价的费用内容和计算深度。

（4）以施工方案、技术措施等作为投标报价计算的基本条件；以反映企业技术和管理水平的企业定额作为计算人工、材料和机械台班消耗量的基本依据；充分利用现场考察、调研成果、市场价格信息和行情资料。

（5）结合项目特点、市场竞争情况和企业中标紧迫程度等综合报价。

（二）投标报价的编制依据

《建设工程工程量清单计价规范》（GB 50500—2013）的规定，投标报价应根据下列依据编制：

（1）《建设工程工程量清单计价规范》（GB 50500—2013）。
（2）国家或省级、行业建设主管部门颁发的计价办法。
（3）企业定额，国家或省级、行业建设主管部门颁发的计价定额。
（4）招标文件、工程量清单及其补充通知、答疑纪要。
（5）建设工程设计文件及相关资料。
（6）施工现场情况、工程特点及投标时拟定的施工组织设计或施工方案。
（7）与建设项目相关的标准、规范等技术资料。
（8）市场价格信息或工程造价管理机构发布的工程造价信息。
（9）其他的相关资料。

二、投标报价的编制方法

（一）投标报价的程序

做好投标报价工作，需充分了解招标文件的全部含义，准确合理运用投标报价方法。应对招标文件有一个系统而完整的理解，从合同条件到技术规范、工程设计图纸，从工程量清单到具体投标书和报价单的要求，都要严肃认真对待。其步骤一般为：

（1）熟悉招标文件，对工程项目进行调查与现场考察。
（2）结合工程项目的特点、竞争对手的实力和本企业的自身状况、经验、习惯，制定投标策略。
（3）核算招标项目实际工程量。
（4）编制施工组织设计。
（5）考虑工程承包市场的行情，以及人工、机械及材料供应的费用，计算分项工程直接费。
（6）分摊项目费用，编制单价分析表。
（7）计算投标基础价。
（8）根据企业的施工管理水平、工程经验与信誉、技术能力与机械装备能力、财务应变能力、抵御风险的能力、降低工程成本增加经济效益的能力等,进行中标概率分析、盈亏分析。

(9) 提出备选投标报价方案。

(10) 编制出合理的报价,以争取中标。

(二) 分部分项工程费的编制

分部分项工程和单价措施项目清单与计价表的编制如下。

承包人投标报价中的分部分项工程费和以单价计算的措施项目费应按招标文件中分部分项工程和单价措施项目清单与计价表的特征描述确定综合单价计算。因此,确定综合单价是分部分项工程和单价措施项目清单与计价表编制过程中最主要的内容。综合单价包括完成一个规定清单项目所需的人工费、材料和工程设备费、施工机具使用费、企业管理费、利润,并考虑风险费用的分摊。

综合单价=人工费+材料和工程设备费+施工机具使用费+企业管理费+利润

(3.5.1)

(1) 确定综合单价时的注意事项。

① 以项目特征描述为依据。项目特征是确定综合单价的重要依据之一,投标人投标报价时应依据招标文件中清单项目的特征描述确定综合单价。在招标投标过程中,当出现招标工程量清单特征描述与设计图纸不符时,投标人应以招标工程量清单的项目特征描述为准,确定投标报价的综合单价。当施工中施工图纸或设计变更与招标工程量清单项目特征描述不一致时,发承包双方应按实际施工的项目特征,依据合同约定重新确定综合单价。

② 材料、工程设备暂估价的处理。招标文件中在其他项目清单中提供了暂估单价的材料和工程设备,应按其暂估的单价计入清单项目的综合单价中。

③ 考虑合理的风险。招标文件中要求投标人承担的风险费用,投标人应考虑进入综合单价。在施工过程中,当出现的风险内容及其范围(幅度)在招标文件规定的范围(幅度)内时,综合单价不得变动,合同价款不作调整。根据国际惯例并结合我国工程建设的特点,发承包双方对工程施工阶段的风险宜采用如下分摊原则:

a. 对于主要由市场价格波动导致的价格风险,如工程造价中的建筑材料等价格风险,发承包双方应当在招标文件中或在合同中对此类风险的范围和幅度予以明确约定,进行合理分摊。

b. 对于法律、法规、规章或有关政策出台导致工程税金、规费、人工费发生变化,并由省级、行业建设行政主管部门或其授权的工程造价管理机构根据上述变化发布的政策性调整,以及由政府定价或政府指导价管理的原材料等价格进行了调整,承包人不应承担此类风险,应按照有关调整规定执行。

c. 对于承包人根据自身技术水平、管理、经营状况能够自主控制的风险,如承包人的管理费、利润的风险,承包人应结合市场情况,根据企业自身的实际合理确定、自主报价,该部分风险由承包人全部承担。

(2) 综合单价确定的步骤和方法。

当分部分项工程内容比较简单,由单一计价子项计价,且《建设工程工程量清单计价规范》(GB 50500—2013)与所使用计价定额中的工程量计算规则相同时,综合单价的确定只需用相应计价定额子目中的人、材、机费做基数计算管理费、利润，再考虑相应的风险费用即可。当工程量清单给出的分部分项工程与所用计价定额的单位不同或工程量计算规则不同，则需要按计价定额的计算规则重新计算工程量，并按照下列步骤来确定综合单价。

① 确定计算基础。计算基础主要包括消耗量指标和生产要素单价。应根据本企业的实际消耗量水平，并结合拟定的施工方案确定完成清单项目需要消耗各种人工、材料、机械台班的数量。计算时应采用企业定额，在没有企业定额或企业定额缺项时，可参照与本企业实际水平相近的国家、地区、行业定额，并通过调整来确定清单项目的人、材、机单位用量。各种人工、材料、机械台班的单价，则应根据询价的结果和市场行情综合确定。

② 分析每一清单项目的工程内容。在招标工程量清单中，招标人已对项目特征进行了准确、详细的描述，投标人根据这一描述，再结合施工现场情况和拟定的施工方案确定完成各清单项目实际应发生的工程内容。必要时可参照《建设工程工程量清单计价规范》（GB 50500—2013）中提供的工程内容，有些特殊的工程也可能出现规范列表之外的工程内容。

③ 计算工程内容的工程数量与清单单位的含量。每一项工程内容都应根据所选定额的工程量计算规则计算其工程数量，当定额的工程量计算规则与清单的工程量计算规则相一致时，可直接以工程量清单中的工程量作为工程内容的工程数量。

当采用清单单位含量计算人工费、材料费、施工机具使用费时，还需要计算每一计量单位的清单项目所分摊的工程内容的工程数量，即清单单位含量。

$$清单单位含量 = \frac{定额工程量}{清单工程量} \qquad (3.5.2)$$

④ 分部分项工程人工、材料、施工机具使用费用的计算。以完成每一计量单位的清单项目所需的人工、材料、机械用量为基础计算，即：

$$每一计量单位清单项目某种资源的使用量 = 该种资源的定额单位用量 \times$$
$$相应定额条目的清单单位含量 \qquad (3.5.3)$$

再根据预先确定的各种生产要素的单位价格，可计算出每一计量单位清单项目的分部分项工程的人工费、材料费与施工机具使用费。

$$人工费 = 完成单位清单项目所需人工的工日数量 \times 人工工日单价 \qquad (3.5.4)$$

$$材料费 = \sum（完成单位清单项目所需各种材料、半成品的数量 \times 各种材料、$$
$$半成品单价）+ 工程设备费 \qquad (3.5.5)$$

$$施工机具使用费 = \sum（完成单位清单项目所需各种机械的台班数量 \times 各种机械的$$
$$台班单价）+ \sum（完成单位清单项目所需各种仪器仪表的台班$$
$$数量 \times 各种仪器仪表的台班单价） \qquad (3.5.6)$$

当招标人提供的其他项目清单中列示了材料暂估价时，应根据招标人提供的价格计算材料费，并在分部分项工程量清单与计价表中表现出来。

⑤ 计算综合单价。企业管理费和利润的计算可按照规定的取费基数以及一定的费率取费计算，若以人工费与施工机具使用费之和为取费基数，则：

$$企业管理费 =（人工费 + 施工机具使用费）\times 企业管理费费率 \qquad (3.5.7)$$

利润＝（人工费＋施工机具使用费）×利润率 (3.5.8)

将上述五项费用汇总，并考虑合理的风险费用后，即可得到清单综合单价。根据计算出的综合单价，可编制分部分项工程和单价措施项目清单与计价表。

（3）工程量清单综合单价分析表的编制。为表明综合单价的合理性，投标人应对其进行单价分析，以作为评标时的判断依据。

【案例3.5.1】本案例在第三章案例基础上，增加如下背景资料：

1. 管理费和利润分别按人工费的60%和40%计算，安装定额相关数据资料见表3.5.1（表内费用均不包含增值税可抵扣进项税额）。

表3.5.1 安装定额相关数据资料

定额编号	项目名称	计量单位	安装基价（元）			未计价主材	
			人工费	材料费	机械费	单价	耗量
8-1-444	中压碳钢管（电弧焊）DN150	10m	226.20	140.00	180.00	4.50元/kg	8.845m
8-1-463	中压碳钢管（氩电联焊）DN150	10m	252.59	180.00	220.00	4.50元/kg	8.845m
8-5-3	低中压管道液压试验DN200以内	100m	566.00	160.00	120.00	—	—
8-5-53	管道水冲洗DN200以内	100m	340.00	580.00	80.00	—	—

2. 假设承包商购买材料时增值税进项税率为16%，机械费增值税进项税率为15%（综合），管理和利润增值税进项税率为5%（综合）；当钢管由发包人采购时，中压管道DN150安装清单项目不含增值税可抵扣进项税额综合单价的人工费、材料费、机械费分别为38.00元、30.00元、25.00元。

问题：

1. 按照背景资料1中的相关数据，根据《通用安装工程工程量计算规范》（GB 50856—2013）和《建设工程工程量清单计价规范》（GB 50500—2013）的规定，编制中压管道DN150安装项目分部分项工程量清单的综合单价，并填入表3.5.2"综合单价分析表"中。中压管道DN150理论质量按32kg/m计，钢管由发包人采购（价格为暂估价）。

2. 按照背景资料2中的相关数据列式计算中压管道DN150管道安装清单项目综合单价对应的含增值税综合单价，以及承包商承担的增值税应纳税额（单价）。（计算结果保留两位小数）

答案：
问题1

表3.5.2 综合单价分析表

综合单价分析表			
项目编码	项目名称	计量单位	工程量
03-8-02001002	中压碳钢管	m	14.06
清单综合单价组成明细			

定额编码	定额名称	定额单位	数量	人工费	材料费	机械费	管理费	利润	风险费
8-1-463	中压碳钢管（氩电联焊）DN150	10m	0.1	25.259	18.00	22.00	15.156	10.104	0

续表

定额编码	定额名称	定额单位	数量	人工费	材料费	机械费	管理费	利润	风险费
8-5-3	低压管道液压试验DN200以内	100m	0.01	5.66	1.60	1.20	3.396	2.264	0
8-5-53	管送水冲液DN200以内	100m	0.01	3.40	5.80	0.8	2.04	1.360	0
人工单价		小计		34.319	25.4	24.00	20.592	13.728	
		未计价材料		0.8845×32×4.5＝127.368（耗量：0.8845m；埋深质量：32kg/m；单位：4.5元/kg）					
综合单价				245.41					

问题2：根据已知条件计算进项抵扣额：

人工：38元		
材料：30＋30×16%（税）＝30＋4.8＝34.80（元）	可抵扣：4.80元	总抵扣：9.813元
机械：25＋25×15%（税）＝25＋3.75＝28.75（元）	可抵扣：3.75元	
管理费及利润：38×（60%＋40%）×5%（税）＝38＋1.263	可抵扣：1.263元	

含税单价：38＋30＋25＋38＋9.813＝140.813（元）

建安增值税10%（5月1日可调为10%）：140.813×10%＝14.08（元）（发票税收）

实际抵扣含税价：14.08－9.813＝4.27（元）

（三）总价措施项目费的编制

对于不能精确计量的措施项目，应编制总价措施项目清单与计价表。投标人对措施项目中的总价项目投标报价应遵循以下原则：

（1）措施项目的内容应依据招标人提供的措施项目清单和投标人投标时拟定的施工组织设计或施工方案确定。

（2）措施项目费由投标人自主确定，但其中安全文明施工费必须按照国家或省级、行业建设主管部门的规定计价，不得作为竞争性费用。

（四）其他项目费的编制

其他项目费主要包括暂列金额、暂估价、计日工以及总承包服务费组成。投标人对其他项目费投标报价时应遵循以下原则：

（1）暂列金额应按照招标人提供的其他项目清单中列出的金额填写，不得变动。

（2）暂估价不得变动和更改。暂估价中的材料、工程设备暂估价必须按照招标人提供的暂估单价计入清单项目的综合单价；专业工程暂估价必须按照招标人提供的其他项目清单中列出的金额填写。材料、工程设备暂估单价和专业工程暂估价均由招标人提供,为暂估价格,在工程实施过程中,对于不同类型的材料与专业工程采用不同的计价方法。

(3) 计日工应按照招标人提供的其他项目清单列出的项目和估算的数量,自主确定各项综合单价并计算费用。

(4) 总承包服务费应根据招标人在招标文件中列出的分包专业工程内容和供应材料、设备情况,按照招标人提出的协调、配合与服务要求和施工现场管理需要自主确定。

(五) 规费和税金的编制

规费和税金应按国家或省级、行业建设主管部门的规定计算,不得作为竞争性费用。这是由于规费和税金的计取标准是依据有关法律、法规和政策规定制定的,具有强制性。因此,投标人在投标报价时必须按照国家或省级、行业建设主管部门的有关规定计算规费和税金。

(六) 投标报价的汇总

招标工程量清单与计价表中列明的所有需要填写单价和合价的项目,投标人均应填写且只允许有一个报价。未填写单价和合价的项目,可视为此项费用已包含在已标价工程量清单中其他项目的单价和合价之中。当竣工结算时,此项目不得重新组价予以调整。投标人的投标总价应当与组成工程量清单的分部分项工程费、措施项目费、其他项目费和规费、税金的合计金额相一致,即投标人在进行工程量清单招标的投标报价时,不能进行投标总价优惠(或降价、让利),投标人对投标报价的任何优惠(或降价、让利)均应反映在相应清单项目的综合单价中。

(七) 投标报价编制

投标报价编制与最高投标限价编制不同点:要素价格、费用和利润,完全由投标人根据市场价格水平、结合自身管理能力(包括材料设备采购渠道)和装备、周转材料等配置情况,自主报价。

第六节 合同价款调整与工程结算

一、合同价款调整

(一) 合同价款调整的事项及程序

1. 主要的调价事项

合同价款往往不是发承包双方的最终价款,在施工阶段由于项目实际情况与招标投标时相比经常发生变化,所以发承包双方在施工合同中应约定合同价款的调整事件、调整方法及调整程序。一般来说,发承包双方在合同中约定的调整合同价款的事项可分为五类:①法律法规政策变化导致的调价;②工程变更导致的调价;③物价波动导致的调价;④工程索赔导致的调价;⑤其他因素导致的调价。常见的合同价款调整的因素见表 3.6.1。

表 3.6.1 主要的调价因素一览表

序号	因素		风险主体	调整内容
1	法律、法规、政策因素		发包人	人工及国家定价或指导价材料的价差
2	工程变更		发包人	单价项目调整相应的综合单价；总价项目调整总价
3	招标工程量清单缺陷	清单缺项	发包人	调整单价项目的综合单价
		清单项目特征描述不符	发包人	
		工程量偏差	发包人、承包人	
4	物价波动（含暂估的材料、工程设备）	材料、工程设备	发包人、承包人	调整材料、工程设备价差
		施工机械	承包人	—
5	索赔	工程索赔	发包人、承包人	费用、工期、利润
		不可抗力	发包人、承包人	
		赶工补偿	发包人	费用
		误期赔偿	承包人	
6	计日工		发包人	工程量
7	现场签证		发包人	工程量及综合单价

2. 合同价款调整的程序

（1）出现合同价款调增事项（不含工程量偏差、计日工、现场签证、索赔）后的14天内，承包人应向发包人提交合同价款调增报告并附上相关资料；承包人在14天内未提交合同价款调增报告的，应视为承包人对该事项不存在调整价款请求。

（2）出现合同价款调减事项（不含工程量偏差、索赔）后的14天内，发包人应向承包人提交合同价款调减报告并附相关资料；发包人在14天内未提交合同价款调减报告的，应视为发包人对该事项不存在调整价款请求。

（3）发（承）包人应在收到承（发）包人合同价款调增（减）报告及相关资料之日起14天内对其核实，予以确认的应书面通知承（发）包人。当有疑问时，应向承（发）包人提出协商意见。发（承）包人在收到合同价款调增（减）报告之日起14天内未确认也未提出协商意见的，应视为承（发）包人提交的合同价款调增（减）报告已被发（承）包人认可。发（承）包人提出协商意见的，承（发）包人应在收到协商意见后的14天内对其核实，予以确认的应书面通知发（承）包人。承（发）包人在收到发（承）包人的协商意见后14天内既不确认也未提出不同意见的，应视为发（承）包人提出的意见已被承（发）包人认可。

（二）法律法规变化引起的合同价款调整

由于法律法规变化导致价格调整的需要明确基准日期的价格或相关造价指数、结算期的价格或价格指数，以便调整价差。

1. 法律法规政策变化风险的类型

根据清单计价规范，法律法规政策类风险影响合同价款调整的，应由发包人承担。这些风险主要包括：

(1) 国家法律、法规、规章和政策发生变化；

(2) 省级或行业建设主管部门发布的人工费调整，但承包人对人工费或人工单价的报价高于发布的除外；

(3) 由政府定价或政府指导价管理的原材料等价格进行了调整。

2. 基准日期的确定及调整方法

(1) 基准日的确定。

为了合理划分发承包双方的合同风险，施工合同中应当约定一个基准日，对于基准日之后发生的、作为一个有经验的承办人在招标投标阶段不可能合理预见的风险，应当由发包人承担。对于实行招标的建设工程，一般以施工招标文件中规定的提交招标文件的截止时间前的第28天作为基准日；对于不实行招标的建设工程，一般以建设工程施工合同签订前的第28天作为基准日。

基准日期除了确定了调整价格的日期界限外，也是确定基期价格（基准价）和基期价格指数的参照，基准日期和基期价格共同构成了调价的基础。

(2) 调整方法。

施工合同履行期间，国家颁布的法律、法规、规章和有关政策在合同工程基准日之后发生变化，且因执行相应的法律、法规、规章和政策引起工程造价发生增减变化的，合同双方当事人应当依据法律、法规、规章和有关政策的规定调整合同价款。

但是，也要注意如果由于承包人的原因导致的工期延误，在工程延误期间国家法律、行政法规和相关政策发生变化引起工程造价变化的，造成合同价款增加的，合同价款不予调整；造成合同价款减少的，合同价款予以调整。见图3.6.1。

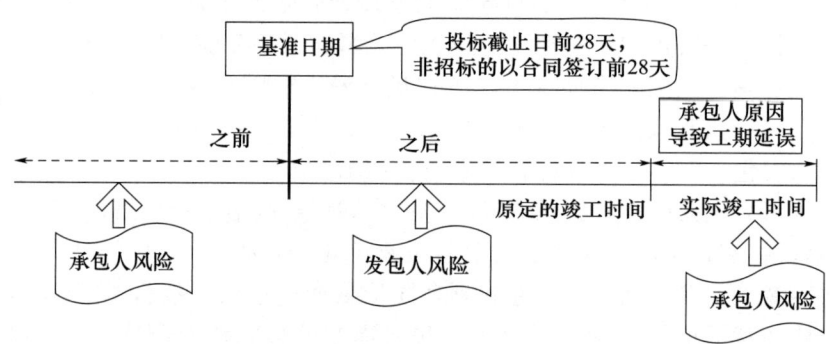

图3.6.1 法律法规变化调价方法

(3) 工期延误期间的特殊处理。

由于承包人的原因导致的工期延误，按不利于承包人的原则调整合同价款。在工程延误期间国家的法律、行政法规和相关政策发生变化引起工程造价变化的，造成合同价款增加的，合同价款不予调整；造成合同价款减少的，合同价款予以调整。

（三）工程变更引起的合同价款调整

工程变更是合同实施过程中由发包人提出或由承包人提出，经发包人批准的对合同工程的工作内容、工程数量、质量要求、施工顺序与时间、施工条件、施工工艺或其他特征及合同条件等的改变。工程变更指令发出后，应当迅速落实指令，全面修改相关的各种文件。承包人也应当抓紧落实。如果承包人不能全面落实变更指令，则扩大的损失应当由承包人承担。

（1）工程变更的范围。

根据《建设工程施工合同（示范文本）》(GF-2017-0201)的规定，工程变更的范围和内容包括：

① 增加或减少合同中任何工作，或追加额外的工作；
② 取消合同中任何工作，但转由他人实施的工作除外；
③ 改变合同中任何工作的质量标准或其他特性；
④ 改变工程的基线、标高、位置和尺寸；
⑤ 改变工程的时间安排或实施顺序。

（2）工程变更的价款调整方法。

① 分部分项工程费的调整。工程变更引起分部分项工程项目发生变化的，应按照下列规定调整：

a. 已标价工程量清单中有适用于变更工程项目的，且工程变更导致的该清单项目的工程数量变化不足15%时，采用该项目的单价。直接采用使用的项目单价的前提是其采用的材料、施工工艺和方法相同，也不因此增加关键线路上工程的施工时间。

b. 已标价工程量清单中没有适用、但有类似于变更工程项目的，可在合理范围内参照类似项目的单价或总价调整。采用类似的项目单价的前提是其采用的材料、施工工艺和方法基本相似，不增加关键线路上工程的施工时间，可仅就其变更后的差异部分，参考类似的项目单价由发承包双方协商新的项目单价。

c. 已标价工程量清单中没有适用也没有类似于变更工程项目的，由承包人根据变更工程资料、计量规则和计价办法、工程造价管理机构发布的信息（参考）价格和承包人报价浮动率，提出变更工程项目的单价或总价，报发包人确认后调整。承包人报价浮动率可按下列公式计算：

实行招标的工程：承包人报价浮动率 $L=\left(1-\dfrac{中标价}{招标控制价}\right)\times 100\%$ (3.6.1)

不实行招标的工程：承包人报价浮动率 $L=\left(1-\dfrac{报价值}{施工图预算}\right)\times 100\%$ (3.6.2)

d. 已标价工程量清单中没有适用也没有类似于变更工程项目，且工程造价管理机构发布的信息（参考）价格缺价的，由承包人根据变更工程资料、计量规则、计价办法和通过市场调查等有合法依据的市场价格提出变更工程项目的单价或总价，报发包人确认后调整。

② 措施项目费的调整。工程变更引起措施项目发生变化的，承包人提出调整措施项目费的，应事先将拟实施的方案提交发包人确认，并详细说明与原方案措施项目相比的变化情况。拟实施的方案经发承包双方确认后执行，并应按照下列规定调整措施项目费：

a. 安全文明施工费，按照实际发生变化的措施项目调整，不得浮动。

b. 采用单价计算的措施项目费，按照实际发生变化的措施项目按前述分部分项工程费的调整方法确定单价。

c. 按总价（或系数）计算的措施项目费，除安全文明施工费外，按照实际发生变化的措施项目调整，但应考虑承包人报价浮动因素，即调整金额按照实际调整金额乘以按照公式（3.6.1）或（3.6.2）得出的承包人报价浮动率（L）计算。

如果承包人未事先将拟实施的方案提交给发包人确认，则视为工程变更不引起措施项目费的调整或承包人放弃调整措施项目费的权利。

③ 删减工程或工作的补偿。如果发包人提出的工程变更，因非承包人原因删减了合同中的某项原定工作或工程，致使承包人发生的费用或（和）得到的收益不能被包括在其他已支付或应支付的项目中，也未被包含在任何替代的工作或工程中，则承包人有权提出并得到合理的费用及利润补偿。

（四）招标工程量清单缺陷引起的合同价款调整

1. 工程量清单缺项

1）清单缺项漏项的责任

招标工程量清单必须作为招标文件的组成部分，其准确性和完整性由招标人负责。因此，招标工程量清单是否准确和完整，其责任应当由提供工程量清单的发包人负责，作为投标人的承包人不应承担因工程量清单的缺项、漏项以及计算错误带来的风险与损失。

2）合同价款的调整方法

（1）分部分项工程费的调整。施工合同履行期间，由于招标工程量清单中分部分项工程出现缺项、漏项，造成新增工程清单项目的，应按照工程变更事件中关于分部分项工程费的调整方法，调整合同价款。

（2）措施项目费的调整。新增分部分项工程项目清单后，引起措施项目发生变化的，应当按照工程变更事件中关于措施项目费的调整方法，在承包人提交的实施方案被发包人批准后，调整合同价款；由于招标工程量清单中措施项目缺项，承包人应将新增措施项目实施方案提交发包人批准后，按照工程变更事件中的有关规定调整合同价款。

2. 项目特征不符

项目特征描述是确定综合单价的重要依据之一，承包人在投标报价时应依据发包人提供的招标工程量清单中的项目特征描述，确定其清单项目的综合单价。发包人在招标工程量清单中对项目特征的描述，应被认为是准确的和全面的，并且与实际施工要求相符合。承包人应按照发包人提供的招标工程量清单，根据其项目特征描述的内容及有关要求实施合同工程，直到其被改变为止。

承包人应按照发包人提供的设计图纸实施合同工程，若在合同履行期间，出现设计图纸（含设计变更）与招标工程量清单任一项目的特征描述不符，且该变化引起该项目的工程造价增减变化的，发、承包双方应当按照实际施工的项目特征，重新确定相应工程量清单项目的综合单价，调整合同价款。

3. 工程量偏差

工程量偏差是指承包人根据发包人提供的图纸（包括由承包人提供经发包人批准的图纸）进行施工，按照现行国家计量规范规定的工程量计算规则，计算得到的完成合同工程项目应予计量的工程量与相应的招标工程量清单项目列出的工程量之间出现的量差。

施工合同履行期间，若应予计算的实际工程量与招标工程量清单列出的工程量出现偏差，或者因工程变更等非承包人原因导致工程量偏差，该偏差对工程量清单项目的综合单价将产生影响，是否调整综合单价以及如何调整，发承包双方应当在施工合同中约定。如果合同中没有约定或约定不明的，可以按以下原则办理：

① 综合单价的调整原则。当应予计算的实际工程量与招标工程量清单出现偏差（包括因工程变更等原因导致的工程量偏差）超过15%时，对综合单价的调整原则为：当工程量增加15%以上时，其增加部分的工程量的综合单价应予调低；当工程量减少15%以上时，减少后剩余部分的工程量的综合单价应予调高。至于具体的调整方法，可参见公式（3.6.3）和（3.6.4）。

a. 当 $Q_1 > 1.15Q_0$ 时：

$$S = 1.15Q_0 \times P_0 + (Q_1 - 1.15Q_0) \times P_1 \quad (3.6.3)$$

b. 当 $Q_1 < 0.85Q_0$ 时：

$$S = Q_1 \times P_1 \quad (3.6.4)$$

式中　S——调整后的某一分部分项工程费结算价；

Q_1——最终完成的工程量；

Q_0——招标工程量清单中列出的工程量；

P_1——按照最终完成工程量重新调整后的综合单价；

P_0——承包人在工程量清单中填报的综合单价。

c. 新综合单价 P_1 的确定方法。新综合单价 P_1 的确定，一是发承包双方协商确定，二是与最高投标限价相联系，当工程量偏差项目出现承包人在工程量清单中填报的综合单价与发包人最高投标限价相应清单项目的综合单价偏差超过15%时，工程量偏差项目综合单价的调整可参考公式（4.7.5）和公式（4.7.6）：

当 $P_0 < P_2 \times (1-L) \times (1-15\%)$ 时，该类项目的综合单价：

$$P_1 \text{按照} P_2 \times (1-L) \times (1-15\%) \text{调整} \quad (3.6.5)$$

当 $P_0 > P_2 \times (1+15\%)$ 时，该类项目的综合单价：

$$P_1 \text{按照} P_2 \times (1+15\%) \text{调整} \quad (3.6.6)$$

$P_0 > P_2 \times (1-L) \times (1-15\%)$ 且 $P_0 < P_2 \times (1+15\%)$ 时，可不调整。

式中　P_0——承包人在工程量清单中填报的综合单价；

P_2——发包人最高投标限价相应项目的综合单价；

L——承包人报价浮动率。

【例 3.6.1】 某管道工程招标工程量清单数量为 2600m，施工中由于设计变更管道长度调增为 3120m，该项目最高投标限价综合单价为 1700 元/m，投标报价为 2125 元/m，应如何调整？

解： 3120/2600 = 120%，工程量增加超过 15%，需对单价做调整。

$$P_2 \times (1+15\%) = 1700 \times (1+15\%) = 1955 \text{ 元/m} < 2125 \text{ 元/m}$$

该项目变更后的综合单价应调整为 1955 元/m。

$$S = 2600 \times (1+15\%) \times 2125 + (3120 - 2600 \times 1.15) \times 1955$$
$$= 6353750 + 130 \times 1955 = 6607900 \text{（元）}$$

② 总价措施项目费的调整。当应予计算的实际工程量与招标工程量清单出现偏差

（包括因工程变更等原因导致的工程量偏差）超过15%，且该变化引起措施项目相应发生变化，如该措施项目是按系数或单一总价方式计价的，对措施项目费的调整原则为：工程量增加的，措施项目费调增；工程量减少的，措施项目费调减。具体调整方法应由双方当事人在合同专用条款中约定。

（五）物价变化引起的合同价款调整

施工合同履行期间，因人工、材料、工程设备和施工机械台班等价格波动影响合同价款时，发承包双方可以根据合同约定的调整方法，对合同价款进行调整。因物价波动引起的合同价款调整方法有两种：一种是采用价格指数调整价格差额，另一种是采用造价信息调整价格差额。承包人采购材料和工程设备的，应在合同中约定主要材料、工程设备价格变化的范围或幅度，如没有约定，则材料、工程设备单价变化超过5%，超过部分的价格两种方法之一进行调整。

1. 采用价格指数调整价格差额

采用价格指数调整价格差额的方法，主要适用于施工中所用的材料品种较少，但每种材料使用量较大的土木工程，如公路、水坝等。

（1）价格调整公式。因人工、材料、工程设备和施工机械台班等价格波动影响合同价款时，根据投标函附录中的价格指数和权重表约定的数据，按以下价格调整公式计算差额并调整合同价款：

$$\Delta P = P_0 \left[A + \left(B_1 \times \frac{F_{t1}}{F_{01}} + B_2 \times \frac{F_{t2}}{F_{02}} + B_3 \times \frac{F_{t3}}{F_{03}} + \cdots B_n \times \frac{F_{tn}}{F_{0n}} \right) - 1 \right] \quad (3.6.7)$$

式中　　ΔP——需调整的价格差额；

　　　　P_0——根据进度付款、竣工付款和最终结清等付款证书中，承包人应得到的已完成工程量的金额。此项金额应不包括价格调整、不计质量保证金的扣留和支付、预付款的支付和扣回。变更及其他金额已按现行价格计价的，也不计在内；

　　　　A——定值权重（即不调部分的权重）；

B_1，B_2，$B_3 \cdots B_n$——各可调因子的变值权重（即可调部分的权重）为各可调因子在投标函投标总报价中所占的比例；

F_{t1}，F_{t2}，$F_{t3} \cdots F_{tn}$——各可调因子的现行价格指数，指根据进度付款、竣工付款和最终结清等约定的付款证书相关周期最后一天的前42天的各可调因子的价格指数；

F_{01}，F_{02}，$F_{03} \cdots F_{0n}$——各可调因子的基本价格指数，指基准日的各可调因子的价格指数。

以上价格调整公式中的各可调因子、定值和变值权重以及基本价格指数及其来源在投标函附录价格指数和权重表中约定。价格指数应首先采用工程造价管理机构提供的价格指数，缺乏上述价格指数时，可采用工程造价管理机构提供的价格代替。

在计算调整差额时得不到现行价格指数的，可暂用上一次价格指数计算，并在以后的付款中再按实际价格指数进行调整。

（2）权重的调整。按变更范围和内容所约定的变更，导致原定合同中的权重不合理时，由承包人和发包人协商后进行调整。

(3) 工期延误后的价格调整。由于发包人原因导致工期延误的，则对于计划进度日期（或竣工日期）后续施工的工程，在使用价格调整公式时，应采用计划进度日期（或竣工日期）与实际进度日期（或竣工日期）的两个价格指数中较高者作为现行价格指数。

由于承包人原因导致工期延误的，则对于计划进度日期（或竣工日期）后续施工的工程，在使用价格调整公式时，应采用计划进度日期（或竣工日期）与实际进度日期（或竣工日期）的两个价格指数中较低者作为现行价格指数。

2. 采用造价信息调整价格差额

采用造价信息调整价格差额的方法，主要适用于使用的材料品种较多，相对而言每种材料使用量较小的房屋建筑与装饰工程。

施工合同履行期间，因人工、材料、工程设备和施工机械台班价格波动影响合同价格时，人工、施工机械使用费按照国家或省、自治区、直辖市建设行政管理部门、行业建设管理部门或其授权的工程造价管理机构发布的人工成本信息、施工机械台班单价或施工机械使用费系数进行调整；需要进行价格调整的材料，其单价和采购数应由发包人复核，发包人确认需调整的材料单价及数量，作为调整合同价款差额的依据。

(1) 人工单价的调整。人工单价发生变化时，发承包双方应按省级或行业建设主管部门或其授权的工程造价管理机构发布的人工成本文件调整合同价款。

(2) 材料和工程设备价格的调整。材料、工程设备价格变化的价款调整，按照承包人提供主要材料和工程设备一览表，根据发承包双方约定的风险范围，按以下规定进行调整。

① 如果承包人投标报价中材料单价低于基准单价，工程施工期间材料单价涨幅以基准单价为基础超过合同约定的风险幅度值时，或材料单价跌幅以投标报价为基础超过合同约定的风险幅度值时，其超过部分按实调整。

② 如果承包人投标报价中材料单价高于基准单价，工程施工期间材料单价跌幅以基准单价为基础超过合同约定的风险幅度值时，或材料单价涨幅以投标报价为基础超过合同约定的风险幅度值时，其超过部分按实调整。

③ 如果承包人投标报价中材料单价等于基准单价，工程施工期间材料单价涨、跌幅以基准单价为基础超过合同约定的风险幅度值时，其超过部分按实调整。

④ 承包人应当在采购材料前将采购数量和新的材料单价报发包人核对，确认用于本合同工程时，发包人应当确认采购材料的数量和单价。发包人在收到承包人报送的确认资料后3个工作日不予答复的，视为已经认可，作为调整合同价款的依据。如果承包人未报经发包人核对即自行采购材料，再报发包人确认调整合同价款的，如发包人不同意，则不作调整。

【例 3.6.2】 施工合同中约定，承包人承担的镀锌钢管价格风险幅度为±5%，超出部分依据《建设工程工程量清单计价规范》（GB 50500—2013）造价信息法调差。已知投标人投标价格、基准期发布价格分别为 4400 元/t、4200 元/t，2017 年 7 月、2018 年 7 月的造价信息发布价分别为 3900 元/t、4700 元/t。则该两月钢筋的实际结算价格应分别为多少？

解： 2017 年 7 月信息价下降，应以较低的基准价基础计算合同约定的风险幅度值。

$4200 \times (1-5\%) = 3990$（元/t）。

因此钢筋每吨应下浮价格 $= 3990 - 3900 = 90$（元/t）。

2017年7月实际结算价格 $= 4400 - 90 = 4310$（元/t）。

2018年7月信息价上涨，应以较高的投标价格为基础计算合同约定的风险幅度值。

$4400 \times (1+5\%) = 4620$（元/t）。

因此钢筋每吨应上调价格 $= 4700 - 4620 = 80$（元/t）。

2018年7月实际结算价格 $= 4400 + 80 = 4480$（元/t）。

（3）施工机械台班单价的调整。施工机械台班单价或施工机械使用费发生变化超过省级或行业建设主管部门或其授权的工程造价管理机构规定的范围时，按照其规定调整合同价款。

（六）暂估价引起的合同价款调整

暂估价是指招标人在工程量清单中提供的用于支付必然发生但暂时不能确定价格的材料、工程设备的单价以及专业工程的金额。首先介绍清单计价规范中对暂估价的有关规定。

1. 给定暂估价的材料、工程设备

（1）不属于依法必须招标的项目。发包人在招标工程量清单中给定暂估价的材料和工程设备不属于依法必须招标的，由承包人按照合同约定采购，经发包人确认后以此为依据取代暂估价，调整合同价款。

（2）属于依法必须招标的项目。发包人在招标工程量清单中给定暂估价的材料和工程设备属于依法必须招标的，由发承包双方以招标的方式选择供应商。依法确定中标价格后，以此为依据取代暂估价，调整合同价款。

2. 给定暂估价的专业工程

（1）不属于依法必须招标的项目。发包人在工程量清单中给定暂估价的专业工程不属于依法必须招标的，应按照前述工程变更事件的合同价款调整方法，确定专业工程价款。并以此为依据取代专业工程暂估价，调整合同价款。

（2）属于依法必须招标的项目。发包人在招标工程量清单中给定暂估价的专业工程，依法必须招标的，应当由发承包双方依法组织招标选择专业分包人，并接受有建设工程招标投标管理机构的监督。

① 除合同另有约定外，承包人不参加投标的专业工程，应由承包人作为招标人，但拟定的招标文件、评标方法、评标结果应报送发包人批准。与组织招标工作有关的费用应当被认为已经包括在承包人的签约合同价（投标总报价）中。

② 承包人参加投标的专业工程，应由发包人作为招标人，与组织招标工作有关的费用由发包人承担。同等条件下，应优先选择承包人中标。

③ 专业工程依法进行招标后，以中标价为依据取代专业工程暂估价，调整合同价款。

需要注意的是，《建设工程施工合同（示范文本）》（GF-2017-0201）中对依法必须招标的暂估价项目实施的有关规定如下：采取以下第1种方式确定。合同当事人也可以在专用合同条款中选择其他招标方式。

第1种方式：对于依法必须招标的暂估价项目，由承包人招标，对该暂估价项目的确认和批准按照以下约定执行：

① 承包人应当根据施工进度计划，在招标工作启动前 14 天将招标方案通过监理人报送发包人审查，发包人应当在收到承包人报送的招标方案后 7 天内批准或提出修改意见；承包人应当按照经过发包人批准的招标方案开展招标工作。

② 承包人应当根据施工进度计划，提前 14 天将招标文件通过监理人报送发包人审批，发包人应当在收到承包人报送的相关文件后 7 天内完成审批或提出修改意见；发包人有权确定最高投标限价并按照法律规定参加评标。

③ 承包人与供应商、分包人在签订暂估价合同前，应当提前 7 天将确定的中标候选供应商或中标候选分包人的资料报送发包人，发包人应在收到资料后 3 天内与承包人共同确定中标人；承包人应当在签订合同后 7 天内，将暂估价合同副本报送发包人留存。

第 2 种方式：对于依法必须招标的暂估价项目，由发包人和承包人共同招标确定暂估价供应商或分包人的，承包人应按照施工进度计划，在招标工作启动前 14 天通知发包人，并提交暂估价招标方案和工作分工。发包人应在收到后 7 天内确认。确定中标人后，由发包人、承包人与中标人共同签订暂估价合同。

（七）工程索赔

索赔是指在工程合同履行过程中，合同当事人一方因非己方的原因而遭受损失，按合同约定或法规规定应由对方承担责任，从而向对方提出补偿的要求。索赔是双向的，包括承包人向发包人索赔，也包括发包人向承包人索赔。

1. 工程索赔的概念及分类

工程索赔是指在合同履行过程中，合同一方当事人因对方不履行或未能正确履行合同义务或者由于其他非自身原因而遭受经济损失或权利损害，通过合同约定的程序向对方提出经济和（或）时间补偿要求的行为。

1）按索赔目的当事人分类

根据索赔的合同当事人不同，可以将工程索赔分为：

（1）承包人与发包人之间的索赔。该类索赔发生在建设工程施工合同的双方当事人之间，既包括承包人向发包人的索赔，也包括发包人向承包人的索赔。但是在工程实践中，经常发生的索赔事件，多是承包人向发包人提出的，本书中所提及的索赔，如果未作特别说明，即是指此类情形。

（2）总承包人和分包人之间的索赔。在建设工程分包合同履行过程中，索赔事件发生后，无论是分包人的原因还是总承包人的原因所致，分包人都只能向总承包人提出索赔要求，而不能直接向分包人提出。

2）按索赔目的和要求分类

根据索赔的目的和要求不同，可以将工程索赔分为：

（1）工期索赔。工期索赔一般是指承包人依据合同约定，对于非因自身原因导致的工期延误向发包人提出工期顺延的要求。工期顺延的要求获得批准后，不仅可以免除承包人承担拖期违约赔偿金的责任，而且承包人还有可能因工期提前获得赶工补偿（或奖励）。

（2）费用索赔。费用索赔的目的是要求补偿承包人（或发包人）的经济损失，费用索赔的要求如果获得批准，必然会引起合同价款的调整。

3）按索赔事件的性质分类

根据索赔事件的性质不同，可以将工程索赔分为：

（1）工程延误索赔。因发包人未按合同要求提供施工条件，或因发包人指令工程暂停或不可抗力事件等原因造成工期顺延的，承包人可以向发包人提出索赔；如果由于承包人原因导致工期拖延，发包人可以向承包人提出索赔。

（2）加速施工索赔。由于发包人指令承包人加快施工进度、缩短工期，引起承包人的人力、物力、财力的额外开支，承包人提出的索赔。

（3）工程变更索赔。由于发包人指令增加、减少工程量、增加附加工程、修改设计、变更工程顺序等，造成工期延长和（或）费用增加，承包人就此提出索赔。

（4）合同终止的索赔。由于发包人违约或发生不可抗力事件等原因导致合同非正常终止，或者合同无法继续履行，发包人可以就此提出索赔。

（5）不可预见的不利条件索赔。承包人在工程施工期间，施工现场遇到一个有经验的承包人通常不能合理预见的不利施工条件或外界障碍，例如地质条件与发包人提供的资料不符，出现不可预见的地下水、地质断层、溶洞、地下障碍物等，承包人可以就因此遭受的损失提出索赔。

（6）不可抗力事件的索赔。工程施工期间，因不可抗力事件的发生而遭受损失的一方，可以根据合同中对不可抗力风险分担的约定，向对方当事人提出索赔。

（7）其他索赔。如因货币贬值、汇率变化、物价上涨、政府法令变化等原因引起索赔。

2. 典型的几类索赔事项

1）不可抗力引起的索赔

不可抗力是指合同双方在合同履行中出现的不能预见，不能避免并不能克服的客观情况。不可抗力的范围一般包括因战争、敌对行为（无论是否宣战）、入侵、外敌行为、空中飞行物坠落或其他非合同双方当事人责任或原因造成的罢工、停工、爆炸、火灾等，以及当地气象、地震、卫生等部门规定的情形。双方当事人应当在合同专用条款中明确约定不可抗力的范围以及具体的判断标准。不可抗力造成损失的承担的原则：

（1）费用损失的承担原则，因不可抗力事件导致的人员伤亡、财产损失及其费用增加，发承包双方应按以下原则分别承担并调整合同价款工期。

① 合同工程本身的损害、因工程损害导致第三方人员伤亡和财产损失以及运至施工场地用于施工的材料和待安装设备的损害，由发包人承担。

② 发包人、承包人人员伤亡由其所在单位负责，并承担相应责任。

③ 承包人的施工机械设备损坏和停工损失，由承包人承担。

④ 停工期间，承包人应发包人要求留在施工场地的必要的管理人员及保卫人员费用由发包人承担。

⑤ 工程所需清理、修复费用，由发包人承担。

（2）工期的处理。因发生不可抗力事件导致工期延误的，工期相应顺延。发包人要求赶工的，承包人应采取赶工措施，赶工费用由发包人承担。

2）赶工补偿

发包人要求合同工程提前竣工，应征得承包人同意后与承包人商定采取加快工程进度的措施，并修订合同工程进度计划。发包人应承担承包人由此增加的提前竣工（赶工补偿）费。

赶工补偿费与赶工费是不同的两个概念，厘清这两个概念应弄清定额工期、招标文件要求的合理工期、发包人实际要求的提前竣工工期三个概念。所谓赶工费用是指发包人应当依据相关工程的工期定额合理计算工期，压缩的工期天数不得超过定额工期20%，如超过，应在招标文件中明示增加赶工费用。发承包双方可以在合同中约定提前竣工的奖励条款，明确每日历天应奖励额度。约定提前竣工奖励的，如果承包人的实际竣工日期早于计划竣工日期，承包人有权向发包人提出并得到提前竣工天数和合同约定的每日历天应奖励额度的成绩计算的提前竣工奖励。一般来说，双方还应当在合同中约定提前竣工奖励的最高限额（如合同价款的5%）。提前竣工奖励列入竣工结算文件中，与结算款一并支付。

发包人要求合同工程提前竣工，应征得承包人同意后与承包人商定采取加快工程进度的措施，并修订合同工程进度计划。发包人应承担承包人由此增加的赶工费。发承包双方也可在合同中约定每日历天的赶工补偿额度，此项费用作为增加合同价款，列入竣工结算文件中，与结算款一并支付。

3）误期赔偿

发承包双方可以在合同中约定误期赔偿费，明确每日历天应赔偿额度。如果承包人的实际进度迟于计划进度，发包人有权向承包人索取并得到实际延误天数和合同约定的每日历天应赔偿额度的乘积计算的误期赔偿费。一般来说，双方还应当在合同中约定误期赔偿费的最高限额（如合同价款的5%）。误期赔偿费列入进度款支付文件或竣工结算文件中，在进度款或结算款中扣除。

合同工程发生误期的，承包人应当按照合同的约定向发包人支付误期赔偿费，如果约定的误期赔偿费低于发包人由此造成的损失的，承包人还应继续赔偿。即使承包人支付误期赔偿费也不能免除承包人按照合同约定应承担的任何责任和义务。

如果在工程竣工之前，合同工程内的某单项（或单位）工程已通过了竣工验收，且该单项（或单位）工程接收证书中表明的竣工日期并未延误，而是合同工程的其他部分产生了工期延误，则误期赔偿费应按照已颁发工程接收证书的单项（或单位）工程造价占合同价款的比例幅度予以扣减。

3. 索赔成立的条件

以承包人向发包人索赔为例。承包人工程索赔成立的基本条件包括：

（1）根据合同约定，索赔事件已造成了承包人直接经济损失或工期延误。

（2）造成费用增加或工期延误的索赔事件是非因承包人的原因发生的，也不是承包人应承担的责任。

（3）承包人已经按照合同规定的期限和程序提交了索赔意向通知、索赔报告及相关证明材料。

4. 索赔的程序

以承包人向发包人提出索赔为例说明索赔的程序。

1) 承包人提出索赔

根据合同约定,承包人认为非承包人原因发生的事件造成了承包人的损失,应按以下程序向发包人提出索赔。

(1) 承包人应在知道或应当知道索赔事件发生后 28 天内,向发包人提交索赔意向通知书,说明发生索赔事件的事由。承包人逾期未发出索赔意向通知书的,丧失索赔的权利。

(2) 承包人应在发出索赔意向通知书后 28 天内,向发包人正式提交索赔通知书。索赔通知书应详细说明索赔理由和要求,并附必要的记录和证明材料。

(3) 索赔事件具有连续影响的,承包人应继续提交延续索赔通知,说明连续影响的实际情况和记录。

(4) 在索赔事件影响结束后的 28 天内,承包人应向发包人提交最终索赔通知书,说明最终索赔要求,并附必要的记录和证明材料。

2) 发包人对承包人提出索赔的处理

(1) 发包人收到承包人的索赔通知书后,应及时查验承包人的记录和证明材料。

(2) 发包人应在收到索赔通知书或有关索赔的进一步证明材料后的 28 天内,将索赔处理结果答复承包人,如果发包人逾期未作出答复,视为承包人索赔要求已被发包人认可。

(3) 承包人接受索赔处理结果的,索赔款项应作为增加合同价款,在当期进度款中进行支付;承包人不接受索赔处理结果的,按合同约定的争议解决方式办理。

5. 费用索赔的计算方法

索赔费用的计算应以赔偿实际损失为原则,包括直接损失和间接损失。索赔费用的计算方法通常有三种,即实际费用法、总费用法和修正的总费用法。

(1) 实际费用法。实际费用法又称分项法,即根据索赔事件所造成的损失或成本增加,按费用项目逐项进行分析、计算索赔金额的方法。这种方法比较复杂,但能客观地反映施工单位的实际损失,比较合理,易于被当事人接受,在国际工程中被广泛采用。

由于索赔费用组成的多样化,不同原因引起的索赔,承包人可索赔的具体费用内容有所不同,必须具体问题具体分析。由于实际费用法所依据的是实际发生的成本记录或单据,所以,在施工过程中,系统而准确地积累记录资料是非常重要的。

(2) 总费用法。总费用法,也被称为总成本法,就是当发生多次索赔事件后,重新计算工程的实际总费用,再从该实际总费用中减去投标报价时的估算总费用,即为索赔金额。总费用法计算索赔金额的公式如下:

$$\text{索赔金额} = \text{实际总费用} - \text{投标报价估算总费用} \tag{3.6.8}$$

但是,在总费用法的计算方法中,没有考虑实际总费用中可能包括由于承包商的原因(如施工组织不善)而增加的费用,投标报价估算总费用也可能由于承包人为谋取中标而导致过低的报价,因此,总费用法并不十分科学。只有在难以精确地确定某些索赔事件导致的各项费用增加额时,总费用法才得以采用。

(3) 修正的总费用法。修正的总费用法是对总费用法的改进,即在总费用计算的原则上,去掉一些不合理的因素,使其更为合理。修正的内容如下:

① 将计算索赔款的时段局限于受到索赔事件影响的时间,而不是整个施工期。

② 只计算受到索赔事件影响时段内的某项工作所受影响的损失，而不是计算该时段内所有施工工作所受的损失。

③ 与该项工作无关的费用不列入总费用中。

④ 对投标报价费用重新进行核算，即按受影响时段内该项工作的实际单价进行核算，乘以实际完成的该项工作的工程量，得出调整后的报价费用。

按修正后的总费用计算索赔金额的公式如下：

$$索赔金额＝某项工作调整后的实际总费用－该项工作的报价费用 \quad (3.6.9)$$

修正的总费用法与总费用法相比，有了实质性的改进它的准确程度已接近于实际费用法。

6. 工期索赔的计算

工期索赔，一般是指承包人依据合同对由于非承包人责任的原因导致的工期延误向发包人提出的工期顺延要求。

1）工期索赔中应当注意的问题

在工期索赔中特别应当注意以下问题：

(1) 划清施工进度拖延的责任。因承包人的原因造成施工进度滞后，属于不可原谅的延期；只有承包人不应承担任何责任的延误，才是可原谅的延期。有时工程延期的原因中可能包含有双方责任，此时监理人应进行详细分析，分清责任比例，只有可原谅延期部分才能批准顺延合同工期。可原谅延期，又细分为可原谅并给予补偿费用的延期和可原谅但不给予补偿费用的延期；后者是指非承包人责任的影响并未导致施工成本的额外支出，大多属于发包人应承担风险责任事件的影响，如异常恶劣的气候条件影响的停工等。

(2) 被延误的工作应是处于施工进度计划关键线路上的施工内容。只有位于关键线路上的工作内容的滞后，才会影响到竣工日期。但有时也应注意，既要看被延误的工作是否在批准进度计划的关键路线上，又要详细分析这一延误对后续工作的可能影响。因为若对非关键路线工作的影响时间较长，超过了该工作可用于自由支配的时间，也会导致进度计划中非关键路线转化为关键路线，其滞后将影响总工期的拖延。此时，应充分考虑该工作的自由时间，给予相应的工期顺延，并要求承包人修改施工进度计划。

2）工期索赔的具体依据

承包人向发包人提出工期索赔的具体依据主要包括：

(1) 合同约定或双方认可的施工总进度规划。

(2) 合同双方认可的详细进度计划。

(3) 合同双方认可的对工期的修改文件。

(4) 施工日志、气象资料。

(5) 业主或工程师的变更指令。

(6) 影响工期的干扰事件。

(7) 受干扰后的实际工程进度等。

3）工期索赔的计算方法

(1) 直接法。如果干扰事件直接发生在关键线路上，造成总工期的延误，可以直接将该干扰事件的实际干扰时间（延误时间）作为工期索赔值。

(2) 比例计算法。如果某干扰事件仅仅影响某单项工程、单位工程或分部分项工程的工期，要分析其对总工期的影响，可以采用比例计算法。

① 已知受干扰部分工程的延误时间，按下式计算：

工期索赔值＝受干扰部分工期拖延时间×受干扰部分工程的合同价格/原合同总价

(3.6.10)

② 已知额外增加工程量的价格，按下式计算：

工期索赔值＝原合同总工期×额外增加的工程量的价格/原合同总价 (3.6.11)

比例计算法虽然简单方便，但有时不符合实际情况，而且比例计算法不适用于变更施工顺序、加速施工、删减工程量等事件的索赔。

(3) 网络图分析法。网络图分析法是利用进度计划的网络图，分析其关键线路。如果延误的工作为关键工作，则延误的时间为索赔的工期；如果延误的工作为非关键工作，当该工作由于延误超过时限制而成为关键时，可以索赔延误时间与时差的差值；若该工作延误后仍为非关键工作，则不存在工期索赔问题。

该方法通过分析干扰事件发生前和发生后网络计划的计算工期之差来计算工期索赔值，可以用于各种干扰事件和多种干扰事件共同作用所引起的工期索赔。

4) 共同延误的处理

在实际施工过程中，工期拖延很少是只由一方造成的，往往是两三种原因同时发生（或相互作用）而形成的，故称为"共同延误"。在这种情况下，要具体分析哪一种情况延误是有效的，应依据以下原则：

(1) 首先判断造成拖期的哪一种原因是最先发生的，即确定"初始延误"者，它应对工程拖期负责。在初始延误发生作用期间，其他并发的延误者不承担拖期责任。

(2) 如果初始延误是发包人原因，则在发包人原因造成的延误期内，承包人既可得到工期延长，又可得到经济补偿。

(3) 如果初始延误是客观原因，则在客观因素发生影响的延误期内，承包人可以得到工期延长，但很难得到费用补偿。

(4) 如果初始延误是承包人原因，则在承包人原因造成的延误期内，承包人既不能得到工期补偿，也不能得到费用补偿。

【案例 3.6.3】某项目建设分别与甲、乙施工单位签订了土建施工合同和设备安装合同，土建施工合同约定：管理费为人材机费之和的 10%，利润为人材机费用与管理费之和的 6%，规费按人材机费用、管理费和利润之和的 4%计取，增值税率为 10%，合同工期为 100 天。设备安装合同约定：管理费和利润均以人工费为基础，其费率分别为 55%、45%，规费按人材机费用、管理费和利润之和的 4%计取，增值税率为 10%，合同工期 20 天。施工前，施工单位向项目监理机构提交并经确认的施工网络进度计划，如图 3.6.2 所示。

该工程实施过程中发生如下事件：

事件 1：基础工程 A 工作施工完毕组织验槽时，发现基坑实际土质与建设单位提供的工程地质资料不符，为此，设计单位修改加大了基础埋深，该基础加深处理使甲施工单位增加用工 50 个工日，增加机械 10 个台班，A 工作时间延长 3 天，甲施工单位及时向业主提出费用索赔和工程索赔。

第三章 工程计价

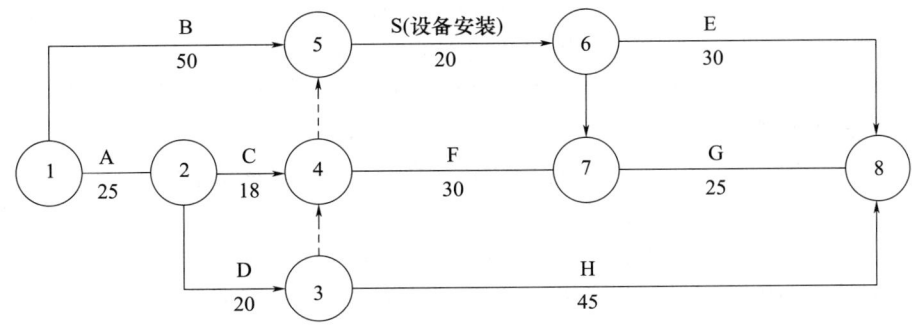

图 3.6.2　甲乙施工单位施工进度计划（单位：天）

事件 2：设备基础 D 工作的预埋件完毕后，甲施工单位报监理工程师进行隐蔽工程验收，监理工程未按合同约定的时限到现场验收，也未通知甲施工单位推迟验收事件，在此情况下，甲施工单位进行了隐蔽工序的施工，建设单位代表得知该情况后要求施工单位剥露重新检验，检验发现预埋尺寸不足，位置偏差过大，不符合设计要求。该重新检验导致甲施工单位增加人工 30 工日，材料费 1.2 万元，D 工作时间延长 2 天，甲施工单位及时向建设单位提供了费用索赔和工期索赔。

事件 3：设备安装 S 工作开始后，乙施工单位发现的业主采购设备配件缺失，建设单位要求乙施工单位自行采购缺失配件。为此，乙施工单位发生材料费 2.5 万元，人工费 0.5 万元，S 工作时间延长 2 天。乙施工单位向建设单位提出费用索赔和工期延长 2 天的索赔，向甲施工单位提出受事件 1 和事件 2 影响工期延长 5 天的索赔。

事件 4：设备安装过程中，由于乙施工单位安装设备故障和调试设备损坏。使 S 工作延长施工工期 6 天，窝工 24 个工作日。增加安装、调试设备修理费 1.6 万元。并影响了甲施工单位后续工作的开工时间，造成甲施工单位窝工 36 个工日，机械闲置 6 个台班。为此，甲施工单位分别向建设单位和乙施工单位及时提出了费用和工期索赔。

（注：上述各项费用项目价格均不包含增值税可抵扣进项税额）。

问题：

1. 分别指出事件 1～4 中甲施工单位和乙施工单位的费用索赔和工期索赔是否成立？并分别说明理由。

2. 事件 2 中，建设单位代表的做法是否妥当？说明理由。

3. 事件 1～4 发生后，图中 E 工作和 G 工作实际开始时间分别为第几天？说明理由。

4. 计算建设单位应补偿甲、乙施工单位的费用分别是多少元？可批准延长的工期分别为多少天？（计算结果保留小数点后两位）

答案：

1. 事件 1：甲施工单位向建设单位提出费用索赔成立，地质条件变化应由建设单位承担风险，增加的费用应由建设单位承担；甲施工单位向建设单位提出工期索赔成立，地质条件变化应由建设单位承担风险，且 A 工作为关键工作。

事件 2：甲施工单位向建设单位提出费用与工期索赔不成立，承包人覆盖工程隐蔽部位后，发包人或监理人对质量有疑问的，可要求承包人对已覆盖的部位进行钻孔探测或揭开重新检查，承包人应遵照执行，并在检查后重新覆盖恢复原状。经检查证明工程质量符合合同要求的，由发包人承担由此增加的费用和（或）延误的工期，并支付承包人合理的利润；经检查证明工程质量不符合合同要求的，由此增加的费用和（或）延误的工期由承包人承担。

事件 3：乙施工单位向建设单位提出的费用索赔成立，建设单位采购设备配件缺失造成乙施工单位费用增加，应由建设单位承担；乙施工单位向建设单位提出的工期索赔成立，建设单位采购设备配件缺失使 S 工作延长 2 天应由建设单位承担责任。

乙施工单位向甲施工单位提出的工期索赔不成立，甲施工单位与乙施工单位没有合同关系，且工作 A 和 D 的延误没有对 S 工作造成影响。

事件 4：甲施工单位向建设单位提出费用索赔成立，乙施工单位使甲施工单位费用增加应由建设单位承担责任；甲施工单位向建设单位提出工期索赔成立，乙施工单位使甲施工单位工期延误应由建设单位承担责任，且 S 工作延误的工期 6+2=8 天超过了 S 工作的总时差 5 天，即使甲施工单位延误工期 3 天；甲施工单位向乙施工单位提出费用与工期索赔不成立，甲施工单位与乙施工单位没有合同关系。

乙施工单位不能提出费用和工期索赔，设备故障造成费用增加与工期延误由施工单位自己承担。

2. 妥当。承包人覆盖工程隐蔽部位后，发包人或监理人对质量有疑问的，可要求承包人对已覆盖的部位进行钻孔探测或揭开重新检查，承包人应遵照执行，并在检查后重新覆盖恢复原状。

3. E 工作的实际开始时间为第 79 天，因为 B、S、E 为最后的关键线路，B 工作 50 天，S 工作 28 天，所以 E 工作的实际开始时间为第（50+28+1）=79 天。

G 工作的最早开始时间为第 81 天，因为 G 工作的紧前工作有工作 S 和工作 F，工作 S 的最早完成时间为第 78 天，工作 F 的最早完成时间为第 80 天，所以 G 工作的最早开始时间为第 81 天，实际开始时间可以是第 81、82、83、84 天。

4.（1）甲施工单位费用。

事件 1：（80×50+500×10）×（1+10%）×（1+6%）×（1+4%）×（1+10%）=12005.14 元

事件 4：（80×70%×36+500×80%×6）×（1+4%）×（1+10%）=4761.60 元

合计：12005.14+4761.60=16766.74 元

（2）乙施工单位费用。

事件 3：（25000+5000）×（1+4%）×（1+10%）=34320 元

扣除事件 4 中给甲造成的损失：4761.60 元

合计：34320−4761.60=29558.40 元

甲施工单位工期：事件 1，3 天；事件 3、4，3 天；合计，6 天。

乙施工单位工期：2 天。

（八）计日工与现场签证

1. 计日工与现场签证的概念

计日工是指在施工过程中，承包人完成发包人提出的工程合同范围以外的零星项目或工作，按合同中约定的单价计价的一种方式。

现场签证是指发包人现场代表（或其授权的监理人、工程造价咨询人）与承包人现场代表就施工过程中涉及的责任事件所作的签认证明。

计日工与现场签证的内容基本一致，都是对实际上发生的合同或施工图纸之外的零星项目。区别是采用计日工计价的零星项目在合同中已有暂定的工程量和综合单价；采用现场签证计价的零星项目则在合同中没有确定其综合单价，需要在计价时参照变更确定其价格。

2. 计日工计价

1）计日工计价的程序

任一计日工项目持续进行时，承包人应在该项工作实施结束后的 24 小时内，向发包人提交有计日工记录汇总的现场签证报告一式三份。发包人在收到承包人提交现场签证报告后的 2 天内予以确认，并将其中一份返还给承包商，作为计日工计价和支付的依据。发包人逾期未确认也未提出修改意见的，视为承包人提交的现场签证报告已被发包人认可。

任一计日工项目实施结束。承包人应按照确认的计日工现场签证报告核实该类项目的工程数量，并根据核实的工程数量和承包人已标价工程量清单中的计日工单价计算，提出应付价款。每个支付期末，承包人应与进度款同期向发包人提交本期间所有计日工记录的签证汇总表，以说明本期间自己认为有权得到的计日工金额，调整合同价款，列入进度款支付。

2）计日工计价应提交的资料

发包人通知承包人以计日方式实施的零星工作，承包人应予执行。采用计日工计价的任何一项变更工作，承包人应该在该项变更的实施过程中，按合同约定提交以下报表和有关凭证，送发包人复核：

（1）工作名称、内容和数量。

（2）投入该工作所有人员的姓名、工种、级别和耗用工时。

（3）投入该工作的材料名称、类别和数量。

（4）投入该工作的施工设备型号、台数和耗用台时。

（5）发包人要求提交的其他资料和凭证。

3. 现场签证

1）现场签证的提出

承包人应发包人要求完成合同以外的零星项目、非承包人负责事件等工作的，发包人应及时以书面形式向承包人发出指令，提供所需的相关资料；承包人在收到指令后，应及时向发包人提出现场签证要求。

承包人在施工过程中，若发现合同工程内容因场地条件、地质水文、发包人要求等不一致时，应提供所需相关资料，提交发包人签证认可，作为合同价款调整的依据。

2）现场签证报告的确认

承包人应在收到发包人指令后的 7 天内，向发包人提供现场签证报告，发包人应在收到现场签证报告后的 48 小时内对报告内容进行核实，予以确认或提出修改意见。发包人在收到承包人现场签证报告后的 48 小时内未确认也未提出修改意见的，视为承包人提交的现场签证报告已被发包人认可。

3）现场签证报告的要求

（1）现场签证的工作如果已有相应的计日工单价，现场签证报告中仅列明完成该签证工作所需的人工、材料、工程设备和施工机械台班的数量。

（2）如果现场签证的工作没有相应的计日工单价，应当在现场签证报告中列明完成该签证工作所需的人工、材料、工程设备和施工机械台班的数量及其单价。

现场签证工作完成后的7天内，承包人应按照现场签证内容计算价款，报送发包人确认后，作为增加的合同价款，与进度款同期支付。

（3）现场签证的限制。合同工程发生现场签证事项，未经发包人签证确认，承包人便擅自实施相关工作的，除非得发包人书面同意，否则发生的费用由承包人承担。

二、合同价款的预付与期中支付

（一）工程预付款计算及支付

工程预付款是指建设工程施工合同订立后，由发包人按照合同约定，在正式开工前预先支付给承包人的工程款。它是施工准备和所需要材料、结构件等流动资金的主要来源，国内习惯上又称为预付备料款。

1. 预付款的支付

（1）预付款的额度。工程预付款额度一般是根据施工工期、工作量、主要材料和设备费用占比以及材料储备周期等因素经测算来确定。

① 百分比法。发包人根据工程的特点、工期长短、市场行情、供求规律等因素，招标是在合同条件中约定工程预付款的百分比。根据《建设工程价款结算暂行办法》的规定，预付款的比例原则上不低于合同金额的10%，不高于合同金额的30%。

② 公式计算法。公式计算法是根据主要材料（含结构件等）占年度承包工程总价的比重，材料储备定额天数和年度施工天数等因素，通过公式计算预付款额度的一种方法。其计算公式为

$$\text{工程预付款数额}=\frac{\text{工程总价}\times\text{材料比例}（\%）}{\text{年度施工天数}}\times\text{材料储备定额天数} \qquad (3.6.12)$$

式中，年度施工天数按365天日历天计算；材料储备定额天数由当地材料供应的在途天数、加工天数、整理天数、供应间隔天数、保险天数等因素决定。

（2）预付款的支付时间。根据《建设工程价款结算暂行办法》的规定，在具备施工条件的前提下，发包人应在双方签订合同后的一个月内或不迟于约定的开工日期前的7天内预付工程款，发包人不按约定预付，承包人应在预付时间到期后10天内向发包人发出要求预付的通知，发包人收到通知后仍不按要求预付，承包人可在发出通知14天后停止施工，发包人应从约定应付之日起向承包人支付应付款的利息（利率按同期银行贷款利率计），并承担违约责任。

① 承包人应在签订合同或向发包人提供与预付款等额的预付款保函（如有）后向发包人提交预付款支付申请。

② 发包人应在收到支付申请的7天内进行核实后向承包人发出预付款支付证书，并在签发证书后的7天内向承包人支付预付款。

③ 发包人没有按合同约定按时支付预付款的，承包人可催告发包人支付；发包人

在预付款期满后的 7 天内仍未支付的,承包人可在付款期满后的第 8 天起暂停施工。发包人应承担由此增加的费用和(或)延误的工期,并向承包人支付合理利润。

2. 预付款的扣回

发包人支付给承包人的工程预付款属于预支性质,随着工程的逐步实施后,原已支付的预付款应以充抵工程价款的方式陆续扣回,抵扣方式应当由双方当事人在合同中明确约定。扣款的方法主要有以下两种:

(1) 按合同约定扣款。预付款的扣款方法由发包人和承包人通过洽商后在合同中予以确定,一般是在承包人完成金额累计达到合同总价的一定比例后,由承包人开始向发包人还款,发包方从每次应付给承包人的金额中扣回工程预付款,发包人至少在合同规定的完工期前将工程预付款的总金额逐次扣回。工程中的扣回方法一般为:当工程进度款累计金额超过合同价格的 10%~20% 时开始起扣,每月从进度款中按一定比例扣回。

(2) 起扣点计算法。从未施工工程尚需的主要材料及构件的价值相当于工程预付款数额时起扣,此后每次结算工程价款时,按材料所占比中扣减工程价款,至工程竣工前全部扣清,起扣点的计算公式如下:

$$T = P - \frac{M}{N} \tag{3.6.13}$$

式中　T——起扣点(即工程预付款开始扣回时)的累计完成工程金额;

　　　M——工程预付款总额;

　　　N——主要材料及构件所占比重;

　　　P——承包工程合同总额。

第一次扣还工程预付款的数额计算:

$$a_1 = (\sum_{i=1}^{n} T_i - T) \times N \tag{3.6.14}$$

式中　a_1——第一次扣还预付款的数额;

　　　$\sum_{i=1}^{n} T_i$——累计已完工程价值;

第二次及以后各次扣还预付款的数额:

$$a_i = T_i \times N \tag{4.7.15}$$

式中　a_i——第 i 次扣还预付款数额($i=2,3\cdots\cdots$);

　　　T_i——第 i 次扣还预付款时,当期结算的已完工程价值。

【案例 3.6.4】某安装工程合同价款为 3000 万元,主要材料和设备费用为合同价款的 62.5%,合同规定预付款为合同价款的 25%。请计算预付款及起扣点。

当各月的结算额如表 3.6.2 所示:

表 3.6.2　各月的结算额

月份	1月	2月	3月	4月	5月	6月
结算额	300	400	500	800	600	400
累计结算额	300	700	1200	2000	2600	3000

答案:预付款 $= 3000 \times 25\% = 750$ 万元

起扣点 $= 3000 - 750 \div 62.5\% = 1800$ 万元,即:当累计结算工程价款为 1800 万元

时，应开始抵扣备料款。此时，未完工程价值为1200万元。

当累积到第4个月，累计结算额为2000万元＞1800万元，所以，第4个月开始扣还预付款。

第4个月扣还预付款数额：

$a_1 = (2000 - 1800) \times 62.5\% = 125$ 万元；

第5个月扣还预付款数额：

$a_2 = 600 \times 62.5\% = 375$ 万元；

第6个月扣还预付款数额：

$a_3 = 400 \times 62.5\% = 250$ 万元

总计扣还预付款数额：125＋375＋250＝750万元。

3. 预付款担保

(1) 预付款担保的概念及作用。预付款担保是指承包人与发包人签订合同后领取预付款前，承包人正确、合理使用发包人支付的预付款额提供的担保。其主要作用是保证承包人能够按合同规定的目的使用并及时偿还发包人已支付的全部预付金额。如果承包人中途毁约，中止工程，使发包人不能在规定期限内从应付工程款中扣除全部预付款，则发包人有权从该项担保金额中获得补偿。

(2) 预付款担保的形式。预付款担保的主要形式为银行保函。预付款担保的担保金额通常与发包人的预付款是等值的。预付款一般逐月从工程预付款中扣除，预付款担保的担保金额也相应逐月减少。承包人在施工期间，应当定期从发包人处取得同意此保函减值的文件，并送交银行确认。承包人还清全部预付款后，发包人应退还预付款担保，承包人将其退回银行注销，解除担保责任。

预付款担保也可以采用发承包双方约定的其他形式，如由担保公司提供担保，或采取抵押等担保形式。承包人的预付款保函的担保金额根据预付款扣回的数额相应递减，但在预付款全部扣回之前一直保持有效。发包人应在预付款扣完后的14天内将预付款保函退还给承包人。

(二) 安全文明施工费的支付

发包人应在工程开工后的28天内预付不低于当年施工进度计划的安全文明施工费总额的60%，其余部分按照提前安排的原则进行分解，与进度款同期支付。

发包人没有按时支付安全文明施工费的，承包人可催发包人支付。发包人在付款期满后的7天内仍未支付的，若发生安全事故，发包人应承担连带责任。

(三) 工程进度款的计算与支付

发承包双方应按照合同约定的时间、程序和方法，根据工程计量结果，办理期中价款结算，支付进度款。进度款支付周期，应与合同约定的计量周期一致。

1. 期中支付价款的计算

(1) 期中支付价款的结算。已标价工程量清单中的单价项目，承包人应按工程计量确认的工程量与综合单价计算。如综合单价发生调整的，以发承包双方确认调整的综合单价计算进度款。

已标价工程量清单中的总价项目，承包人应按合同中约定的进度款支付分解，分别列入进度款支付申请中的安全文明施工费和本周期应支付的总价项目的金额中。

(2) 期中支付价款的调整。承包人现场签证和得到发包人确认的索赔金额列入本周期应增加的金额中,由发包人提供的材料、工程设备金额,应按照发包人签约提供的单价和数量从进度款支付中扣出,列入本周期应扣减的金额中。

2. 期中支付的程序

(1) 承包人提交进度款支付申请,承包人应在每个计量周期到期后的 7 天内向发包人提交已完工程进度款支付申请一式四份,详细说明此周期认为有权得到的款额,包括分包人已完工程的价款,支付申请的内容包括:

① 累计已完成支付的合同价款。

② 累计已实际支付的合同价款。

③ 本周期合计完成的合同价款,其中包括:a. 本周期已完成单价项目的金额;b. 本周期应支付的总价项目的金额;c. 本周期已完成的计日工价款;d. 本周期应支付的安全文明施工费;e. 本周期应增加的金额。

④ 本周期合计应扣减的金额,其中包括:a. 本周期应扣回的预付款;b. 本周期应扣减的金额。

⑤ 本周期实际应支付的合同价款。

(2) 发包人签发进度款支付证书。发包人应在收到承包人进度款支付申请后的 14 天内,根据计量结果和合同约定对申请内容予以核实,确认后向承包人出具进度款支付证书。若发、承包双方对有的清单项目的计量结果出现争议,发包人应对无争议部分的工程计量结果向承包人出具进度款支付证书。

(3) 发包人支付进度款。发包人应在签发进度款支付证书后的 14 天内,按照支付证书列明的金额向承包人支付进度款。若发包人逾期未签发进度款支付证书,则视为承包人提交的进度款支付申请已被发包人认可,承包人可向发包人发出催告付款的通知。发包人应在收到通知的 14 天内,按照承包人支付申请的金额向承包人支付进度款。

发包人未按照规定的程序支付进度款的,承包人可催告发包人支付,并有权获得延迟支付的利息;发包人在付款期满后的 7 天内仍未支付的,承包人可在付款期满后的 8 天起暂停施工。发包人应承担由此增加的费用和(或)延误的工期,向承包人支付合理利润,并承担违约责任。

(4) 进度款的支付比例。进度款的支付比例按照合同约定,按期中结算价款总额计,不低于 60%,不高于 90%。

(5) 支付证书的修正。发现已签发的任何支付证书有错、漏或重复的数额,发包人有权予以修正,承包人也有权提出修正申请。经发承包双方复核同意修正的,应在本次到期的进度款中支付或扣除。

三、竣工结算与支付

(一) 竣工结算的程序

1. 承包人提交竣工结算文件

合同工程完工后,承包人应在经发承包双方确认的合同工程期中价款结算的基础上汇总编制完成的竣工结算文件,并在提交竣工验收申请的同时向发包人提交竣工结算文件。

承包人未在合同约定的时间内提交竣工结算文件,经发包人催告后 14 天内仍未提交或没有明确答复，发包人有权根据已有资料编制竣工结算文件，作为办理竣工结算和支付结算款的依据，承包人应予以认可。

2. 发包人核对竣工结算文件

（1）发包人应在收到承包人提交的竣工结算文件后的 28 天内核对。发包人经核实，认为承包人还应进一步补充资料和修改结算文件，应在 28 天内向承包人提出核实意见，承包人在收到核实意见后的 28 天内按照发包人提出的合理要求补充资料，修改竣工结算文件，并再次提交给发包人复核后批准。

（2）发包人应在收到承包人再次提交的竣工结算文件后的 28 天内予以复核，并将复核结果通知承包人。如果发包人、承包人对复核结果无异议的，应在 7 天内在竣工结算文件上签字确认，竣工结算办理完毕；如果发包人或承包人对复核结果认为有误的，无异议部分办理不完全竣工结算；有异议的部分由发承包双方协商解决，协商不成的，按照合同约定的争议解决方式处理。

（3）发包人在收到承包人竣工结算文件后的 28 天内，不核对竣工结算或未提出核对意见的，视为承包人提交的竣工结算文件已被发包人认可，竣工结算办理完成。

（4）承包人在收到发包人提出的核实意见后的 28 天内，不确认也未提出异议的，视为发包人提出的核实意见已被承包人认可，竣工结算办理完毕。

3. 发包人委托工程造价咨询机构核对竣工结算文件

发包人委托工程造价咨询机构核对竣工结算的，工程造价咨询机构应在 28 天内核对完毕，核对结论与承包人竣工结算文件不一致的，应提交给承包人复核，承包人应在 14 天内将同意核对结论或不同意见的说明提交工程造价咨询机构。工程造价咨询机构收到承包人提出的异议后，应再次复核，复核无异议的，发承包双方应在 7 天内竣工结算文件上签字确认，竣工结算办理完毕；复核后仍有异议的，对于无异议部分办理不完全竣工结算；有异议的部分由发承包双方协商解决，协商不成的，按照合同约定的争议解决方式处理。

承包人逾期未提出书面异议，视为工程造价咨询机构核对的竣工结算文件已经承包人认可。

4. 竣工结算文件的签认

（1）拒绝签认的处理。对发包人或发包人委托的工程造价咨询人指派的专业人员与承包人指派的专业人员经核对后无异议并签名确认的竣工结算文件，除非发承包人能提出具体、详细的不同意见，发承包人都应在竣工结算文件上签名确认，如其中一方拒不签认的，按以下规定办理：

① 若发包人拒不签认的，承包人可不提供竣工验收备案资料，并有权拒绝与发包人或其上级部门委托的工程造价咨询机构重新核对竣工结算文件。

② 若承包人拒不签认的，发包人要求办理竣工验收备案的，承包人不得拒绝提供竣工验收资料，否则，由此造成的损失，承包人承担连带责任。

（2）不得重复核对。合同工程竣工结算核对完成，发承包双方签字确认后，禁止发包人又要求承包人与另一个或多个工程造价咨询人重复核对竣工结算。

5. 质量争议工程的结算

发包人以对工程质量有异议，拒绝办理工程竣工结算的：

（1）已经竣工验收或已竣工未验收但实际投入使用的工程，其质量争议按该工程保修合同执行，竣工结算按合同约定办理。

（2）已竣工未验收且未实际投入使用的工程以及停工、停建工程的质量争议，双方应就有争议的部分委托有资质的检测鉴定机构进行检测，根据检测结果确定解决方案，或按工程质量监督机构的处理决定执行后办理竣工结算，无争议部分的竣工结算按合同约定办理。

(二) 竣工结算的依据与原则

单位工程竣工结算由承包人编制、发包人审查；实行总承包的工程，由具体承包人编制，在总包人审查的基础上，发包人审查。单项工程竣工结算或建设项目竣工总结算由总（承）包人编制，发包人可直接进行审查，也可以委托具有相应资质的工程造价咨询机构进行审查。政府投资项目，由同级财政部门审查。单项工程竣工结算或建设项目竣工总结算经发承包人签字盖章后有效。承包人应在合同约定期限内完成项目竣工结算编制工作，未在规定期限内完成的并且提不出正当理由延期的，责任自负。

1. 工程竣工结算的编制依据

工程竣工结算由承包人或受其委托具有相应资质的工程造价咨询人编制，由发包人或受其委托具有相应资质的工程造价咨询人核对。工程竣工结算编制的主要依据有：

（1）国家有关法律、法规、规章制度和相关的司法解释。

（2）国务院建设主管部门以及各省、自治区、直辖市和有关部门发布的工程造价计价标准、计价方法、有关规定及相关解释。

（3）《建设工程工程量清单计价规范》(GB 50500—2013)。

（4）施工承发包合同、专业分包合同及补充合同，有关材料、设备采购合同。

（5）招投标文件，包括招标答疑文件、投标承诺、中标报价书及其组成内容。

（6）工程竣工图或施工图、施工图会审记录，经批准的施工组织设计，以及设计变更、工程洽商和相关会议纪要。

（7）经批准的开、竣工报告或停、复工报告。

（8）发承包双方实施过程中已确认的工程量及其结算的合同价款。

（9）发承包双方实施过程中已确认调整后追加（减）的合同价款。

（10）其他依据。

2. 工程竣工结算的原则

在采用工程量清单计价的方式下，工程竣工结算的计价原则如下：

（1）分部分项工程和措施项目中的单价项目应依据双方确认的工程量和已标价工程量清单的综合单价计算；如发生调整的，以发承包双方确认调整的综合单价计算。

（2）措施项目中的总价项目应依据合同约定的项目和金额计算；如发生调整的，以发承包双方确认调整的金额计算，其中安全文明施工费必须按照国家或省级、行业建设主管部门的规定计算。

（3）其他项目应按下列规定计价：

① 计日工应按发包人实际签证确认的事项计算；

② 暂估价应按发承包双方按照《建设工程工程量清单计价规范》(GB 50500—2013)的相关规定计算；

③ 总承包服务费应依据合同规定金额计算，如发生调整的，以发承包双方确认调整

的金额计算；

④ 施工索赔费用应依据发承包双方确认的索赔事项和金额计算；

⑤ 现场签证费用应依据发承包双方签证资料确认的金额计算；

⑥ 暂列金额应减去工程价款调整（包括索赔、现场签证）金额计算，如有余额归发包人。

（4）规费和税金应按照国家或省级、行业建设主管部门的规定计算。规费中的工程排污费应按工程所在地环境保护部门规定标准缴纳后按实列入。

此外，发承包双方在合同工程实施过程中已经确认的工程计量结果和合同价款，在竣工结算办理中应直接进入结算。

（三）竣工结算的编制

1. 承包人提交竣工结算款支付申请

承包人应根据办理的竣工结算文件，向发包人提交竣工结算款支付申请。该申请应包括下列内容：

（1）竣工结算合同价款总额。

（2）累计已实际支付的合同价款。

（3）应扣留的质量保证金。

（4）实际应支付的竣工结算款金额。

2. 发包人签发竣工结算支付证书

发包人应在收到承包人提交竣工结算款支付申请后 7 天内予以核实，向承包人签发竣工结算支付证书。

3. 支付竣工结算款

发包人签发竣工结算支付证书后的 14 天内，按照竣工结算支付证书列明的金额向承包人支付结算款。

发包人在收到承包人提交的竣工结算款支付申请后 7 天内不予核实，不向承包人签发竣工结算支付证书的，视为承包人的竣工结算款支付申请已被发包人认可；发包人应在收到承包人提交的竣工结算款支付申请 7 天后的 14 内，按照承包人提交的竣工结算款支付申请列明的金额向承包人支付结算款。

发包人未按照规定的程序支付竣工结算款的，承包人可催告发包人支付，并有权获得延迟支付的利息。发包人在竣工结算支付证书签发后或者在收到承包人提交的竣工结算款支付申请 7 天后的 56 天内仍未支付的，除法律另有规定外，承包人可与发包人协商将该工程折价，也可直接向人民法院申请将该工程依法拍卖。承包人就该工程折价或拍卖的价款优先受偿。

（四）工程质量保证金的计算与扣留

1. 质量保证金的含义

根据《建设工程质量保证金管理办法》（建质〔2017〕138 号）规定，建设工程质量保证金（以下简称保证金）是指发包人与承包人在建设工程承包合同中约定，从应付的工程款中预留，用以保证承包人在缺陷责任期内对建设工程出现的缺陷进行维修的资金。缺陷是指建设工程质量不符合工程建设强制性标准、设计文件，以及承包合同的约定。缺陷责任期一般为1年，最长不超过2年，由发、承包双方在合同中约定。

2. 质量保证金预留及管理

（1）质量保证金的预留。发包人应按照合同约定方式预留保证金，保证金总预留比例不得高于工程价款结算总额的3%。合同约定由承包人以银行保函替代预留保证金的，保函金额不得高于工程价款结算总额的3%。在工程项目竣工前，已经缴纳履约保证金的，发包人不得同时预留工程质量保证金。采用工程质量保证担保、工程质量保险等其他保证方式的，发包人不得再预留保证金。

（2）质量保证金的管理。缺陷责任期内，实行国库集中支付的政府投资项目，保证金的管理应按国库集中支付的有关规定执行。其他政府投资项目，保证金可以预留在财政部门或发包方。缺陷责任期内，如发包方被撤销，保证金随交付使用资产一并移交使用单位管理，由使用单位代行发包人职责。社会投资项目采用预留保证金方式的，发、承包双方可以约定将保证金交由第三方金融机构托管。

（3）质量保证金的使用。承包人未按照合同约定履行属于自身责任的工程缺陷修复义务的，发包人有权从质量保证金中扣留用于缺陷修复的各项支出。经查验，工程缺陷属于发包人原因造成的，应由发包人承担查验和缺陷修复的费用。

3. 质量保证金的返还

发包人在接到承包人返还保证金申请后，应于14天内会同承包人按照合同约定的内容进行核实。如无异议，发包人应当按照约定将保证金返还给承包人。对返还期限没有约定或者约定不明确的，发包人应当在核实后14天内将保证金返还承包人，逾期未返还的，依法承担违约责任。发包人在接到承包人返还保证金申请后14天内不予答复，经催告后14天内仍不予答复，视同认可承包人的返还保证金申请。

（五）最终结清

所谓最终结清，是指合同约定的缺陷责任期终止后，承包人已按合同规定完成全部剩余工作且质量合格的，发包人与承包人结清全部剩余款项的活动。

1. 最终结清支付申请

缺陷责任期终止后，承包人应按合同约定的份数和期限向发包人提交最终结清支付申请，并提供相关证明材料，详细说明承包人根据合同规定已经完成的全部工程价款金额以及承包人认为根据合同规定应进一步支付给他的其他款项。发包人对最终结清支付申请内容有异议的，有权要求承包人进行修正和提供补充资料，承包人修正后，应再次向发包人提交修正后的最终结清支付申请。

2. 最终结清支付证书

发包人应在收到承包人提交的最终结清支付申请后的14天内予以核实，并向承包人签发最终结清支付证书。发包人未在约定时间内核实，又未提出具体意见的，视为承包人提交的最终结清支付申请已被发包人认可。

3. 最终结清付款

发包人应在签发最终结清支付证书后的14天内，按照最终结清支付证书列明的金额向承包人支付最终结清款。最终结清付款后，承包人在合同内享有的索赔权利也自行终止。发包人未按期支付的，承包人可催告发包人在合理的期限内支付，并有权获得延迟支付的利息。

最终结清时,如果承包人被扣留的质量保证金不足以抵减发包人工程缺陷修复费用的,承包人应承担不足部分的补偿责任。

承包人对发包人支付的最终结清款有异议的,按照合同约定的争议解决方式处理。

【**案例 3.6.5**】某安装工程项目发承包双方签订了施工合同,工期为 4 个月。有关工程价款及其支付条款约定如下:

1. 工程价款

(1) 分项工程项目费用合计 59.2 万元,包括分项工程 A、B、C 三项,清单工程量分别为 600m、800m、900m,综合单价分别为 300 元/m、380 元/m、120 元/m。

(2) 单价措施项目费用 6 万元,不予调整。

(3) 总价措施项目费用 8 万元,其中,安全文明施工费按分项工程和单价措施项目费用之和的 5% 计取(随计取基数的变化在第 4 个月调整),除安全文明施工费之外的其他总价措施项目费用不予调整。

(4) 暂列金额 5 万元。

(5) 管理费和利润按人材机费用之和的 18% 计取,规费按人材机费和管理费、利润之和的 5% 计取,增值税率为 10%。

(6) 上述费用均不包含增值税可抵扣进项税额。

2. 工程款支付

(1) 开工前,发包人分项工程和单价措施项目工程款的 20% 支付给承包人作为预付款(在第 2~4 个月的工程款中平均扣回),同时将安全文明施工费工程款全额支付给承包人。

(2) 分项工程价款按完成工程价款的 85% 逐月支付。

(3) 单价措施项目和除安全文明施工费之外的总价措施项目工程款在工期第 1~4 个月均衡考虑,按 85% 比例逐月支付。

(4) 其他项目工程款的 85% 在发生当月支付。

(5) 第 4 个月调整安全文明施工费工程款,增(减)额当月全额支付(扣除)。

(6) 竣工验收通过后 30 天内进行工程结算,扣留工程总造价的 3% 作为质量保证金,其余工程款作为竣工结算最终付款一次性结清。

施工期间分项工程计划和实际进度见表 3.6.3。

表 3.6.3 分项工程计划和实际进度表

分项工程及工程量		第1月	第2月	第3月	第4月	合计
A	计划工程量 (m)	300	300			600
	实际工程量 (m)	200	200	200		600
B	计划工程量 (m)	200	300	300		800
	实际工程量 (m)		300	300	300	900
C	计划工程量 (m)		300	300	300	900
	实际工程量 (m)		200	400	300	900

在施工期间第 3 个月,发生一项新增分项工程 D。经发承包双方核实确认,其工程量为 300m,每 m 所需不含税人工和机械费用为 110 元,每 m 机械费可抵扣进项税额为 10 元;每 m^2 所需甲、乙、丙三种材料不含税费用分别为 80 元、50 元、30 元,可抵扣进项

税率分别为 3%、16%、16%。

问题：

1. 该工程签约合同价为多少万元？开工前发包人应支付给承包人的预付款和安全文明施工费工程款分别为多少万元？

2. 第 2 个月，承包人完成合同价款为多少万元？发包人应支付合同价款为多少万元？

3. 新增分项工程 D 的综合单价为多少元/m？该分项工程费为多少万元？销项税额、可抵扣进项税额、应缴纳增值税额分别为多少万元？

4. 该工程竣工结算合同价增减额为多少万元？如果发包人在施工期间均已按合同约定支付给承包商各项工程款，假定累计已支付合同价款 87.099 万元，则竣工结算最终付款为多少万元？（计算过程和结果保留三位小数）

答案：

1. 签约合同价 = （59.2+6+8+5）×（1+5%）×（1+10%）= 78.2×1.155 = 90.321 万元

发包人应支付给承包人的预付款 =（59.2+6）×（1+5%）×（1+10%）×20% = 15.061 万元

发包人应支付给承包人的安全文明施工费工程款 =（59.2+6）×（1+5%）×（1+10%）×5% = 3.765 万元

2. 承包人完成合同价款为：

［(200×300+300×380+200×120)/10000 +（6+8−65.2×5%）/4］×1.155 =（19.8+2.685）×1.155 = 25.970 万元

发包人应支付合同价款为：

25.970×85%−15.061/3 = 22.075−5.020 = 17.055 万元

3. 分项工程 D 的综合单价 =（110+80+50+30）×（1+18%）= 318.6 元/m

D 分项工程费 = 300×318.6/10000 = 9.558 万元

销项税额 = 9.558×（1+5%）×10% = 1.004 万元

可抵扣进项税额 = 300×（10+80×3%+50×16%+30×16%）/10000 = 0.756 万元

应缴纳增值税额 = 1.004−0.756 = 0.248 万元

4. 增加分项工程费 = 100×380/10000+9.558 = 13.358 万元

合同价增减额 = ［13.358×（1+5%）−5］×（1+5%）×（1+10%）= 10.425 万元

（90.321+10.425）×（1−3%）−87.099 = 10.625 万元

（六）工程竣工结算的审查

工程竣工结算的审查应依据施工合同约定的结算方法进行，根据不同的施工合同类型，采用不同的审查方法。对于采用工程量清单计价方式签订的单价合同，应审查施工图以内的各个分部分项工程量，依据合同约定的方式审查分部分项工程价格，并对设计变更、工程洽商、工程索赔等调整内容进行审查。工程竣工结算审查的依据与编制的依据基本相同。

1. 工程竣工结算审查程序

工程竣工结算审查应按准备、审查和审定三个工作阶段进行，并实行编制人、校对人和审核人分别署名盖章确认的内部审核制度。

(1) 结算审查准备阶段。该阶段主要工作内容包括：

① 审查工程竣工结算手续的完备性、资料内容的完整性，对不符合要求的应退回限时补正；

② 审查计价依据及资料与工程竣工结算的相关性、有效性；

③ 熟悉招投标文件、工程发承包合同、主要材料设备采购合同及相关文件；

④ 熟悉竣工图纸或施工图纸、施工组织设计、工程状况以及设计变更、工程洽商和工程索赔情况等。

(2) 结算审查阶段。该阶段主要工作内容包括：

① 审查结算项目范围、内容与合同约定的项目范围、内容的一致性；

② 审查工程量计算准确性、工程量计算规则与计价规范或定额保持一致；

③ 审查结算单价时应严格执行合同约定或现行的计价原则、方法。对于清单或定额缺项以及采用新材料、新工艺的，应根据施工过程中的合理消耗和市场价格审核结算单价；

④ 审查变更签证凭据的真实性、合法性、有效性，核准变更工程费用；

⑤ 审查索赔是否依据合同约定的索赔处理原则、程序和计算方法以及确定索赔费用的真实性、合法性、准确性；

⑥ 审查取费标准时，应严格执行合同约定的费用定额标准及有关规定，并审查取费依据的时效性、相符性；

⑦ 编制与结算相对应的结算审查对比表。

(3) 结算审定阶段。该阶段主要工作内容包括：

① 工程竣工结算审查初稿编制完成后，应召开由结算编制人、结算审查委托人及结算审查受托人共同参加的会议，听取意见，并进行合理的调整；

② 由结算审查受托人单位的部门负责人对结算审查的初步成果文件进行检查、校对；

③ 由结算审查受托人单位的主管负责人审核批准；

④ 发承包双方代表人和审查人应分别在"结算审定签署表"上签认并加盖公章；

⑤ 对结算审查结论有分歧的，应在出具结算审查报告前，至少组织两次协调会；凡不能共同签认的，审查受托人可适时结束审查工作，并做出必要说明；

⑥ 在合同约定的期限内，向委托人提交经结算审查编制人、校对人、审核人和受托人单位盖章确认的正式的结算审查报告。

2. 工程竣工结算审查内容

工程竣工结算审查的内容可以分为两个部分。

(1) 审查结算的递交程序和资料的完备性。

① 审查结果资料递交手续、程序的合法性，以及结算资料具有的法律效力；

② 审查结果资料的完整性、真实性和相符性。

(2) 审查与结算有关的各项内容。

① 建设工程承发包合同及其补充合同的合法性和有效性；

② 施工承发包合同范围以外调整的工程价款；

③ 分部分项、措施项目、其他项目工程量及单价；

④发包人单独分包工程项目的界面划分和总包人的配合费用;

⑤工程变更、索赔、奖励及违约费用;

⑥取费、税金、政策性调整以及材料价差计算;

⑦实际施工工期与合同工期发生差异的原因和责任,以及对工程造价的影响程度;

⑧其他涉及工程造价的内容。

3. 工程竣工结算的审查时限

单项工程竣工后,承包人应按规定程序向发包人递交竣工结算报告及完整的结算资料,发包人应按表 3.6.4 规定的时限进行核对(审查),并提出审查意见。

表 3.6.4　工程竣工结算审查时限

工程竣工结算报告金额	审查时间
500 万元以下	从接到竣工结算报告和完整的竣工结算资料之日起 20 天
500 万元～2000 万元	从接到竣工结算报告和完整的竣工结算资料之日起 30 天
2000 万元～5000 万元	从接到竣工结算报告和完整的竣工结算资料之日起 45 天
5000 万元以上	从接到竣工结算报告和完整的竣工结算资料之日起 60 天

建设项目竣工总结算在最后一个单项工程竣工结算审查确认后 15 天内汇总,送发包人后 30 天内审查完成。

四、合同解除的价款结算与支付

发承包双方协商一致解除合同的,按照达成的协议办理结算和支付合同价款。

(一)不可抗力解除合同

由于不可抗力解除合同的,发包人除应向承包人支付合同解除之日前已完成工程但尚未支付的合同价款,还应支付下列金额:

(1)合同中约定应由发包人承担的费用。

(2)已实施或部分实施的措施项目应付价款。

(3)承包人为合同工程合理订购且已交付的材料和工程设备贷款。发包人一经支付此项货款,该材料和工程设备即成为发包人的财产。

(4)承包人撤离现场所需的合理费用,包括员工遣送费和临时工程拆除、施工设备运离现场的费用。

(5)承包人为完成合同工程而预期开支的任何合理费用,且该项费用未包括在本款其他各项支付之内。

发承包双方办理结算合同价款时,应扣除合同解除之日前发包人应向承包人收回的价款。当发包人应扣除的金额超过了应支付的金额,则承包人应在合同解除后的 56 天内将其差额退还给发包人。

(二)违约解除合同

(1)发包人违约。因发包人违约解除合同的,发包人除应按照有关不可抗力解除合同的规定向承包人支付各项价款外,还需按合同约定核算发包人应支付的违约金以及给承包人造成损失或损害的索赔金额费用。发包人违约导致合同解除的,应包括以下费用:

① 已完成永久工程的价款;
② 已付款的材料设备等物品的金额（付款后归发包人所有）;
③ 临时设施的摊销费用;
④ 签证、索赔以及其他应支付的费用;
⑤ 撤离现场及遣散人员的费用;
⑥ 发包人违约给承包人造成的实际损失（其违约责任的分担按委托人的决定执行）;
⑦ 其他应由发包人承担的费用。

该笔费用由承包人提出，发包人核实后与承包人协商确定后的 7 天内向承包人签发支付证书。协商不能达成一致的按照合同约定的争议解决方式处理。

（2）承包人违约。因承包人违约解除合同的，发包人应暂停向承包人支付任何价款。发包人应在合同解除后 28 天内核实合同解除时承包人已完成的全部合同价款以及按施工进度计划已运至现场的材料和工程设备货款，按合同约定核算承包人应支付的违约金以及造成损失的索赔金额，并将结果通知承包人。承包人违约导致合同解除的，应包括以下费用：

① 已完成永久工程的价款;
② 已付款的材料设备等物品的金额（付款后归发包人所有）;
③ 临时设施的摊销费用;
④ 签证、索赔以及其他应支付的费用;
⑤ 承包人违约给发包人造成的实际损失（其违约责任的分担按委托人的决定执行）;
⑥ 其他应由承包人承担的费用。

发承包双方应在 28 天内予以确认或提出意见，并办理结算合同价款。如果发包人应扣除的金额超过了应支付的金额，则承包人应在合同解除后的 56 天内将其差额退还给发包人。发承包双方不能就解除合同后的结算达成一致的，按照合同约定的争议解决方式处理。

第七节 工程竣工决算价款的编制

一、竣工决算的内容和编制

项目竣工决算是指所有项目竣工后，项目单位按照国家有关规定在项目竣工验收阶段编制的竣工决算报告。竣工决算是以实物数量和货币指标为计量单位，综合反映竣工建设项目全部建设费用、建设成果和财务状况的总结性文件，是竣工验收报告的重要组成部分，竣工决算是正确核定新增固定资产价值、考核分析投资效果、建立健全经济责任制的依据，是反映建设项目实际造价和投资效果的文件。竣工决算是建设工程经济效益的全面反映，是项目法人核定各类新增资产价值、办理其交付使用的依据。竣工决算是工程造价管理的重要组成部分，做好竣工决算是全面完成工程造价管理目标的关键性因素之一。通过竣工决算，既能够正确反映建设工程的实际造价和投资结果，又可以通过竣工决算与概算、预算的对比分析，考核投资控制的工作成效，为工程建设提供重要的技术经济方面的基础资料，提高未来工程建设的投资效益。

项目竣工时,应编制建设项目竣工财务决算。建设周期长、建设内容多的项目,竣工的单项工程,具备交付使用条件的,可编制单项工程竣工财务决算。建设项目全部竣工后应编制竣工财务总决算。

(一) 竣工决算的内容

建设项目竣工决算应包括从筹集到竣工投产全过程的全部实际费用,包括建筑工程费、安装工程费、设备工器具购置费用及预备费等费用。根据有关文件规定,竣工决算是由竣工财务决算说明书、竣工财务决算报表、工程竣工图和工程竣工造价对比分析四部分组成。其中竣工财务决算说明书和竣工财务决算报表两部分又称建设项目竣工财务决算,是竣工决算的核心内容。竣工财务决算是正确核定项目资产价值、反映竣工项目建设成果的文件,是办理资产移交和产权登记的依据。

1. 竣工财务决算说明书

竣工财务决算说明书主要反映竣工工程建设成果和经验,是对竣工决算报表进行分析和补充说明的文件,是全面考核分析工程投资与造价的书面总结,是竣工决算报告的重要组成部分,其内容主要包括:

(1) 项目概况。一般从进度、质量、安全和造价方面进行分析说明。进度方面主要说明开工和竣工时间,对照合理工期和要求工期分析是提前还是延期;质量方面主要根据竣工验收委员会或相当一级质量监督部门的验收评定等级、合格率和优良品率进行说明;安全方面主要根据劳动工资和施工部门的记录,对有无设备和人身事故进行说明;造价方面主要对照概算造价,说明节约或超支的情况,用金额和百分率进行分析说明。

(2) 会计账务的处理、财产物资清理及债权债务的清偿情况。

(3) 项目建设资金计划及到位情况,财政资金支出预算、投资计划及到位情况。

(4) 项目建设资金使用、项目结余资金等分配情况。

(5) 项目概(预)算执行情况及分析,竣工实际完成投资与概算差异及原因分析。

(6) 尾工工程情况。项目一般不得预留尾工工程,确需预留尾工工程的,尾工工程投资不得超过批准的项目概(预)算总投资的5%。

(7) 历次审计、检查、审核、稽查意见及整改落实情况。

(8) 主要技术经济指标的分析、计算情况。概算执行情况分析,根据实际投资完成额与概算进行对比分析;新增生产能力的效益分析,说明交付使用财产占总投资额的比例,不增加固定资产的造价占投资总额的比例,分析有机构成和成果。

(9) 项目管理经验、主要问题和建议。

(10) 预备费动用情况。

(11) 项目建设管理制度执行情况、政府采购情况、合同履行情况。

(12) 征地拆迁补偿情况、移民安置情况。

(13) 需说明的其他事项。

2. 竣工财务决算报表

建设项目竣工决算报表包括:基本建设项目概况表、基本建设项目竣工财务决算表、基本建设项目资金情况明细表、基本建设项目交付使用资产总表、基本建设项目交付使用资产明细表、待摊投资明细表、待核销基建支出明细表、转出投资明细表等。以下对其中几个主要报表进行介绍。

(1) 基本建设项目概况表（见表 3.7.1）。

该表综合反映基本建设项目的基本概况，内容包括该项目总投资、建设起止时间、新增生产能力、主要材料消耗、建设成本、完成的主要工程量和主要技术经济指标，为全面考核和分析投资效果提供依据，可按下列要求填写：

表 3.7.1 基本建设项目概况表

建设项目（单项工程）名称				建设地址				项目	概算批准金额（元）	实际完成金额（元）	备注
主要设计单位				主要施工单位			基建支出	建筑安装工程			
								设备、工具、器具			
占地面积（m²）	设计	实际	总投资（万元）	设计	实际			待摊投资			
								其中：项目建设管理费			
新增生产能力	能力名称			设计	实际			其他投资			
建设起止时间	设计	从 年 月 日至 年 月 日						待核销基建支出			
	实际	从 年 月 日至 年 月 日						合计			
概算批准部门及文号											

完成主要工程量	建设规模		设备（台、套、吨）	
	设计	实际	设计	实际

收尾工程	单项工程项目内容	概算	预计完成部分投资额	已完成投资额	预计完成时间
	小计				

① 建设项目名称、建设地址、主要设计单位和主要承包人，要按全称填列。

② 表中各项目的设计、概算等指标，根据批准的设计文件和概算等确定的数字填列。

③ 表中所列新增生产能力、完成主要工程量的实际数据，根据建设单位统计资料和承包人提供的有关成本核算资料填列。

④ 表中基建支出是指建设项目从开工起至竣工为止发生的全部基本建设支出，包括形成资产价值的交付使用资产，如固定资产、流动资产、无形资产、其他资产支出，还包括不形成资产价值按照规定应核销的非经营项目的待核销基建支出和转出投资。上述支出，应根据财政部门历年批准的"基建投资表"中的有关数据填列。按照《基本建设财务规则》（财政部第 81 号令）的规定，需要注意以下几点：

a. 建筑安装工程投资支出、设备工器具投资支出、待摊投资支出和其他投资支出构成建设项目的建设成本。

b. 待核销基建支出包括以下内容：非经营性项目发生的江河清障、航道清淤、飞播造林、补助群众造林、退耕还林（草）、封山（沙）育林（草）、水土保持、城市绿化、毁损道路修复、护坡及清理等不能形成资产的支出，以及项目未被批准、项目取消和项目报废前已发生的支出；非经营性项目发生的农村沼气工程、农村安全饮水工程、农村危房改造工程、游牧民定居工程、渔民上岸工程等涉及家庭或者个人的支出，形成资产产权归属家庭或者个人的，也作为待核销基建支出处理。

上述待核销基建支出，若形成资产产权归属本单位的，计入交付使用资产价值；形成产权不归属本单位的，作为转出投资处理。

c. 非经营性项目转出投资支出是指非经营项目为项目配套的专用设施投资，包括专用道路、专用通信设施、送变电站、地下管道等，且其产权不属于本单位的投资支出。对于产权归属本单位的，应计入交付使用资产价值。

⑤ 表中"初步设计和概算批准文号"，按最后经批准的文件号填列。

⑥ 表中收尾工程是指全部工程项目验收后尚遗留的少量收尾工程，在表中应明确填写收尾工程内容、完成时间、这部分工程的实际成本，可根据实际情况进行估算并加以说明，完工后不再编制竣工决算。

（2）基本建设项目竣工财务决算表（见表3.7.2）。

竣工财务决算表是竣工财务决算报表的一种，建设项目竣工财务决算表是用来反映建设项目的全部资金来源和资金占用情况，是考核和分析投资效果的依据。该表反映竣工的建设项目从开工到竣工为止全部资金来源和资金运用的情况。它是考核和分析投资效果、落实结余资金、报告上级核销基本建设支出和基本建设拨款的依据。在编制该表前，应先编制出项目竣工年度财务决算，根据编制出的竣工年度财务决算和历年财务决算编制项目的竣工财务决算。此表采用平衡表形式，即资金来源合计等于资金支出合计。

表3.7.2 基本建设项目竣工财务决算表（元）

资金来源	金额	资金占用	金额
一、建筑拨款		一、基本建设支出	
1. 中央财政资金		（一）交付使用资产	
其中：一般公共预算资金		1. 固定资产	
中央基建投资		2. 流动资产	
财政专项资金		3. 无形资产	
政府性基金		（二）在建工程	
国有资本经营预算安排的基建项目资金		1. 建筑安装工程投资	
2. 地方财政资金		2. 设备投资	
其中：一般公共预算资金		3. 待摊投资	
地方基建投资		4. 其他投资	
财政专项资金		（三）待核销基建支出	
政府性资金基金		（四）转出投资	
国有资本经营预算安排的基建项目资金		二、货币资金合计	
二、部门自筹资金（非负债性资金）		其中：银行存款	
三、项目资本金		财政应返还额度	
1. 国家资本		其中：直接支付	
2. 法人资本		授权支付	

续表

资金来源	金额	资金占用	金额
3. 个人资本		现金	
4. 外商资本		有价证券	
四、项目资本公积		三、预付及应收款合计	
五、基建借款		1. 预付备料款	
其中：企业债券资金		2. 预付工程款	
六、待冲基建支出		3. 预付设备款	
七、应付款合计		4. 预收票据	
1. 应付工程款		5. 其他应收款	
2. 应付设备款		四、固定资产合计	
3. 应付票据		固定资产原价	
4. 应付工资及福利费		减累计折旧	
5. 其他应付款		固定资产净值	
八、未交款合计		固定资产清理	
1. 未交税金		待处理固定资产损失	
2. 未交结余财政资金			
3. 未交基建收入			
4. 其他未交款			
合计		合计	

基本建设项目竣工财务决算表具体编制方法如下。

① 资金来源包括基建拨款、部门自筹资金（非负债性资金）、项目资本金、项目资本公积金、基建借款、待冲基建支出、应付款和未交款等，其中：

a. 项目资本金是指经营性项目投资者按国家有关项目资本金的规定，筹集并投入项目的非负债资金，在项目竣工后，相应转为生产经营企业的国家资本金、法人资本金、个人资本金和外商资本金。

b. 项目资本公积金是指经营性项目对投资者实际缴付的出资额超过其资金的差额（包括发行股票的溢价净收入）、资产评估确认价值或者合同协议约定价值与原账面净值的差额、接收捐赠的财产、资本汇率折算差额，在项目建设期间作为资本公积金、项目建成交付使用并办理竣工决算后，转为生产经营企业的资本公积金。

② 表中"交付使用资产""中央财政资金""地方财政资金""部门自筹资金""项目资本""基建借款"等项目，是指自开工建设至竣工的累计数，上述有关指标应根据历年批复的年度基本建设财务决算和竣工年度的基本建设财务决算中资金平衡表相应项目的数字进行汇总填写。

③ 表中其余项目费用办理竣工验收时的结余数，根据竣工年度财务决算中资金平衡表的有关项目期的末数填写。

④ 资金支出反映建设项目从开工准备到竣工全过程资金支出的情况，内容包括基建支出、货币资金、预付及应收款、固定资产等，资金支出总额应等于资金来源总额。

(3) 基本建设项目交付使用资产总表（见表 3.7.3）。

该表反映建设项目建成后新增固定资产、流动资产、无形资产价值的情况和价值，作为财产交接、检查投资计划完成情况和分析投资效果的依据。

表 3.7.3 基本建设项目交付使用资产总表（元）

序号	单项工程名称	总计	固定资产				流动资产	无形资产
			合计	建筑物及构建筑	设备	其他		

交付单位： 　　负责人： 　　接受单位： 　　负责人：

基本建设项目交付使用资产总表具体编制方法如下：

① 表中各栏目数据根据"交付使用资产明细表"的固定资产、流动资产、无形资产各相应项目的汇总数分别填写，表中总计栏的总计数应与竣工财务决算表中的交付使用资产的金额一致。

② 表中第3栏、第4栏、第8栏、第9栏的合计数，应分别与竣工财务决算表交付使用的固定资产、流动资产、无形资产的数据相符。

(4) 基本建设项目交付使用资产明细表（见表 3.7.4）。

该表反映交付使用的固定资产、流动资产、无形资产价值的明细情况，是办理资产交接和接收单位登记资产账目的依据，是使用单位建立资产明细账和登记新增资产价值的依据。编制时要做到齐全完整，数字准确，各栏目价值应与会计账目中相应科目的数据保持一致。基本建设项目交付使用资产明细表具体编制方法是：

表 3.7.4 建设项目交付使用资产明细表（元）

序号	单项工程名称	固定资产									流动资产		无形资产	
		建筑工程			设备、工具、器具、家具									
		结构	面积(m²)	金额(元)	名称	规格型号	数量	金额(元)	其中：设备安装费(元)	其中：分摊待摊投资(元)	名称	金额(元)	名称	金额(元)

① 表中"建筑工程"项目应按单项工程名称填列其结构、面积和价值。其中"结构"是指项目按钢结构、钢筋混凝土结构、混合结构等结构形式填写；面积则按各项目实际完成面积填写；金额按交付使用资产的实际价值填写。

② 表中"固定资产"部分要在逐项盘点后，根据盘点实际情况填写，工具、器具和家具等低值易耗品可分类填写。

③ 表中"流动资产""无形资产"项目应根据建设单位实际交付的名称和价值分别填列。

3. 建设工程竣工图

建设工程竣工图是真实地记录各种地上、地下建筑物和构筑物等情况的技术文件，是工程进行交工验收、维护、改建和扩建的依据，是国家的重要技术档案。全国各建设、设计、施工单位和各主管部门都要认真做好竣工图的编制工作。

4. 工程造价对比分析

对控制工程造价所采取的措施、效果及其动态的变化需要进行认真地比较对比，总结经验教训。批准的概算是考核建设工程造价的依据。在分析时，可先对比整个项目的总概算，然后将建筑安装工程费、设备工器具费和其他工程费用逐一与竣工决算表中所提供的实际数据和相关资料及批准的概算、预算指标、实际的工程造价进行对比分析，以确定竣工项目总造价是节约还是超支，并在对比的基础上，总结先进经验，找出节约和超支的内容和原因，提出改进措施。在实际工作中，应主要分析以下内容：

（1）考核主要实物工程量。对于实物工程量出入比较大的情况，必须查明原因。

（2）考核主要材料消耗量。要按照竣工决算表中所列明的三大材料实际超概算的消耗量，查明是在工程的哪个环节超出量最大，再进一步查明"超耗"的原因。

（3）考核建设单位管理费、措施费和间接费的取费标准。建设单位管理费、措施费和间接费的取费标准要按照国家和各地的有关规定，根据竣工决算报表中所列的建设单位管理费与概预算所列的建设单位管理费数额进行比较，依据规定查明是否多列或少列的费用项目，确定其节约超支的数额，并查明原因。

（二）竣工决算的编制

1. 建设项目竣工决算的编制条件

编制工程竣工决算应具备下列条件：

（1）经批准的初步设计所确定的工程内容已完成；

（2）单项工程或建设项目竣工结算已完成；

（3）收尾工程投资和预留费用不超过规定的比例；

（4）涉及法律诉讼、工程质量纠纷的事项已处理完毕；

（5）其他影响工程竣工决算编制的重大问题已解决。

2. 建设项目竣工决算的编制依据

建设项目竣工决算应依据下列资料编制：

（1）《基本建设财务规则》（财政部令第 81 号）等法律、法规和规范性文件；

（2）项目计划任务书及立项批复文件；

（3）项目总概算书和单项工程概算书文件；

（4）经批准的设计文件及设计交底、图纸会审资料；

（5）招标文件和最高投标限价；

（6）工程合同文件；

（7）项目竣工结算文件；

（8）工程签证、工程索赔等合同价款调整文件；

（9）设备、材料调价文件记录；

(10) 会计核算及财务管理资料;

(11) 其他有关项目管理的文件。

3. 竣工决算的编制要求

为了严格执行建设项目竣工验收制度,正确核定新增固定资产价值,考核分析投资效果,建立健全经济责任制,所有新建、扩建和改建等建设项目竣工后,都应及时、完整、正确地编制好竣工决算。建设单位要做好以下工作:

(1) 按照规定组织竣工验收,保证竣工决算的及时性。对建设工程的全面考核,所有的建设项目(或单项工程)按照批准的设计文件所规定的内容建成后,具备了投产和使用条件的,都要及时组织验收。对于竣工验收中发现的问题,应及时查明原因,采取措施加以解决,以保证建设项目按时交付使用和及时编制竣工决算。

(2) 积累、整理竣工项目资料,保证竣工决算的完整性。积累、整理竣工项目资料是编制竣工决算的基础工作,它关系到竣工决算的完整性和质量的好坏。因此,在建设过程中,建设单位必须随时收集项目建设的各种资料,并在竣工验收前,对各种资料进行系统整理,分类立卷,为编制竣工决算提供完整的数据资料,为投产后加强固定资产管理提供依据。在工程竣工时,建设单位应将各种基础资料与竣工决算一起移交给生产单位或使用单位。

(3) 清理、核对各项账目,保证竣工决算的正确性。工程竣工后,建设单位要认真核实各项交付使用资产的建设成本;做好各项账务、物资以及债权的清理结余工作,应偿还的及时偿还,该收回的应及时收回,对各种结余的材料、设备、施工机械工具等,要逐项清点核实,妥善保管,按照国家有关规定进行处理不得任意侵占;对竣工后的结余资金,要按规定上交财政部门或上级主管部门。在完成上述工作,核实各项数字的基础上,正确编制从年初起到竣工月份止的竣工年度财务决算,以便根据历年的财务决算和竣工年度财务决算进行整理汇总,编制建设项目竣工决算。

4. 竣工决算的编制程序

竣工决算的编制程序分为前期准备、实施、完成和资料归档四个阶段。

(1) 前期准备工作阶段的主要工作内容如下:

① 了解编制工程竣工决算建设项目的基本情况,收集和整理基本的编制资料。完整、齐全的资料是准确而迅速编制竣工决算的必要条件。

② 确定项目负责人,配置相应的编制人员。

③ 制定切实可行、符合建设项目情况的编制计划。

④ 由项目负责人对成员进行培训。

(2) 实施阶段主要工作内容如下:

① 收集完整的编制程序依据资料。在收集、整理和分析有关资料中,要特别注意建设工程从筹建到竣工投产或使用的全部费用的各项账务、债权和债务的清理,做到工程完毕账目清晰,既要核对账目,又要查点库存实物的数量,做到账与物相等,账与账相符。对结余的各种材料、工器具和设备,要逐项清点核实,妥善管理,并按规定及时处理,收回资金。对各种往来款项要及时进行全面清理,为编制竣工决算提供准确的数据和结果。

② 协助建设单位做好各项清理工作。

③ 编制完成规范的工作底稿。
④ 对过程中发现的问题应与建设单位进行充分沟通,达成一致意见。
⑤ 与建设单位相关部门一起做好实际支出与批复概算的对比分析工作。重新核实各单位工程、单项工程造价,将竣工资料与原设计图纸进行查对、核实,必要时可实地测量,确认实际变更情况;根据经审定的承包人竣工结算等原始资料,按照有关规定对原概、预算进行增减调整,重新核定工程造价。

（3）完成阶段主要工作内容如下：
① 完成工程竣工决算编制咨询报告、基本建设项目竣工决算报表及附表、竣工财务决算说明书、相关附件等。清理、装订好竣工图。做好工程造价对比分析。
② 与建设单位沟通工程竣工决算的所有事项。
③ 经工程造价咨询企业内部复核后,出具正式工程竣工决算编制成果文件。

（4）资料归档阶段主要工作内容如下：
① 工程竣工决算编制过程中形成的工作底稿应进行分类整理,与工程竣工决算编制成果文件一并形成归档纸质资料。
② 对工作底稿、编制数据、工程竣工决算报告进行电子化处理,形成电子档案。

将上述编写的文字说明和填写的表格经核对无误,装订成册,即建设工程竣工决算文件。将其上报主管部门审查,并把其中财务成本部分送交开户银行签证。竣工决算在上报主管部门的同时,抄送有关设计单位。

（三）竣工决算的审核

1. 审核程序

根据《基本建设项目竣工财务决算管理暂行办法》（财建〔2016〕503号）的规定,基本建设项目完工可投入使用或者试运行合格后,应当在3个月内编报竣工财务决算,特殊情况确需延长的,中、小型项目不得超过2个月,大型项目不得超过6个月。

中央项目竣工财务决算,由财政部制定统一的审核批复管理制度和操作规程。中央项目主管部门本级以及不向财政部报送年度部门决算的中央单位的项目竣工财务决算,由财政部批复;其他中央项目竣工财务决算,由中央项目主管部门负责批复,报财政部备案。

国家另有规定的,从其规定。地方项目竣工财务决算审核批复管理职责和程序要求由同级财政部门确定。

财政部门和项目主管部门对项目竣工财务决算实行先审核、后批复的办法,可以委托预算评审机构或者有专业能力的社会中介机构进行审核。

2. 审核内容

财政部门和项目主管部门审核批复项目竣工财务决算时,应当重点审查以下内容：
（1）工程价款结算是否准确,是否按照合同约定和国家有关规定进行,有无多算和重复计算工程量、高估冒算建筑材料价格现象；
（2）待摊费用支出及其分摊是否合理、正确；
（3）项目是否按照批准的概算（预）算内容实施,有无超标准、超规模、超概（预）算建设现象；
（4）项目资金是否全部到位,核算是否规范,资金使用是否合理,有无挤占、挪用现象；

(5) 项目形成资产是否全面反映，计价是否准确，资产接收单位是否落实；

(6) 项目在建设过程中历次检查和审计所提的重大问题是否已经整改落实；

(7) 待核销基建支出和转出投资有无依据，是否合理；

(8) 竣工财务决算报表所填列的数据是否完整，表间勾稽关系是否清晰、明确；

(9) 尾工工程及预留费用是否控制在概算确定的范围内，预留的金额和比例是否合理；

(10) 项目建设是否履行基本建设程序，是否符合国家有关建设管理制度要求等；

(11) 决算的内容和格式是否符合国家有关规定；

(12) 决算资料报送是否完整、决算数据间是否存在错误；

(13) 相关主管部门或者第三方专业机构是否出具审核意见。

二、新增资产价值的确定

建设项目竣工投入运营后，所花费的总投资形成相应的资产。按照新的财务制度和企业会计准则，新增资产按资产性质可分为固定资产、流动资产、无形资产和其他资产等四大类。

（一）新增固定资产价值的确定方法

1. 新增固定资产价值的概念和范畴

新增固定资产价值是建设项目竣工投产后所增加的固定资产的价值，它是以价值形态表示的固定资产投资最终成果的综合性指标。新增固定资产价值是投资项目竣工投产后所增加的固定资产价值，即交付使用的固定资产价值，是以价值形态表示建设项目的固定资产最终成果的指标。新增固定资产价值的计算是以独立发挥生产能力的单项工程为对象的。单项工程建成经有关部门验收鉴定合格，正式移交生产或使用，即应计算新增固定资产价值。一次交付生产或使用的工程一次计算新增固定资产价值，分期分批交付生产或使用的工程，应分期分批计算新增固定资产价值。新增固定资产价值的内容包括：已投入生产或交付使用的建筑、安装工程造价，达到固定资产标准的设备、工器具的购置费用，增加固定资产价值的其他费用。

2. 共同费用的分摊方法

新增固定资产的其他费用，如果是属于整个建设项目或两个以上单项工程的，在计算新增固定资产价值时，应在各单项工程中按比例分摊。一般情况下，建设单位管理费按建筑工程、安装工程、需安装设备价值总额等按比例分摊，而土地征用费、地质勘察和建筑工程设计费等费用则按建筑工程造价比例分摊，生产工艺流程系统设计费按安装工程造价比例分摊。

【例 3.7.1】某工业建设项目及其总装车间的建筑工程费、安装工程费，需安装设备费以及应摊入费用如表 3.7.5 所示，计算总装车间新增固定资产价值。

表 3.7.5 分摊费用计算表（万元）

项目名称	建设工程	安装工程	需安装设备	建设单位管理费	土地征用费	建筑设计费	工艺设计费
建设项目竣工决算	5000	1000	1200	105	120	60	40
总装车间竣工决算	1000	500	600	—	—	—	—

解： 计算如下：

应分摊的建设单位管理费 $=\dfrac{1000+500+600}{5000+1000+1200}\times 105=30.625$（万元）

应分摊的土地征用费 $=\dfrac{1000}{5000}\times 120=24$（万元）

应分摊的建筑设计费 $=\dfrac{1000}{5000}\times 60=12$（万元）

应分摊的工艺设计费 $=\dfrac{1000}{5000}\times 40=20$（万元）

总装车间新增固定资产价值 $=(1000+500+600)+(30.625+24+12+20)$
$=2100+86.625=2186.625$（万元）

(二) 新增无形资产价值的确定方法

在财政部和国家知识产权局的指导下，中国资产评估协会修订了《资产评估准则——无形资产》，自2017年10月1日起施行。根据上述准则规定，无形资产是指特定主体所拥有或者控制的，不具有实物形态，能持续发挥作用且能带来经济利益的资源。我国作为评估对象的无形资产通常包括专利权、专有技术、商标权、著作权、销售网络、客户关系、供应关系、人力资源、商业特许权、合同权益、土地使用权、矿业权、水域使用权、森林权益、商誉等。

1. 无形资产的计价原则

(1) 投资者按无形资产作为资本金或者合作条件投入时，按评估确认或合同协议约定的金额计价。

(2) 购入的无形资产，按照实际支付的价款计价。

(3) 企业自创并依法申请取得的，按开发过程中的实际支出计价。

(4) 企业接受捐赠的无形资产，按照发票账单所载金额或者同类无形资产市场价作价。

(5) 无形资产计价入账后，应在其有效使用期内分期摊销，即企业为无形资产支出的费用应在无形资产的有效期内得到及时补偿。

2. 无形资产的评估方法

确定无形资产价值的评估方法包括市场法、收益法和成本法三种基本方法及其衍生方法。执行无形资产评估业务，资产评估专业人员应当根据评估目的、评估对象、价值类型、资料收集等情况，选择评估方法。

1) 收益法

采用收益法评估无形资产时应当：

(1) 在获取无形资产相关信息的基础上，根据该无形资产或者类似无形资产的历史实施情况及未来应用前景，结合无形资产实施或者拟实施企业经营状况，重点分析无形资产经济收益的可预测性，考虑收益法的适用性；

(2) 估算无形资产带来的预期收益，区分评估对象无形资产和其他无形资产与其他资产所获得的收益，分析与之有关的预期变动、收益期限、与收益有关的成本费用、配套资产、现金流量、风险因素；

(3) 保持预期收益口径与折现率口径一致；

(4) 根据无形资产实施过程中的风险因素及货币时间价值等因素估算折现率；

(5) 综合分析无形资产的剩余经济寿命、法定寿命及其他相关因素，确定收益期限。

2) 市场法

采用市场法评估无形资产时应当：

(1) 考虑该无形资产或者类似无形资产是否存在活跃的市场，考虑市场法的适用性；

(2) 收集类似无形资产交易案例的市场交易价格、交易时间及交易条件等交易信息；

(3) 选择具有比较基础的可比无形资产交易案例；

(4) 收集评估对象近期的交易信息；

(5) 对可比交易案例和评估对象近期交易信息进行必要调整。

3) 成本法

采用成本法评估无形资产时应当：

(1) 根据无形资产形成的全部投入，考虑无形资产价值与成本的相关程度，考虑成本法的适用性；

(2) 确定无形资产的重置成本，无形资产的重置成本包括合理的成本、利润和相关税费；

(3) 确定无形资产贬值。

对同一无形资产采用多种评估方法时，应当对所获得的各种测算结果进行分析，形成评估结论。

具体无形资产的计价方法选择如下：

① 专利权的计价。专利权分为自创和外购两类。自创专利权的价值为开发过程中的实际支出，主要包括专利的研制成本和交易成本。研制成本包括直接成本和间接成本：直接成本是指研制过程中直接投入发生的费用（主要包括材料费用、工资费用、专用设备费、资料费、咨询鉴定费、协作费、培训费和差旅费等）；间接成本是指与研制开发有关的费用（主要包括管理费、非专用设备折旧费、应分摊的公共费用及能源费用）。交易成本是指在交易过程中的费用支出（主要包括技术服务费、交易过程中的差旅费及管理费、手续费、税金）。由于专利权是具有独占性并能带来超额利润的生产要素，因此，专利权转让价格不按成本估价，而是按照其所能带来的超额收益计价。

② 专有技术（又称非专利技术）的计价。专有技术具有使用价值和价值，使用价值是专有技术本身应具有的，专有技术的价值在于专有技术的使用所能产生的超额获利能力，应在研究分析其直接和间接的获利能力的基础上，准确计算出其价值。如果专有技术是自创的，一般不作为无形资产入账，自创过程中发生的费用，按当期费用处理。对于外购专有技术，应由法定评估机构确认后再进行估价，其方法往往通过能产生的收益采用收益法进行估价。

③ 商标权的计价。如果商标权是自创的，一般不作为无形资产入账，而将商标设计、制作、注册、广告宣传等发生的费用直接作为销售费用计入当期损益。只有当企业

购入或转让商标时,才需要对商标权计价。商标权的计价一般根据被许可方新增的收益确定。

④ 土地使用权的计价。根据取得土地使用权的方式不同,土地使用权可有以下几种计价方式:当建设单位向土地管理部门申请土地使用权并为之支付一笔出让金时,土地使用权作为无形资产核算;当建设单位获得土地使用权是通过行政划拨的,这时土地使用权就不能作为无形资产核算;在将土地使用权有偿转让、出租、抵押、作价入股和投资,按规定补交土地出让价款时,才作为无形资产核算。

(三) 新增流动资产价值的确定方法

流动资产是指可以在一年内或者超过一年的一个营业周期内变现或者运用的资产,包括现金及各种存款以及其他货币资金、短期投资、存货、应收及预付款项以及其他流动资产等。

(1) 货币性资金。货币性资金是指现金、各种银行存款及其他货币资金,其中现金是指企业的库存现金,包括企业内部各部门用于周转使用的备用金;各种存款是指企业各种不同类型的银行存款;其他货币资金是指除现金和银行存款以外的其他货币资金,根据实际入账价值核定。

(2) 应收及预付款项。应收账款是指企业因销售商品、提供劳务等应向购货单位或受益单位收取的款项;预付款项是指企业按照购货合同预付给供货单位的购货定金或部分货款。应收及预付款项包括应收票据、应收款项、其他应收款、预付货款和待摊费用。一般情况下,应收及预付款项按企业销售商品、产品或提供劳务时的实际成交金额入账核算。

(3) 短期投资,包括股票、债券、基金。股票和债券根据是否可以上市流通分别采用市场法和收益法确定其价值。

(4) 存货。存货是指企业的库存材料、在产品、产成品等。各种存货应当按照取得时的实际成本计价。存货的形成,主要有外购和自制两个途径。外购的存货,按照买价加运输费、装卸费、保险费、途中合理损耗、入库前加工、整理及挑选费用以及缴纳的税金等计价;自制的存货,按照制造过程中的各项实际支出计价。

(四) 新增其他资产价值的确定方法

其他资产是指不能全部计入当年损益,应当在以后年度分期摊销的各种费用,包括开办费、租入固定资产改良支出等。

(1) 开办费的计价。开办费是指筹建期间建设单位管理费中未计入固定资产的其他各项费用,如建设单位经费,包括筹建期间工作人员工资、办公费、差旅费、印刷费、生产职工培训费、样品样机购置费、农业开荒费、注册登记费等以及不计入固定资产和无形资产购建成本的汇兑损益、利息支出。按照新财务制度规定,除了筹建期间不计入资产价值的汇兑净损失外,开办费从企业开始生产经营月份的次月起,按照不短于5年的期限平均摊入管理费用中。

(2) 租入固定资产改良支出的计价。租入固定资产改良支出是企业从其他单位或个人租入的固定资产,所有权属于出租人,但企业依合同享有使用权。通常双方在协议中规定,租入企业应按照规定的用途使用,并承担对租入固定资产进行修理和改良的责任，即发生的修理和改良支出全部由承租方负担。对租入固定资产的大修理支出，不构成固定资产价值，其会计处理与自有固定资产的大修理支出无区别。对租入固定资产实施改良，因有助于提高固定资产的效用和功能，应当另外确认为一项资产。由于租入固定资产的所有权不属于租入企业，不宜增加租入固定资产的价值而作为其他资产处理。租入固定资产改良及大修理支出应当在租赁期内分期平均摊销。